国家自然基金面上项目
“罗森型磁电换能器的性能研究及优化设计”（12174004）

大功率超声复合换能器的研究

张小丽　著

图书在版编目（CIP）数据

大功率超声复合换能器的研究：国家自然基金面上项目“罗森型磁电换能器的性能研究及优化设计”：12174004 / 张小丽著. -- 天津：天津大学出版社，2022.5

ISBN 978-7-5618-7162-1

Ⅰ.①大… Ⅱ.①张… Ⅲ.①超声换能器－研究 Ⅳ.①TB552

中国版本图书馆CIP数据核字(2022)第073337号

出版发行　天津大学出版社
地　　址　天津市卫津路92号天津大学内：邮编（300072）
电　　话　发行部：022-27403647
网　　址　www.tjupress.com.cn
印　　刷　北京盛通商印快线网络科技有限公司
经　　销　全国各地新华书店
开　　本　185mm×260mm
印　　张　12.25
字　　数　306千
版　　次　2022年5月第1版
印　　次　2022年5月第1次
定　　价　40.00元

前　言

超声学出现在20世纪初期，它是以经典的声学理论为基础，结合物理、电子、计算机、雷达、材料、生物及数字信号处理等学科发展起来的一门综合性学科，是声学中最为活跃的一个分支，主要研究在不同介质中超声波的产生、传播、接收、有关效应及信息处理等相关问题。功率超声技术是利用大功率超声波能量对物质的作用，改变或加速物质的一些物理、生物和化学特性或状态，其除在传统的工农业技术中应用外，在国防、航天、医学及生物等高技术领域也有较快的发展。

进行大容量超声清洗时，将传统的纵向振动换能器贴在不锈钢的槽外，对于体积容量比较小的清洗槽是行得通的，然而要成为如内燃机车保养维修这样的大功率、大容量清洗设备，选择能够产生大功率、大辐射面积的超声换能器是比较关键的。

目前，能源问题是世界关注的头等大事，因此生物柴油的制备技术越来越受到各国政府的重视。尽管这项技术早在20世纪中期就已经出现，但由于效率不高使其推广变得比较困难。近些年来，美国将超声技术引入生物柴油的生产应用中，使其效率提高了10倍；德国将超声加工装置用于生物柴油生产中，使其搅拌时间得以大大缩短。因此，研发合适的生物柴油制备装置具有深远而又重要的意义。

在声学与化学互相交叉且又互相渗透的基础上，超声化学是发展起来的一门边缘学科。它主要是通过超声波来加速化学反应，其机理在于超声空化，即利用气泡破裂时释放的能量达到应用的目的，污水处理就属于超声化学的范畴。近年来，环境污染问题得到了社会各界人士的高度重视，尤其是工业污水对人们的生活影响比较大。大量试验表明，大功率超声处理技术在污水治理中对于降解一些有毒的有机污染物非常有效。如果能解决功率超声技术中的关键环节——超声换能器部分，将会为人类的健康做出更大的贡献。

根据以上分析，不同的应用领域对功率超声换能器有不同的性能要求。与一些发达国家相比，我国的技术水平、材料工艺及工业生产设备等都与其存在一定的差距；尽管国外已研制出性能比较好的大功率超声换能器，但价格昂贵，对于在国内推广和使用非常不利。

基于上述原因，本书对大辐射面积、大功率的纵弯及纵径振动模式的复合压电超声换能器进行了研究，希望能在一些领域获得应用。

本书共八章，第一章主要讲述了功率超声换能器的历史及研究现状，第二章主要阐述了纵向及厚度振动夹心式压电超声换能器的设计理论，第三章详细介绍了薄圆盘弯曲振动的三种情况，第四章详细介绍了环状弹性柱体三维耦合振动，第五章详细研究了纵弯模式转换压电超声换能器，第六章详细研究了纵径耦合振动模式柱状压电超声换能器的振动性能及声场特性，第七章详细研究了大尺寸圆柱体辐射器，第八章研究了复频超声换能器系统的振动性能及声场特性。

本书在编写过程中，参考、引用了相关学者的研究成果及有关资料，在此表示衷心的感谢！由于编者水平有限，书中出现错误或不妥之处在所难免，敬请各位专家和广大读者批评、指正。

张小丽

2022年2月

目　　录

第一章 绪论

第一节 功率超声技术的发展现状

声学是一门古老但又年轻的科学，随着科技的发展，声学已经渗透到许多自然科学领域，并推动了一些边缘学科的产生和发展。经典声学主要与乐器的振动有关，从而使许多科学家对物体的振动进行了大量研究，这样不仅为超声换能器的研究提供了理论基础，也为近代声学的发展提供了极其重要的手段。19 世纪后期，经典声学发展达到顶峰，此时正是电子学及电声换能器的应用时期，从而促使了近代声学许多分支的出现及迅速发展。

超声学出现在 20 世纪初期，它是以经典的声学理论为基础，结合物理、电子、计算机、雷达、材料、生物及数字信号处理等学科发展起来的一门综合性学科，是声学中最为活跃的一个分支，主要研究在不同介质中超声波的产生、传播、接收、有关效应及信息处理等相关问题。超声物理和超声工程是超声学的两个主要方面。超声物理是超声工程的基础，它为各种各样的超声工程应用技术提供了必需的理论及试验依据。超声工程的研究内容主要包括各种超声应用技术中超声波产生、传输和接收系统的工程设计及工艺研究。功率超声技术是利用大功率超声波能量对物质的作用，改变或加速物质的一些物理、生物和化学特性或状态，其除在传统的工农业技术中应用外，在国防、航天、医学及生物等高技术领域也有较快的发展[1-3]。

随着汽车、航空航天、工程机械等行业的高速发展，对高硬度零件的需求量日益增长，由此也促进了陶瓷、复合材料、硅、石英、铁氧体、宝石、玻璃和硬质合金等材料的应用。由于这些材料均具有高硬度、易脆性，且零件形状复杂，使用传统的加工方式加工相当困难，而电火花和电化学加工却只能加工金属导电材料，不易加工不导电的非金属材料。然而超声加工不仅能加工脆硬的金属材料，而且更适合于加工玻璃、陶瓷、半导体等不导电的非金属脆硬材料。

超声加工是利用超声振动工具，在有磨料的液体介质中或干磨料中产生磨料的冲击、抛磨、液压冲击以及由此引发的气蚀作用来去除材料，或对工具或工件沿一定方向施加超声振动进行加工，或利用超声振动使工件相互结合的加工方法。超声加工具有很强的工艺优势，其切削力小，切削热少，工件表面质量高、精度高，切屑易处理，刀具耐用度高，加工稳定，生产率高，能很好地解决难加工材料、非金属材料、表面质量要求高的零件加工问题，作为新兴的特种加工技术受到了国内外专家和学者的广泛关注，得到了业界的公认，是机械加工行业的一个重要发展方向之一。

近年来，超声加工在超声加工装置、微细超声加工、拉丝模具及型腔模具抛光、超声振动切削、难加工材料加工、超声复合加工、旋转超声加工等领域有着较广泛的应用研究，解决了许多关键性的问题，取得了良好的效果。

当前时期，随着超声波技术在更多领域中获得广泛的使用，超声波技术的发展态势更加趋于火热，研究者们对于超声波技术的研究已经成为一种时代的潮流。具体来讲，超声波就是指声波的频率范围处于 20 kHz~10 MHz 这一波段，超声波技术主要就是应用超声的这种特性而得以发展的，在现实中很多行业的工作都可以通过超声波的应用完成。从超声波的分类方面来讲，它主要包括检测超声以及功率超声两个部分。就检测超声中对于超声波的应用而言，人们一般是将其作为信号来开展使用的，比如雷达、水声以及 B 超等。而功率超声则是指大功率的超声，人们在使用它进行工作的时候，主要就是利用其声能、机械作用、热作用、化学作用、空化作用以及生物医学作用等，比如超声化学、超声清洗、超声焊接及超声加工和超声悬浮等。而化学行业对于超声波的应用，则主要倾向于使用超声波中功率超声的空化作用。化工领域对于超声波技术中的超声空化作用的应用，主要是通过以下机理来实现的，即超声空化在作用于液体时，会使其内部的空化核产生诸如振动、压缩、膨胀以及崩溃和闭合等变动，而液体空化核中的气泡崩溃时，在空化核周围会形成温度约 5 000 ℃以及压力达 5×10^7 Pa 的一个区域，再加上强烈的冲击波以及超过 100 m/s 速度的微射流对此区域产生高梯度的剪切作用，就会将水溶液中的羟基自由基分化出来。在这个变化过程中，机械效应、光效应、热效应及活化效应这四种物理化学反应会呈现出来，通过四种反应相互作用以及相互推动，液体的变化进程会被加速，超声波技术的影响也最终完成。总之，超声波技术以其自身所具有的传热以及化学反应等诸多方面的独特作用，应用于超声设备的开发，可对各种行业的工作提供便利，在国家的各项事业尤其是化工工作中得到了极大的重视。

然而，在实际应用中，功率超声技术的发展并不平衡。超声塑焊和超声清洗是功率超声技术应用的主体，其规模越来越大，而超声加工、超声熔焊、超声乳化及超声悬浮等应用只是小规模地被一些商业应用。同时，过去十多年，在环保、节能、技术可持续发展的基础上，功率超声技术一些新的应用领域也已慢慢出现，尤其对食品加工、环境保护、化工、医药及制造等行业已经成为一门清洁、高效的新技术[4]。

随着超声技术的深入发展及其应用范围的不断拓展，功率超声的发展趋势主要有以下几个方面。

一、超声在加工行业的应用 [5-8]

早在 1927 年，美国物理学家卢米斯和伍德就已经做了超声加工试验，利用强烈的超声振动对玻璃板进行雕刻和快速钻孔，然而当时此项技术并未发展起来，因此也没应用在工业上。1951 年，美国的科恩制成了第一台实用的超声加工机，此后超声技术逐渐获得应用。20 世纪 70 年代中期，超声技术开始用于中心钻孔、磨削、焊接、光整加工及拉管等。

20 世纪 50 年代中期，苏联、日本将超声加工、电加工（如电解加工和电火花加工等）与切削加工结合起来，出现了复合加工。这种复合加工的方法能改善电加工或金属切削加工的条件，使加工质量和效率得以提高。1964 年，英国又提出了使用电镀或烧结金刚石工具的超声旋转加工方法，克服了通常超声加工深孔时，加工精度低和速度慢的缺点。

东南大学研制了一种新型超声振动切削系统。该系统采用压电换能器，由超声波发生器、匹配电路、级联压电晶体、谐振刀杆、支承调节机构及刀具等部分组成。当超声波发生器输出超声电压时，将使级联压电晶体产生超声机械伸缩，直接驱动谐振刀杆实现超声振动。该装置的特点是能量传递环节少，能量泄漏小，机电转换效率高达 90% 左右，而且结构简单、体积小、便于操作。

沈阳航空工业学院建立了镗孔用超声扭转振动系统。该系统采用磁致伸缩换能器，将超声波发生器在扭转变幅杆的切向做纵向振动时，扭振变幅杆的小端输出沿圆周方向做扭转振动，镗刀与扭振变幅杆之间采用莫氏锥及螺纹连接，输出功率小于 500 W，频率为 16~23 kHz，并具有频率自动跟踪性能。

西北工业大学设计了一种可以在内圆磨床上加工硬脆材料的超声振动磨削装置。该装置由超声振动系统、冷却循环系统、磨床连接系统和超声波发生器等组成，其超声换能器采用纵向复合式换能器结构，冷却循环系统中使用磨削液作为冷却液，磨床连接系统由辅助支承、制动机构和内圆磨床连接杆等组成。该磨削装置工具头旋转精度由内圆磨床主轴精度保证，其结构比专用超声波磨床的主轴系统简单得多，因此成本低廉，适合于在生产中应用。

另一种超声扭转振动系统已在“加工中心”用超声扭转振动装置上应用。其主要用作电火花加工后的模具异形（如三角形、多边形）孔和槽底部尖角的研磨、抛光，以及非导电材料异形孔加工。该振动系统的换能器由按圆周方向极化的 8 块扇形压电陶瓷片构成，以产生扭转振动。

目前，超声加工主要用于各种硬脆材料，如石英、玻璃、陶瓷、硅、锗、铁氧体、玉器和宝石等的打孔（包括圆孔、弯曲孔和异形孔等）、开槽、切割、套料、成批小型零件去毛刺、雕刻、模具表面抛光和砂轮修整等。

多年来，超声加工的发展比较迅速，其工艺技术在含有深且小的孔材料及难加工材料方面解决了许多关键性的问题，取得了良好的效果，获得了比较广泛的应用。

超声加工装置一般由电源（即超声波发生器）、超声振动系统（即超声换能器和变幅杆）和机床本体三部分组成，如图 1-1 所示。超声波发生器将交流电转换为超声频电功率输出，功率由数瓦至数千瓦，最大可达 10 kW。通常使用的超声换能器有磁致伸缩的和电致伸缩的两类。磁致伸缩换能器又有金属的和铁氧体的两种，金属换能器通常用于千瓦以上的大功率超声加工机；铁氧体换能器通常用于千瓦以下的小功率超声加工机。电致伸缩换能器用压电陶瓷制成，主要用于小功率超声加工机。变幅杆具有放大振幅和聚能的作用，按截面面积变化规律分为锥形、余弦线形、指数曲线形、悬链线形、阶梯形等。机床本体一般有立式和卧式两种类型，超声振动系统则相应地垂直放置和水平放置。

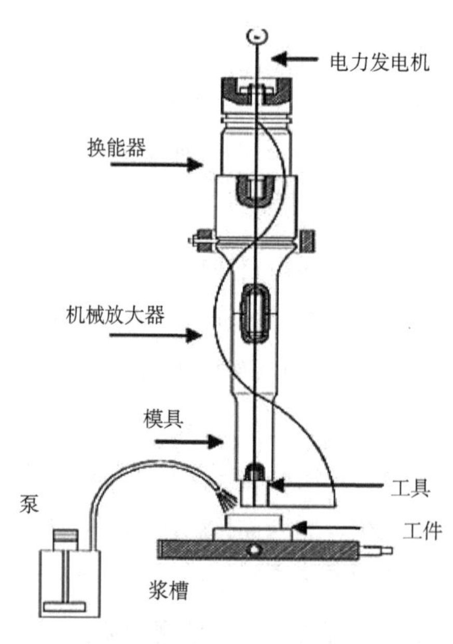

图 1-1 超声加工装置示意图[9]

一种新技术的发展和完善，需要有坚实的理论支撑，超声加工技术在大批学者的努力下不断创新，出现了许多有工业价值的理论，能够降低加工消耗且提高加工精度，提高加工效率和效果，增加加工稳定性。随着难加工材料精度要求的不断提高，尤其是航天航空零件，一维超声振动理论已不能满足需要，二维超声振动加工技术（超声波椭圆振动切削）随之出现，并已受到学术界及企业界的重视，美国、英国、德国及我国上海交通大学和北京航空航天大学已对其做了一些研究。超声复合加工技术、精密超精细加工技术和微细超声加工技术也在不同的应用领域应运而生。

超声加工技术发展所取得的成果日渐突出。一方面，超声加工技术在加工装置和应用领域取得的巨大成果，推动了其应用领域的拓展；另一方面，其应用领域的新发展又要求加工装置不断更新。随着超声加工及其复合加工技术研究的不断深入，其工艺必将日趋完善，应用也必将更为广泛。

二、超声在医学行业的应用[10-13]

医学超声检查（超声检查、超声诊断学）是一种基于超声波（超声）的医学影像学诊断技术，使肌肉和内脏器官——包括其大小、结构和病理学病灶——可视化。产科超声检查在妊娠时的产前诊断中广泛使用。 超声频率的选择是对影像的空间分辨率和患者的探查深度的折中。典型的超声诊断扫描操作采用的频率范围为 2~13 MHz。 虽然物理学上使用的名词“超声”指所有频率在人耳听阈上限（20 000 Hz）以上的声波，但在医学影像学中通常指频带比其高上百倍的声波。

John J. Wild 是一名英格兰裔美国内科医师，1949 年因致力于超声波在医学中的应用被称为“医学超声之父”。随后，超声检查在医疗实践中开始发挥重要的作用，使医生在诊断、治疗疾病方面的速度及准确度有了很大的提高。

超声波是频率在 20 kHz 以上的声波，在传播过程中会发生反射、折射、散射、衍射及多普勒效应等现象，且在介质中传播的声能会衰减。如果将一束超声波发射到人体内，因人体各组织的结构形态不同，其反射、折射及吸收的程度也不相同，因此通过超声仪器所反映的影像特征，再结合医学知识，医生便可诊断所检查器官是否病变。利用医学超声检查，可以探查与提取人体的生理和诊断信息，同时具有安全、无痛、直观、灵活及廉价等一系列优点，是当代医学图像诊断的重要技术之一。

1942 年，超声技术开始应用于医学领域，目前已逐渐成为诊断领域非侵入性检查的主要方法之一。根据不同的成像原理，其诊断方法可分为 A 型、B 型、M 型和 D 型四大类。A 型是用波形来显示组织的特征，主要用于器官径线的测量，以判定其大小，可用来鉴别病变组织的物理特性；B 型是用平面图形来显示组织的具体情况，广泛用于妇产科、泌尿科、消化科及心血管科；M 型用于观察活动界面时间变化，最适用于心脏活动的检查；D 型又称多普勒超声诊断法，是专门用来检测血液流动和器官活动的一种方法。为了获得更直观的立体图像，当前超声诊断正向三维方向发展，这在胸腹部肿瘤检测、心肌损伤定位及怀孕期评估等方面有重要的价值[14-16]。

超声治疗作为非侵入性治疗的一种新技术，不需要手术开刀或破坏表面组织就能对病变组织进行治疗。其结合超声波的各种作用（机械作用促进循环、温热作用加快组织软化及化学作用增加细胞新陈代谢等）使组织受到细微的按摩，促使分层处组织温度升高、细胞受到刺激、血液循环加速、多种蛋白分子及酶的功能受到影响及生物活性物质所占含量改变等，对人体产生作用，从而产生理想的治疗效果。

高强度聚焦超声（High-intensity Focused Ultrasound，HIFU）是一种非侵入性体外技术，能够选择性地破坏体内的深层组织。20 世纪 40 年代中期，HIFU 技术开始应用于一些手术中，但仅限于神经内科和神经外科。直到 20 世纪 80 年代，随着热疗技术的进一步发展，对软组织肿瘤消融时，才考虑使用这种技术。20 世纪 90 年代以后，进行了更多的动物试验和临床试验，结果表明，HIFU 能够选择性地在肿瘤组织和实质器官中产生靶病变，如肝脏、肾脏、膀胱、大脑和前列腺等[17-18]。文献 [19] 提出了一种新型设备——双频 HIFU 设备，试验表明，在相同工作条件下，双频 HIFU 设备比常规的 HIFU 设备能够更好地去除较大的病变组织。

近些年来，随着计算机、信号处理及图像处理与信息传输等重要技术的进一步发展及科研人员的不断深入研究，相信超声技术在医学中的应用将会越来越频繁，能够为患者带来更多的福音。

三、超声在化工行业的应用[20-21]

当一定能量的超声波在媒质中传播时，由于超声波与媒质之间的相互作用，使媒质发生一定的物理和化学变化，从而产生一系列的力学、光学、化学及热学等效应，归纳起来主要包括四种作用：机械作用，可以促成液体的乳化、固体的分散及液胶的乳化；空化作用，能够产生湍动效应、聚能效应、界面效应和微扰效应；热作用，可以引起媒质的整体加热、边界加热或局部加热；化学作用，使发生或加速某些物质的化学反应。

化工领域应用的主要是超声技术中的超声空化作用，其机理是超声作用于液体时，使其内部空化核产生一系列变动，如振动、压缩、膨胀及崩溃和闭合等，而空化核中的气泡崩溃会在周围形成一个约 5×10^7 Pa 高压的区域，再加上强烈的冲击波及高速的微射流对此区域产生高梯度的剪切作用，从而使液体中的羟基自由基分化出来，在此变化过程中，机械效应、热效应、光效应及活化效应等物理化学反应会呈现出来，并互相作用及推动，液体的变化就会被加速，进而显现使用超声技术的优势。

超声技术用于化学反应不仅有效地保持了催化剂的活性，还大大缩短了反应时间。其用于固 - 液萃取及液 - 液萃取，可以使传统萃取得到有效改善；用于石油开采，可以有效地解决堵塞的问题，从而提升采油的工作效率及原油的出油率；用于清洗工作，可以有效地提升清洗效率及清洗质量，关键能将许多不易清洗的盲孔、深孔及狭缝等清洗干净。功率超声的应用能够弥补经典化工分离纯化技术和常规化学反应的不足，创造出一种新型且有效的方法，不但缩短了时间，而且增强了效果。超声技术用于化学反应，主要利用超声空化作用，空化泡崩溃产生局部的高温、高压和强烈的冲击波及射流，为在一般条件下难以实现或不可能实现的化学反应提供了一种新的非常特殊的物理化学环境，它是一门新兴的声学与化学交叉的边缘学科。大量试验证明超声可广泛应用于各种反应，包括：①合成化学方面，特别是超声在有机合成中的应用研究发展很快，主要研究对象是多相反应，特别是有机金属，超声的粉碎可使表面活化，有可能代替相转移催化剂（Phase Transfer Catalyst，PTC）反应，具体包括金属表面参与的反应（如加速催化反应）、粉末状固体颗粒参与的反应、乳化反应、均相反应；②高聚物化学方面，如聚合反应、高分子降解反应；③电化学方面，将超声直接引入电镀槽，由于空化作用，可增加沉积速率，提高电流密度；④分析化学方面。

目前，超声技术的应用已逐渐向工业生产方面转移，尤其在化工行业发挥了重大作用，因此超声技术的发展必将对我国化工行业产生巨大的推动力，应用前景将更加广泛。

四、超声在食品行业的应用[22]

超声技术在食品加工行业的应用是未来超声技术发展最有前途的领域之一。作为一种机械的非污染、非电离辐射的超声清洁能源，其在寻找高安全、高质量的生产方法中起着重要的作用。目前，一些新的应用已经初具规模，并接近商业化，如消泡、干燥及超临界流体的萃取。

泡沫经常产生在许多食品的生产加工过程中，会导致加工过程控制和设备运行出现困难。传统控制泡沫的方法是使用化学消泡剂，这样很容易污染产品。一种新型的高强度消泡理念是基于阶梯槽板的大功率超声换能器，其可在发酵过程中成功地控制过量的泡沫，如图 1-2 所示[23]。

在食品工业中脱水是一个重要过程，也是一种保存食品的方法。传统的脱水方法有两种：热风干燥和冷冻干燥。其中，前者是一种广泛使用的方法，但它容易使食品变质；后者先冷冻再升华，产品质量可以保持，但比较昂贵。结合功率超声发生器，文献 [24] 提出了一种新的食品脱水技术，该系统主要由热空气发生器、20 kHz 阶梯盘功率超声换能器和平行于超声换能器的平板（作为反射器和样品架）组成，如图 1-3 所示。其中，功率超声换能器振动盘与食品材料之间良好的声阻抗匹配增强了声能量的深度穿透。在这个过程中，食品内部受到强超声应力，产生一种“海绵效应”，从而使水分快速迁移，达到脱水的效果。

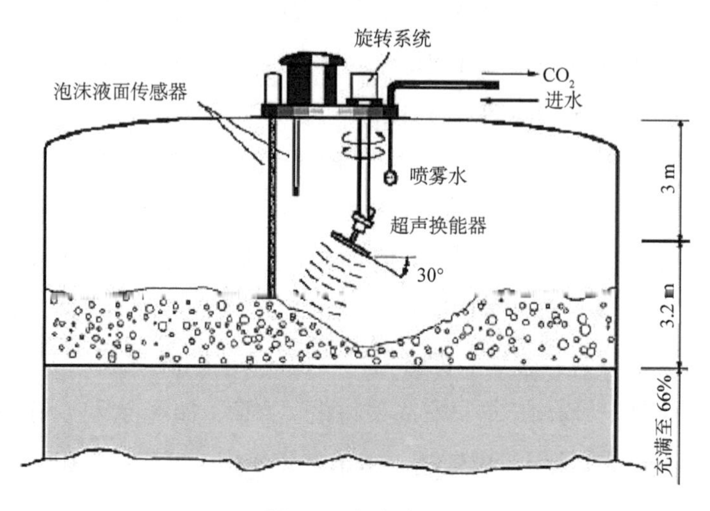

图 1-2 超声消泡

图 1-3 脱水装置系统

超临界流体作为萃取剂，多年来已经受到广泛的关注。尤其是超临界二氧化碳被认为是萃取过程中一种非常有用的溶剂，因为它具有无毒、可回收、价格便宜、相对惰性及非易燃等特点 [25-27]。对于强化传质过程，使用功率超声是一种潜在的有效方式。此外，对于超临界流体的搅拌，功率超声也可能是唯一可行的方法，因为此时不能用机械搅拌。

将超声波应用于食品切割对人体无害，并且近年来超声波在食品行业有着广泛的应用。其不需要锋利的刀刃，不需要很大的压力，不会造成切割材料的崩边、破损。切割刀在做超声波振动时，摩擦阻力特别小，被切割材料不易粘在刀片上，对冰冻、黏性、弹性食品的切割效果明显，特别有效。其在切割的同时，对切割部位有熔合作用，切割部位被完美地封边，可防止被切割食品组织松散。超声波切割机是利用超声波能量进行切割加工的设备，其最大的特点是不采用传统的刃口。传统的切割利用带有锋利刃口的刀具压向被切割食品，压力集中在刃口处，压强非常大，超过了被切割食品的剪切强度，食品的分子结合被拉开而切割开。由于食品是被强大的压强硬性拉开的，所以切割刀具刃口就必须非常锋利，材料本身还要承受比较大的压力。其对软性、弹性食品的切割效果不好，对黏性食品的切割难度更大。所以，对比传统切割，超声波切割食品的好处显而易见，也是此法在食品行业广泛应用的原因。

超声技术在食品行业还有其他一些应用，例如：超声波辅助提取，利用空化作用，具有效率高、时间短及能耗低等优点；超声波杀菌，利用气泡膨胀、爆破产生的冲击波，导致局部温度和压力瞬间升高；超声乳化和均质，利用机械作用和空化作用，使其均质达到乳化的效果，而且超声波的作用还能增加水溶性，在不使用稳定剂的情况下保持乳浊体稳定；超声波结晶，能够强化晶体的生长，且加速起晶过程。

由于超声技术在某些方面具有传统技术无可比拟的优势，对食品的性能检测和加工已经获得了广泛的应用；但一些相关设备发展相对滞后，自动化程度低且成本高，因此新设备的研制和发展对超声技术在食品行业的应用起着至关重要的作用。

五、超声在环境行业的应用

近些年来，环境污染越来越严重，我们只有一个地球，环境保护是人类关注和重视的头等大事。超声技术作为一种新技术，有其独特的物理、化学及生物效应等，作为环境保护的一种有效工具，其应用越来越引起工业界、科技界、商业界及政府部门的关注。

空气中悬浮微粒（特别是细小颗粒）的存在极大地威胁着人类的身体健康，因为这种微小粒子能够渗透到呼吸道组织且长期悬浮在里面。因此，处理这些细小颗粒是很有必要的。通过超声振动形成粒子团对加速去除这些微小颗粒扮演着重要的角色，颗粒团聚及沉淀过程由复杂机制相互作用并控制。由于颗粒去除对环境污染的控制比较有益，因此大量的试验研究已经集中在工业应用的基础上。阶梯板功率发生器能够产生高强度声场，以适应任何形状的聚集沉淀工作室，这个系统在工业过程中的应用是必需的[28]。如图 1-4 所示，四个工作频率为 20 kHz 的阶梯板发生器被放在一个平行六面体室内，其声场的空间均匀性及强度分布已根据滞留时间及气体流速等被优化。

图 1-4　聚集沉淀工作室

污泥脱水是污水处理中提出的一个要求，它是将流态的原生、浓缩或消化污泥脱除水分，进而转化为半固态或固态泥块的一种污泥处理方法。传统的过滤技术不能令人满意，由于结垢和堵塞毛孔现象经常发生，因此泥饼中的残留水分居高不下。功率超声处理技术对于释放污泥中的残留水分非常有效，使污泥类似于海面一样反复受到挤压和释放，从而脱去残留水分。一个典型的设备是旋转盘式真空过滤机，其操作主要包含以下几个阶段：过滤和滤饼的形成、滤饼脱液及排放和洗涤[29]。功率超声用于第二阶段，如图 1-5 所示，超声换能器的振动板与滤饼之间的机械接触创建一个声耦合，有利于超声能量的有效渗透。

图 1-5　功率超声辅助的旋转盘式真空过滤机

超声无论作为研究还是应用，始终与先进的科学技术密切相关并随其发展，还有许多具有挑战性的前沿问题等待解决，如声学制冷。20 世纪 80 年代，美国学者 Hofler 等研制了第一台电驱动热声制冷机，利用声波来驱动热量的传输，不使用传统制冷机中采用的有害的氟利昂物质，在室温下就可以达到 −80℃的最低制冷温度。热声制冷是一种正在研究和发展的新技术，有非常好的应用前景，随着人们的深入研究，希望其在环境保护方面能起到更大的作用。

六、超声在制造行业的应用

在机械制造过程中，如油漆、电镀、热处理、防锈、装配前及装配中，清洗是反复进行的一个工序，清洗质量的好坏直接关系到产品性能的优劣。近半个世纪来，氟氯烃（ODS）类清洗技术，以其化学性能稳定、去污能力强、与金属和非金属材料有极好的相溶性、毒性低及安全速干等优点，在清洗领域占据主导地位。然而，它既破坏地球表面臭氧层，又造成环境污染，因此寻求各种替代 ODS 清洗技术的研究和开发成为世界各国关注的热点。超声波清洗作为一种先进、高效及绿色非污染的现代清洗技术，在机械制造行业得到越来越广泛的应用，如清除油脂、除锈及氧化皮、除污垢等[30]。

泡沫是气泡的大量聚集，能够造成有用或贵重原料因漫溢而损失，产生浪费；造成气体滞留，延长反应周期；导致纺织品如成品布产生斑痕及疵点等，因此不必要的气泡要抑制。在生产线上，大功率超声是一种适当的且与产品接触较少的打破泡沫的方式。在文献[31] 中，采用不同大小的气泡及不同类型的涂层材料做了大量的试验，结果表明，该方法对薄涂层快速去泡是一种有效的措施。

超声波清洗利用超声的空化作用，并选择适当的技术参数和合适的清洗液来获得良好的清洗效果。该技术是一种高效、先进、可持续发展的新兴技术，具有诸多传统清洗技术无法比拟的优势。为了使超声波清洗技术在机械制造行业中获得更为广泛的应用，实现超声清洗设备的大型化、系列化和自动化将是一种必然的发展趋势。

在一些实际的应用中，玻璃的存在性检测是必不可少的。为了攻破玻璃检测中存在的难题，我们可以采用超声波传感器进行测量。超声波传感器是利用超声波的特性研制而成的传感器，它能产生一种振动频率高于声波的机械波，是由换能晶片在电压的激励下发生振动产生的，具有频率高、波长短、绕射现象小，方向性好，能够成为射线而定向传播等特点。超声波传感器可以对集装箱状态进行探测，可以应用于食品加工厂，实现塑料包装检测的闭环控制。超声波传感器对透明或有色物体，金属或非金属物体，固体、液体或粉状物质均能检测。由于汽车的天窗多为近乎透明状，因此光学原理的各类传感器无法对其进行测量。而超声波传感器则能够向外发出超声波，并接收来自玻璃表面的回波，通过结合接收回波的时间和波速，从而推测出物体的距离。当超声波传感器测量得到的时间常数处在预设范围内时，说明检测到汽车的天窗处有玻璃存在；反之，当传感器没有接收到回波时，则说明没有检测到玻璃的存在。

第二节 功率超声换能器的研究进展

换能器，顾名思义，就是进行能量转换的器件，能将一种形式的能量转换为另一种形式的能量。超声换能器是在超声频率范围内将电信号转换为声信号或将声信号转换为电信号的能量转换器件。压电换能器的应用十分广泛，它按应用的行业分为工业、农业、交通运输、生活、医疗及军事等，按实现的功能分为超声加工、超声清洗、超声探测、检测、监测、遥测、遥控等；按工作环境分为液体、固体、气体、生物体等；按性质分为功率超声、检测超声、超声成像等。由于超声波在介质中传播时能够产生诸如物理、化学及生物效应等，同时具有穿透能力强、信息携带量大、集束性好、在线无损检测易于实现且快速准确及无损诊断快速准确等优点，因此在食品处理、环境保护、化学化工、加工制造、国防和生物医药等方面得到了广泛的应用。

随着功率超声处理技术的发展和应用范围不断扩大，越来越需要大功率、高声强的超声电源。目前已有几十到几百千瓦的大功率超声电源出现。大功率容量的超声电源一般采用高频发电机的原理制成，其优点是维护简便、使用方便。2000 年，张东卓、刘照和研制出了一种能实现自动频率跟踪、输出功率恒定、输出功率可调、效率高、谐波污染小、工作安全可靠、体积小、质量轻、性能价格比高的功率超声电源。功率超声换能器主要由大功率超声电源和换能振动系统两部分共同组成处理系统，其应用效果的好坏依赖于这两部分基础技术的双重突破。

磁致伸缩材料是传统的超声换能器材料，由于其性能稳定，至今仍在一些特殊领域被继续应用。磁致伸缩换能器的优点包括性能稳定、功率容量大及机械强度好等。其不足之处在于换能器的能量转换效率低、激发电路复杂以及材料的机械加工困难等。随着压电陶瓷材料的大规模应用，在一个时期内磁致伸缩材料有被压电陶瓷材料代替的趋势。然而，随着一些新型的磁致伸缩材料的出现，如铁氧体、稀土超磁致伸缩材料以及铁磁流体换能器材料等，磁致伸缩换能器又受到了人们的重视。可以预见，随着材料加工工艺的提高以及成本的降低，新型磁致伸缩材料将在水声以及超声等领域获得广泛的应用。

在功率超声领域，压电换能器是一种常见的电声转换元件，其优点在于：机电转换效率高，一般可达到 80% 左右；结构简单，易于激励，当经过极化以后的压电陶瓷元件被用于换能器以后，换能器的激励将不再需要极化电源，从而简化了压电换能器的激励电路，而其他的换能器，如磁致伸缩换能器等，由于需要一个直流磁化电源，从而使换能器的激励变得复杂；易于成型和加工，可获得各种形状，如圆盘、圆环、圆筒、圆柱、矩形以及球形等，因而可以用于许多不同的应用场合；在高频范围内，能够产生类似于刚性活塞的均匀振动发生装置，而其他换能器，如用于低频振动的电动扬声器等，很难做到这一点；通过改变成分可以得到具有不同性能的超声换能器，如发射型、接收型以及收发两用型等；造价低廉，性能稳定，易于大规模推广应用。其中，应用最广泛的压电换能器是夹心式压电陶瓷超声换能器[1, 32-35]。与医学超声及检测超声中的超声换能器不同，其大部分工作在低频超声范围，对换能器的位移振幅、功率及频率等有较高的要求，而对其他性能参数，如指向性、分辨率及灵敏度等参数要求不是很高。图 1-6 为夹心式压电陶瓷超声换能器的几何结构示意图，主要由压电陶瓷片、金属前盖板、金属后盖板、金属电极片及预应力螺栓等组成[36]。

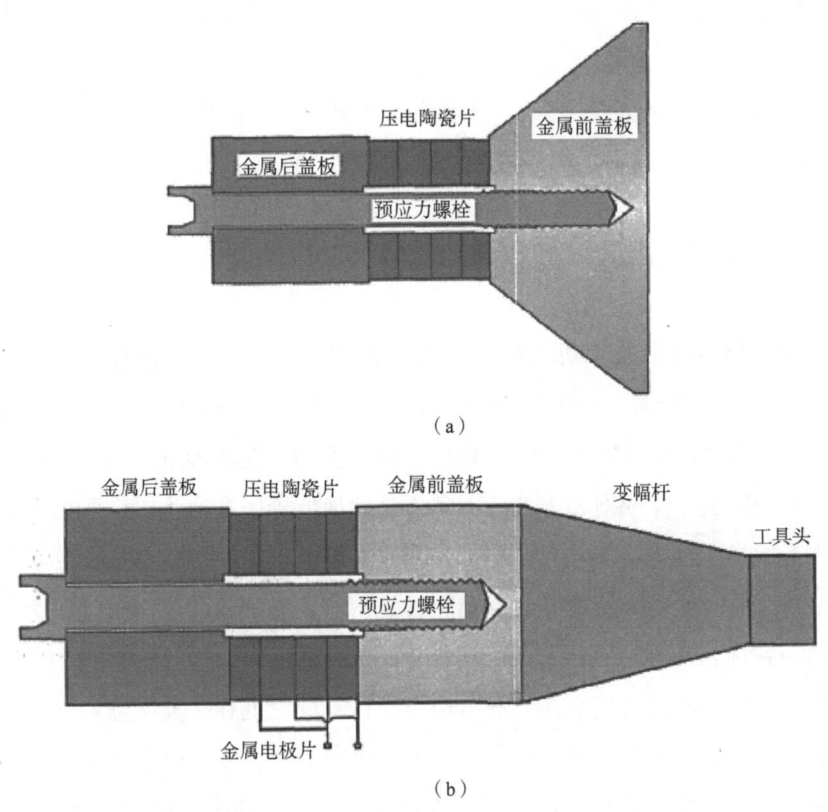

图 1-6 夹心式压电陶瓷超声换能器几何结构示意图

(a) 低强度 (b) 高强度

此类换能器分为高、低强度两类，其主要优点有：既利用了压电陶瓷振子的纵向效应，又获得了较低的共振频率；通过采用金属前后盖板及预应力螺栓，避免了压电陶瓷片的破裂，达到了改变频率及提高功率容量的目的；由于使用金属前后盖板，可以很大程度地改善换能器的导热性能；可以改变压电陶瓷片的厚度、形状及前后盖板的几何尺寸和形状，获得不同的工作频率及性能参数，以适应不同的工作环境及应用场合。

压电陶瓷超声换能器的振动模式由陶瓷元件的极化方向和电激励方向决定，同时也与陶瓷材料的几何形状和尺寸有关。另外，对于同一形状和几何尺寸的压电陶瓷振子，在不同的频段，换能器的振动模式也不相同。例如，对于沿着厚度方向极化的压电陶瓷薄圆盘，在低频段，振子的振动模式是频率较低的径向振动，而在高频段，振子的振动模式则是厚度伸缩振动；对于沿着长度方向极化的压电陶瓷细长圆棒，在低频段，振子的振动模式是纵向伸缩振动，而在高频段，振子的振动模式则是径向振动。在压电陶瓷换能器中，陶瓷振子的常用形状为圆盘或板，除此以外，圆环和球形换能器振子也得到了较为广泛的应用。

分析压电陶瓷振子的振动模式，可以发现，压电陶瓷圆片或圆环的厚度和纵向振动模式机电转换效率比较高，因此在功率超声应用中，为了获得较高的电声转换效率，基本都沿轴向极化。

随着超声技术的深入发展及其应用领域的广泛拓展，出现了一些新型的超声换能器（或超声振动辐射器）以适用于新的应用领域，其主要有以下几种类型[37]。

一、大功率管状超声换能器

随着大功率超声技术的不断发展，20 世纪 80 年代，Frei[38] 首次提出了一种适用于超声清洗的新型超声换能器——管状超声换能器（Tube resonators），结构如图 1-7（a）所示，由一个纵向振动换能器和一个圆管组成，纵向振动换能器激励圆管将纵向振动转化为径向振动，并向周围液体辐射超声波。由于该管状换能器能够产生纵向和径向振动，故其辐射面积比普通换能器大得多，且产生的声场也比较均匀。后来，Walter[39] 对圆管进行了改进，使用两个纵向振动换能器同时激励圆管的两端，使圆管的纵向振动更为有效地转化为径向振动，并称其为推拉式换能器（Push-Pull transducers），其结构如图 1-7（b）所示，它和图 1-7（a）所示的管状超声换能器结构相似，不同之处在于此圆管两端均由纵向振动换能器激励，当圆管长度为振子工作时半波长的奇数倍时，要求两个纵向振动换能器同向激励；当圆管长度为振子工作时半波长的偶数倍时，要求两个纵向振动换能器反向激励。目前，美国 Crest 公司推出了此种类型的换能器[40-41]。我国深圳职业技术学院周光平等人也研制成功了此种类型的管状换能器[42-43]。

目前，大功率管状超声换能器在防垢除垢、中药萃取、生物柴油、二次采油、大容积超声清洗、超声化学及污水降解处理等方面有着广泛的应用。

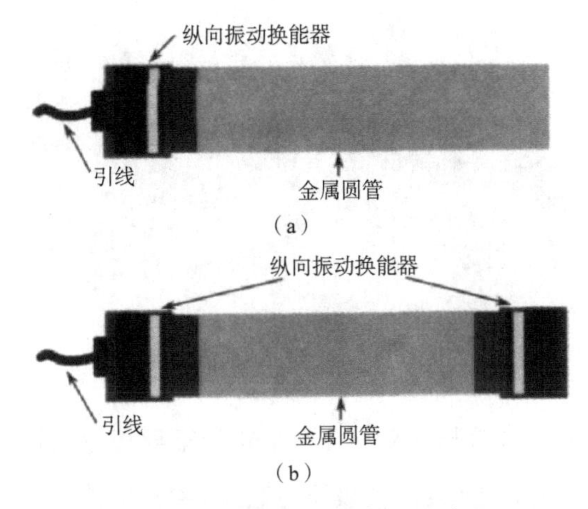

图 1-7　管状超声换能器结构示意图

（a）单面激励　（b）双面激励

二、多频或宽频换能器 [44-47]

在声化学、超声清洗及超声处理等领域中，需要宽频或多个共振频率的超声换能器。由于传统夹心式换能器的频带比较窄，因此电路技术中的扫频技术的效果很不理想。为了增加换能器的频带宽度或设计多个共振频率的换能器，主要采取以下几种措施：

（1）改变超声换能器电端匹配电路中的电感或在夹心式换能器中增加一组压电元件（该元件不和激励电路连接，而和电感及电容或它们的组合连接，主要利用它们的压电效应），来实现换能器共振频率的改变；

（2）利用换能器的纵径耦合振动对其共振频率和频带进行调节，实现两个以上的振动模式或拓宽换能器的工作频带；

（3）利用穿孔换能器拓宽其频带；

（4）利用换能器辐射头的弯曲振动拓宽其频带；

（5）利用矩形辐射板的弯曲振动增加其共振频率的个数，从而实现复频换能器等。

图 1-8 所示换能器利用前盖板的弯曲振动与其纵向振动之间的耦合来实现复频或宽频振动，其原理是根据前盖板的半径及厚度，使其弯曲振动的共振频率与换能器纵向共振频率一致，即可实现换能器的弯曲振动和纵向振动模态相互耦合，从而达到设计目的。

图 1-8 多频或宽频换能器

利用 HP4294 A 精密阻抗分析仪对图 1-8 中矩形辐射板弯曲振动复频超声换能器进行测量，扫描频率范围为 15~100 kHz，其频率与输入导纳曲线如图 1-9 所示。可以看出，该换能器有多个能够得到激发的共振模态，提取这些频率所对应的模态，发现不同模态下矩形辐射板具有不同的弯曲振动形式，可实现整个系统的复频工作。

三、大功率气介超声换能器

近年来，气介式超声换能器在许多领域获得了新的应用，如生物医学、无损检测、工业控制及航空部件等，其原因有：一是超声波频率位于人耳的听阈以外，可减少大气环境中的噪声干扰；二是超声的波长较短，可用较小尺寸的超声换能器获得较好的指向性，同时检测的灵敏度还可以得到提高。超声波在气体中的应用主要包括：一是气体超声无损检测，如测厚、测距及料位检测等，此时换能器工作在小信号状态下，工作频率比较高，可以提高灵敏度；二是功率超声在气体中的应用，如干燥、除尘及凝聚等，此时换能器工作在大信号状态下，工作频率比较低，可以减少衰减。

西班牙学者 Gallego-Juárez 等人 [48-51] 提出了一种大功率气介超声换能器，由纵向振动夹心式压电超声换能器与弯曲振动圆形或矩形阶梯板组成，如图 1-10 所示。其通过换能器的纵向振动激发阶梯板弯曲振动，且采用阶梯板的相位补偿技术，使换能器的阻抗特性得到改变，使其更适合于在空气中工作。单个这种结构的换能器辐射功率就可以达到 500 W，电声转换效率能够达到 75% 以上，其辐射面的直径可以超过 1 m。此类换能器主要用于超声干燥、超声清洗纺织品、超声去泡沫及超声除尘等。

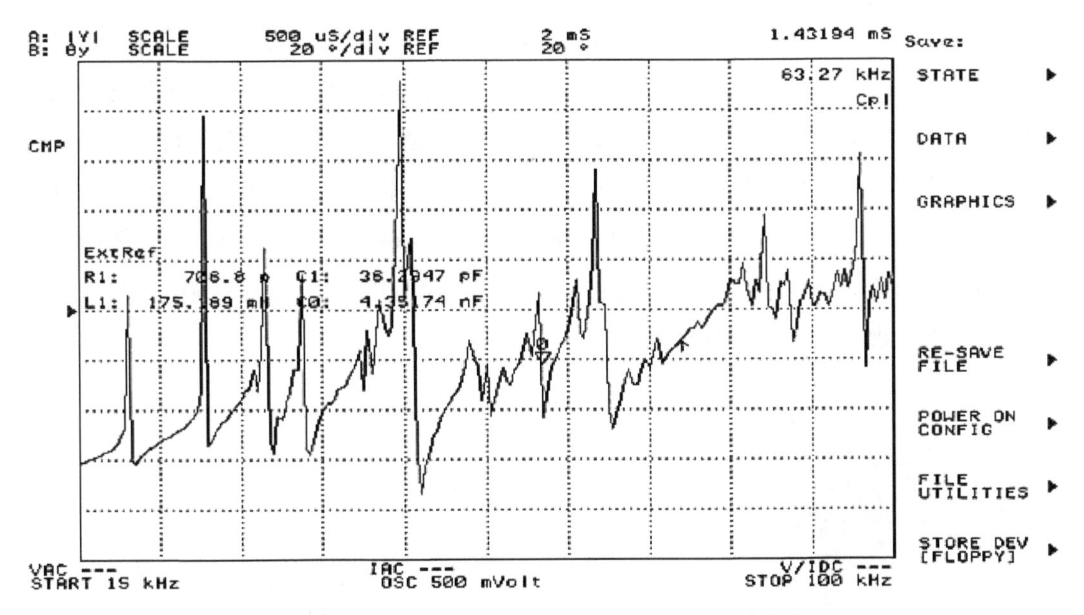

图 1-9　多频超声换能器频率与输入导纳测试曲线

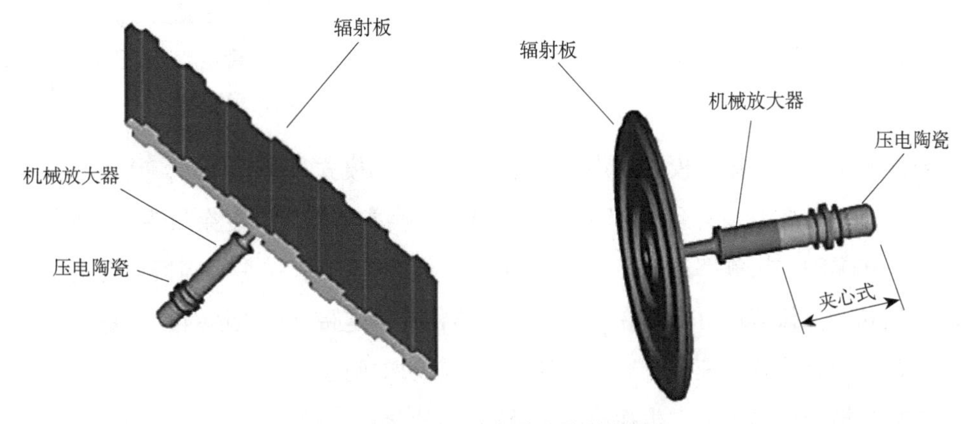

图 1-10　大功率气介超声换能器

四、复合模式超声换能器

传统超声技术的应用，例如超声加工、超声清洗及超声检测等，需要纵向振动模式的超声换能器，此类换能器不仅设计简单，而且结构和工艺都比较容易实现，同时电声转换效率也比较高。然而，随着其应用的不断拓展，一些新领域的超声应用技术对于超声振动系统的能量传播方式及作用形式提出了更高的要求。与此同时，复合振动模式超声换能器顺应新应用领域的要求，以其独特的优势，在一些新技术领域获得了广泛的应用[52-61]，例如超声手术刀及超声振动切削需要纵 - 扭或扭 - 弯复合振动模式的超声换能器，超声旋转加工需要纵-扭复合振动模式的超声换能器，超声马达需要纵-弯、纵-扭或径-扭复合振动模式的超声换能器等。产生这种复合振动模式的方法主要有两种：一种是通过系统结构的特殊设计，如狭缝或开槽等方法来实现，其优点是结构简单，容易实现多振动模式的合并，且可利用单相电源进行激励；另一种是可对两组不同极化方式的压电晶片进行激励，使其产生相应的振动耦合，其优点是可控性强，但结构设计比较复杂，且需要两相电源进行激励。图 1-11 和图 1-12 分别是狭缝式径扭复合振动模式压电超声换能器和两相激励纵弯复合振动模式压电超声换能器[62-63]。

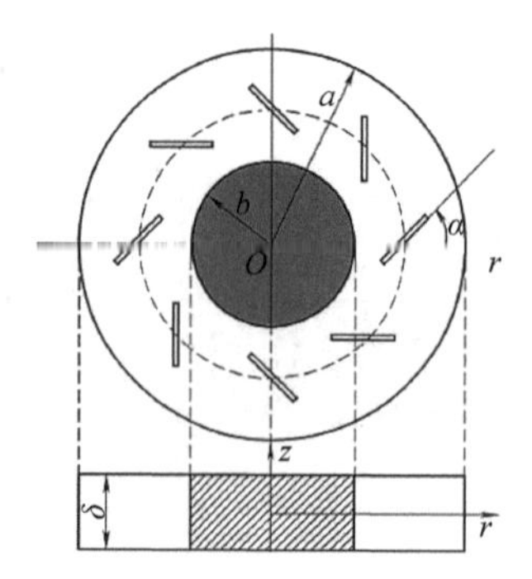

图 1-11 狭缝式径扭复合振动模式压电超声换能器结构示意图

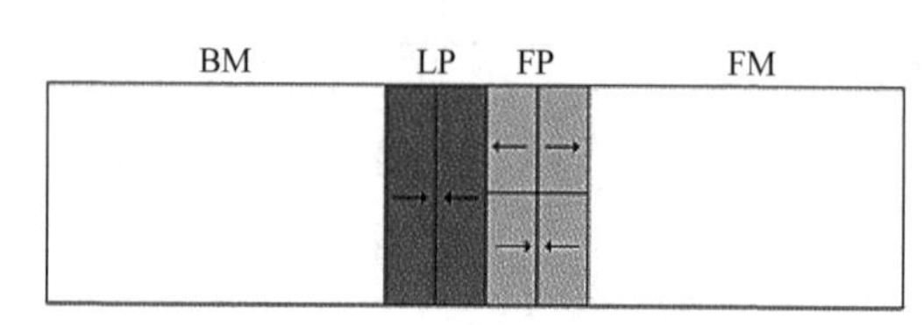

图 1-12 两相激励纵弯复合振动模式压电超声换能器结构示意图

一般情况下，复合振动模式超声换能器中两种振动模式产生共振时，其频率、应力及振速都不相同，因此其设计理论相比单一振动模式换能器而言要复杂得多，主要问题有：一是不同模式振动共振频率不同，给电激励的设计带来困难；二是不同振动模式应力及振速分布不相同，位移节点可能不在同一位置，给机械固定带来很大困难；三是不同模式之间相互耦合的研究及分析是一个非常复杂且亟待解决的问题。

对于复合振动模式压电超声换能器，目前的研究热点是如何实现同一超声换能器中不同振动模式之间要同频率共振、不同振动模式之间的影响及不同模式的输入阻抗特性和负载特性等。

五、超声功率合成器

在一些特殊的应用场合，例如超声焊接金属厚板、超声拉拔金属丝或金属管等，都需要超大功率的超声波[64-67]。由于传统的单个换能器的功率容量有限，因此很难达到所需要的超声功率。与此同时，大功率的超声功率合成器也就逐渐被应用[68-69]。如图 1-13 所示，六个夹心式纵向振动压电换能器在圆盘的半径方向激励中间的金属圆盘（R-L 振动方向变换器），由于半径方向和高度方向振动的相互耦合，就可以把半径方向（R 方向）的振动能量转化为轴向（L 方向）的能量，从而实现轴向（高度方向）能量的大功率输出。

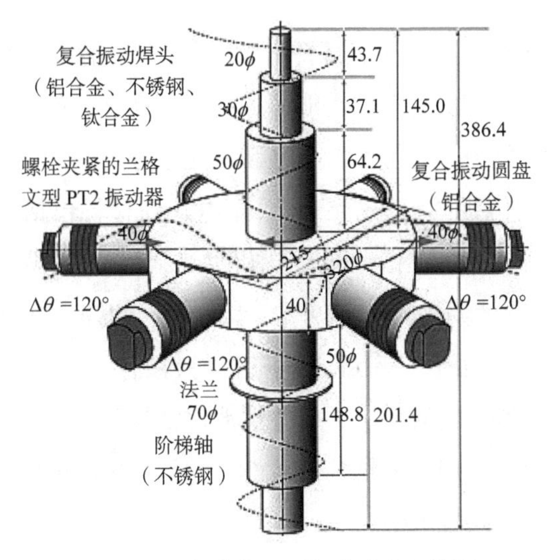

图 1-13　大功率 R-L 超声功率变换器

功率超声技术已成为国际公认的高科技领域中的一种新技术，随着科学技术的发展，它必将在国民经济建设中发挥越来越重要的作用。功率超声换能器作为大功率超声技术的重要组成部分之一，其研发水平直接决定着今后超声技术的新发展及新应用的广泛程度。在功率超声技术的相关研究中，超声振动系统的设计与测量方法、大功率换能器材料及其结构、智能化大功率超声发生器等，仍将是今后人们研究的热点方向。随着相关学科的进一步发展，只要我们努力去开拓功率超声的应用领域，功率超声必将进一步发挥其独特的优越性，同时也会得到更为广泛的应用。

第三节　夹心式功率超声压电陶瓷换能器的设计准则

一、压电陶瓷元件的选择

压电陶瓷是压电多晶材料，而大部分压电多晶材料都具有铁电性质。目前，在超声应用领域，压电陶瓷材料绝对处于支配地位，与压电单晶材料相比，压电陶瓷材料具有以下独特的优点：

（1）原材料价格低廉；

（2）机械强度好，易于加工成各种不同的形状和尺寸，以适应不同的应用场合；

（3）通过添加不同的材料成分，可以制成品种各异、性能不同且可满足不同需要的振动模式。

压电陶瓷的原始成分基本上都是金属氧化物粉末，采用添加不同成分的方式，可以得到不同配方的压电陶瓷材料，从而形成性能各异的压电换能材料。根据压电陶瓷材料的成分，可以将压电陶瓷材料分为一元系、二元系和三元系等。一元系压电陶瓷材料包括钛酸钡、钛酸铅、铌酸钾钠和偏铌酸铅等。二元系压电陶瓷材料包括锆钛酸铅、偏铌酸铅钡等。三元系压电陶瓷材料主要是在锆钛酸铅 - 钛酸铅二元系压电陶瓷材料的基础上发展起来的固溶体压电陶瓷材料，其中包含铌镁 - 锆 - 钛酸铅、铌锌 - 锆 - 钛酸铅、铌钴 - 锆 - 钛酸铅、钨锰 - 锆 - 钛酸铅等。由于三元系压电陶瓷材料的种类非常多，可以较为广泛地满足不同器件对压电陶瓷材料性能的要求，有些性能比锆钛酸铅陶瓷更优越，所以人们对三元系压电陶瓷材料的研究和使用越来越多。目前，四元系压电陶瓷材料也得到了发展，并应用于压电陶瓷变压器等新兴技术中。

性能良好的压电陶瓷材料的发展，取决于先进的压电陶瓷生产工艺。工艺条件和工艺参数的变化，对压电陶瓷材料的性能影响很大。压电陶瓷的生产过程按照先后次序分别为配料、混合、粉碎、预烧、成型、排塑、烧成、上电极、极化和测试等。在配料阶段，首先应确定配方，然后根据配方选择所需要的原料。选择原料应注意以下几点：合理选择原料的纯度；尽量选择颗粒较小的原料；适当注意原料的活性。原料确定以后，应对原料进行处理，如水洗、煅烧、粉碎和烘干等。在原料进行预烧之前，应进行混合和粉碎，这两个工序一般是通过滚动机和振动球磨机来完成的。预烧过程实际上也是一种固相反应，影响这一过程的因素有预烧温度与保温时间、原料的活性和颗粒的大小等。压电陶瓷的成型方法有三种，即扎模成型、干压成型和静水压成型。这三种不同的成型方法适用于生产不同用途的压电陶瓷材料。扎模成型主要用于生产陶瓷过滤器和陶瓷电声器件等；干压成型适用于生产厚度较大的陶瓷器件，如水声换能器、陶瓷变压器和用于引燃、引爆的圆柱形体等；静水压成型利用静止流体内各方向压强相等的原理，使样品均匀受压，从而使样品的密度等性质一致，为成型创造条件。排塑过程的目的在于将陶瓷成型过程中添加的黏合剂排除。烧成过程是保证压电陶瓷材料性能的关键工序，它将经预烧成型的粉末块材料在加热到足够高的温度以后，实现体积收缩、气孔减少、密度提高以及强度增加。为了保证得到晶粒大小适当、致密度高的样品，必须正确选择烧成温度、保温时间以及烧成工艺。上电极就是在陶瓷上设置一层金属薄膜，可用于金属薄膜电极的材料很多，根据不同的需要有银、铜、金和镍等。为陶瓷设置金属薄膜电极的方法有很多，如烧渗银层、真空蒸镀、化学沉银和化学沉铜等。未经极化的压电陶瓷，由于其中的电轴取向杂乱排列，不具有压电效应。只有经过计划工序处理后的陶瓷，才能具有压电效应。所谓极化，就是在压电陶瓷上加一个直流电场，使陶瓷中的电轴沿电场方向取向排列。为了使压电陶瓷得到完善的极化，充分发挥其压电性能，必须合理选择极化条件，即极化电场、极化温度和极化时间。极化电场必须大于样品的矫顽场，并且为矫顽场的 2~3 倍。由于不同材料的矫顽场不同，因此应根据材料的性质合理选择极化电场。在高温极化条件下，极化电场应达到 20 kV/cm。在极化电场和极化时间一定的条件下，极化温度越高，极化效果越好。极化方法主要有两种，即常规极化方法和高温极化方法。常规极化时的极化温度都是在陶瓷材料的居里温度以下，所需的极化电压较高，一般为 30 kV/cm 以上，这对于尺寸较大样品实现是比较困难的。高温极化是将样品加热到陶瓷材料的居里温度以上，首先加上较弱的直流电场，然后以一定的降温速度将炉温下降到居里温度以下，同时缓慢增加电场到一定值，并使炉温尽快冷却到 100 ℃左右，使电场增加到 300 kV/cm 左右，最后在 100 ℃以下撤出外加电场，取出极化样品。由于高温极化获得的样品性能较好，因此目前主要采用高温极化方法。极化以后的压电陶瓷会发生老化。影响压电陶瓷材料老化的因素很多，最主要的有机械应力、外加电场以及正电材料所受的温度。当这些参数增大时，压电陶瓷材料的老化进程加速。另外，时间也是影响压电陶瓷材料老化的一个因素，然而与以上提到的因素相比，在一定的时间范围内，时间因素可以忽略不计。当压电陶瓷材料的温度超过其居里温度时，极化消失，压电效应不再存在。

压电陶瓷材料的测量是评价材料性能的关键步骤。测量参数包括频率、阻抗、机电耦合系数等，所用的试验仪器有阻抗电桥等。目前，大部分都采用惠普公司的阻抗分析仪，如 HP4192 L、HP4194 和 HP4294 A 等。关于压电陶瓷材料生产及测试的详细内容，由于篇幅有限，可参阅有关的书籍和材料手册。

压电陶瓷材料不是纯的化合物，其性质可以通过添加其他一些成分而得到改变。压电陶瓷材料的主要优点之一是成型简单，不仅可以做成简单的压电瓷板和棒，而且可以加工成其他较复杂的形状以适应不同的性能要求，如凸形、凹形、球冠壳等，从而实现超声能量的聚焦。未经极化的压电陶瓷材料是各向异性的，而经过极化的压电陶瓷材料在垂直于极化方向的平面内则是各向同性的。

压电陶瓷材料的种类很多，目前应用最为广泛的当属锆钛酸铅压电陶瓷。这种材料已被广泛地应用于水声、超声等领域，其中包括小信号和大功率应用。

除以上提到的压电陶瓷材料以外，另一种值得提及的压电铁电材料是铌酸锂。由于这种材料具有良好的机械和压电性质，并且具有非常高的居里温度（可达 1 200 ℃），因此这种材料已被广泛地应用于表面波即瑞利波滤波器中。

在夹心式压电陶瓷换能器中，通过改变压电陶瓷元件的厚度和数目，可以改变换能器功率容量及其输入电阻抗特性；通过改变压电陶瓷元件在换能器中的位置，可以改变换能器的振动性能及其负载特性。同时，通过改变换能器前后金属盖板的材料、形状及其几何尺寸，可以对换能器的频率特性、辐射特性及其振幅放大性能进行优化设计，以适应不同的工作环境和应用场合。由于上述特点，导致夹心式压电陶瓷换能器在超声技术中得到了广泛的应用，相关的分析理论也较为成熟。

夹心式压电陶瓷换能器中的压电晶片主要作用为实现大功率及高效率的能量转换，因此应选择机械及介电损耗较低而压电常数和机电转换系数较高的材料，一般选用发射型大功率材料，如 PZT4 和 PZT8 等。关于压电陶瓷元件的设计尺寸，就是指压电陶瓷晶堆单个元件在振动方向上的几何尺寸以及整个压电陶瓷晶堆的总体积，即压电陶瓷晶片的数量、厚度及直径，主要是根据换能器的工作频率、阻抗特性、工作模式、需要的声功率输出以及各种不同的应用场合确定。

根据压电陶瓷材料的性能和种类，在其振动方向上单位长度所加的电压是不同的。在理想的情况下，压电陶瓷材料的外场激励电压可达到 4~8 kV/cm。然而，在实际设计过程中，为了保证换能器安全可靠工作，一般都取约 2 kV，甚至更低。压电陶瓷元件的直径应小于对应换能器中声波波长的四分之一。对于直径比较大的压电陶瓷元件，除了振子的纵向振动模式以外，还可能存在其他与纵向振动模式相互耦合的振动模式，如径向振动模式等。为了避免换能器的谐振频率与压电陶瓷的径向或其他振动模式相互耦合，应适当设计换能器的谐振频率以及压电陶瓷晶片的直径。一般情况下，要求换能器的纵向共振频率远低于压电陶瓷晶片以及换能器前后金属盖板径向振动的谐振频率。频率较低的功率超声换能器，很少出现这种情况。然而，当换能器的工作频率提高时，如用于超声治疗和超声金属焊接等技术中的超声换能器，就可能出现这一情况。此时可以通过合理的尺寸选择，把换能器的工作频率设计在相邻的两个径向谐振频率之间。换能器的电功率容量主要由换能器中压电陶瓷材料的总体积决定。根据国外的资料报道，锆钛酸铅发射型陶瓷材料的功率容量为 6 W/（kHz · cm^3）。由此可见，高频换能器中压电陶瓷的体积可以很小。但是，从另一方面考虑，当工作频率提高时，换能器的内部机械和介电损耗也会相应增大。因此，应采用辩证的观点来看待这一问题。在现有的工艺条件下，换能器的功率容量一般取 2~3 W/（kHz · cm^3）。

压电陶瓷元件的厚度以及数目选择，也需要仔细全面考虑，其和换能器的电阻抗、机械品质因数以及机电耦合系数都有关系。压电陶瓷晶片的厚度不能太大，否则不易激励；但也不能太小，因为太薄时会造成片与片之间的接触面太多，形成多个反射层，影响声的传播。在功率超声领域，单个压电陶瓷晶片的厚度一般取 2~10 mm。而换能器中压电陶瓷晶片的总长度，即每片的厚度乘以数目，应为换能器总长度的 1/4~1/3 为宜。

二、金属前后盖板的选择

夹心式压电陶瓷换能器的前盖板，主要是保证将换能器产生的绝大部分能量从它的纵向前表面高效地辐射出去，实际上也充当一个阻抗变换器，它能够将负载阻抗加以变换以保证压电陶瓷元件所需的阻抗，从而提高换能器的发射效率，保证一定的频带宽度。这些作用主要是通过适当选择前盖板的材料、几何尺寸和形状等因素实现的。在水声及超声领域，换能器前盖板的材料基本上采用轻金属，如铝合金、铝镁合金和钛合金等。换能器前盖板的形状有多种选择，最常用的前盖板形状有圆柱形、圆锥形、指数形、悬链线形以及各种复合形状等。从易于加工的角度出发，在一些应用要求不很高的场合，如超声清洗等，换能器的前盖板基本上都采用圆锥形的。

换能器的后盖板，主要是实现换能器的无障碍单向辐射，以保证能量能够最小限度地从换能器的后表面辐射出去，从而提高换能器的前向辐射功率。为了实现这一功能，换能器的后盖板材料基本上采用一些重金属，如45号钢和铜等，其形状比较单一，主要是圆柱形或圆锥形。

夹心式压电陶瓷换能器中前后盖板材料的选择应遵循以下一些原则：

（1）在换能器的工作频率范围内，材料的内部机械损耗越小越好；

（2）材料的机械疲劳强度要高，而声阻抗率比较小，即材料的密度与声速的乘积要小；

（3）易于机械加工；

（4）在一些易于腐蚀的应用场合下，还要求材料的抗腐蚀能力强。

满足上述要求的材料主要有铝合金、钛合金、铝镁合金以及不锈钢等。钛合金的性能较好，但机械加工较困难，而且价格比较昂贵。铝合金易于加工，而且价格便宜，但抗空化腐蚀能力差。不锈钢价格便宜，但机械损耗较大。

在现有的夹心式功率超声压电陶瓷换能器中，铝合金被广泛应用于换能器的前盖板，其主要型号包括硬铝及杜拉铝等；换能器的后盖板主要采用钢，为提高其机械性能，常需对其进行热处理，如淬火等工艺。

三、预应力螺栓的选择

压电陶瓷材料的抗张强度较低，其数值为（2~5）$\times 10^7$ N/m^2，而其抗压强度则较高，大概为其抗张强度的10倍。因此，在大功率状态下，压电陶瓷材料易于振裂而损坏。为了避免这一现象发生，应采用加预应力的方法，而预应力的施加大部分是通过换能器中的预应力螺栓来实现的。对预应力螺栓的要求是既能产生一个很大的恒定预应力，又要有良好的弹性。预应力螺栓要用高强度的螺栓钢制成，比较常用的有 40 号铬钢、工具钢以及钛合金等。试验表明，预应力对换能器的性能影响很大，其大小应有一个较合适的范围，所加的预应力大小应调节到大于换能器工作过程中所遇到的最大伸张应力。如果预应力太小，换能器工作过程中产生的伸缩应力可能大于预应力，从而使换能器的各个接触面之间产生较大的能量损耗，降低换能器的机电转换效率，严重时可能导致压电陶瓷片破裂，而损坏换能器。换能器的预应力也不能太大，因为太大的预应力可能会使压电陶瓷片的振动受到影响，有时可能也会导致压电陶瓷片破裂。

预应力螺栓的选择主要包括两个方面：一是螺栓材料的选择，二是螺栓形状及几何尺寸的选择。关于预应力螺栓的材料选择，主要是保证螺栓材料的高强度、高弹性以及低的机械损耗。根据理论及实际经验，目前用得最多的预应力螺栓材料包括弹簧钢、工具钢、40 号铬钢、钛合金以及不锈钢等。对于较高强度的超声应用，还必须对螺栓材料进行适当的热处理。关于螺栓形状及几何尺寸的选择，包括横截面面积和长度等，一般情况下，决定换能器预应力螺栓横截面尺寸的主要因素就是换能器的功率。根据实际考虑，预应力螺栓的横截面尺寸应为换能器横向尺寸的 1/4~1/3，以保证足够的机械强度。关于预应力螺栓的长度，原则上应越长越好，但考虑到工艺及成本等问题，其最佳长度应为压电陶瓷元件总长度的 3 倍以上。螺栓的螺距选择也是很重要的，它对换能器的性能影响很大。根据一般的原则，细牙螺纹优于粗牙螺纹。预应力螺栓螺纹的螺距越细，换能器金属前后盖板与压电陶瓷的接触面之间受到的预应力越均匀，预应力螺栓本身受到的应力分布也越均匀，从而可保证整个换能器具有较高的机械品质因数和较低的机械损耗，提高换能器的电声效率。

四、影响换能器振动性能的其他因素

在夹心式压电陶瓷换能器的制作过程中，许多工艺都会对换能器的性能有很大的影响。

（1）组成换能器的各个元件之间的接触面应光滑、平整，各个接合部分的表面要进行研磨，一般应达到接近镜面的水平。

（2）每相邻两晶片之间以及晶片和金属前后盖板之间通常要垫一薄金属片作为金属电极，其材料可选用锡青铜、黄铜以及镍片等。电极的厚度可分为两种情况。一种是薄电极，其厚度一般在 0.2 mm 左右；另一种是厚电极，其厚度可根据具体的要求加以选择。

对于厚电极，其除用作电极接线以外，还具有散热以及其他功能，如与外界连接等。

（3）一般情况下，在晶片、电极片及金属前后盖板之间用环氧树脂胶合，然后用预应力螺栓将换能器各部件固定在一起并拧紧。如果换能器各部件的接触面是经过特殊研磨工艺处理过的，也可以不用环氧树脂胶合，直接用预应力螺栓拧紧即可。但为了消除空气隙的存在，提高超声波在换能器内部的传输效果，采用环氧树脂胶合是值得推荐的。

（4）应尽量保证预应力螺栓与换能器各个部分的横截面相互垂直，否则换能器可能无法工作或者导致压电陶瓷晶片破裂。

夹心式压电陶瓷换能器的工作频率一般在几十千到几百千赫兹，最大电功率可达到 2 kW 左右，其电声转换效率视工作状态不同有不同的数值，一般情况下可达到 70% 以上。对于设计较好的夹心式压电陶瓷换能器，其振动模式比较单纯，辐射面的振动分布也比较均匀。一般情况下，在大功率状态下工作时，此类换能器主要在基频振动模式工作，此时换能器辐射面中部的振幅最大，边界的位移振幅最小，非常类似于一个活塞辐射器。正因为这个原因，在分析此类换能器的辐射声场及指向性时，都把它近似看成一个活塞辐射器加以处理。

五、换能器的功率容量问题

关于换能器的最大输出功率（或称为功率容量或功率极限）等问题，国内外一直没有一个被普遍接受的统一说法。这其中的原因很多，而最重要的原因是对于大功率超声换能器，换能器的机电特性是非常复杂的。首先，大功率超声换能器的性能与换能器的材料、结构、振动模式、制作工艺、电端特性、机械端特性以及负载特性等有关；其次，大功率超声换能器的工作状态基本上属于非线性的，描述其电、力、声参数之间关系的表达式很难用解析的方法给出，从而限制了人们在这一方面的深入研究。然而，从定性的角度来说，换能器的功率极限可以分为电极限、机械极限、热极限和声极限。换能器的最大声极限则是由换能器的电极限、机械极限和热极限所决定的。在计算换能器的电极限时，首先要确定最大允许电场强度，它取决于压电材料的退极化、介电损耗、绝缘破坏及非线性畸变等。换能器的电极限包含几方面的内容：首先换能器的电极限可以通过换能器中压电陶瓷元件所能承受的最大激励电压来加以定义，一般以每单位厚度所能承受的最大电压来表示，对于不同的压电陶瓷材料这一数值是不同的，通常对于一般的发射型压电陶瓷材料，其最大激励电压为 2.5~6 kV/cm；其次换能器的电极限也可以通过另外一种定义加以描述，即换能器在输出最大声功率时，所能承受的最大电功率，对于发射型压电陶瓷材料，其最大声功率为 2~5 W/（kHz · cm^3）。一般情况下，为了提高换能器的电功率极限或激励电压，可以采用对压电陶瓷材料进行热老化处理和场老化处理的措施。换能器的机械极限主要由换能器组成部分所能承受的最大应力来衡量，主要是压电材料的最大允许动态和静态应力。另外，过大的机械应力也会降低换能器的机电耦合系数。除此以外，换能器的输出功率及振动特性还受到换能器的热极限和声极限的限制。热极限主要是指换能器的最高工作温度，其受压电陶瓷材料的居里温度限制，一般情况下换能器的长期工作最高温度可达到压电陶瓷材料居里温度的一半。另外，采用强制的风冷和水冷也是提高换能器热极限的重要措施之一。至于换能器的声极限，是与电极限、机械极限和热极限密切相关的，可由上述三种极限加以分析。

六、超声换能器的研究方法

换能器的内部电路系统，通常包含一个电容或一个电感作为储能元件，当换能器处在发射状态时，从发射机的输出级送来一个电振荡信号，使其储能元件的电场或磁场发生变化，而借助电场或磁场的某种“力效应”，产生一个对换能器的机械振动系统的推动力，使之处于振动状态，从而向负载介质中辐射出声波信号，这就是发射声信号的全部过程。当换能器处于接收状态时，其能量的转换过程与发射状态相反，首先是声场的信号——声压作用在换能器的振动面上，使其机械振动系统进入振动状态，此时就引起换能器的电路储能元件的电场或磁场发生相应的变化，借助于系统的某种“电效应”，在其电路系统中产生一个相应于声信号的电动势或电流，这就是接收信号的全部过程。

由上述描述可知，超声换能器包含电路系统、机械振动系统和声学系统，并且在超声换能器工作时，它们有机地结合在一起成为一个统一的整体。这样就决定了对它的研究方法是融合了电子学、力学以及声学等诸方面的研究方法，并且通过电 - 力 - 声类比，使三者能够采用统一的等效机电电路图和等效方程式，方便对其进行深入的研究。

对应电子学的研究方法有电的耦合网络、传输线、等效电路图和等效方程式，在超声换能器中就有机电耦合网络、机电传输线、机电等效电路图以及机电等效方程式等。实际上，超声换能器就是一个机电耦合网络。

超声换能器中的电声能量互换均是借助于电场或磁场的物理效应来实现的，而且不论是哪种类型的换能器，这种效应都包含两个方面：一个是力效应，把作用在换能器电路系统中的电流或电压转换为作用在机械振动系统的推动力的物理效应，即实现把电学量（电流或电压）转换为力学量（振速或力）的效应，例如电动力效应；另一个是电效应，把作用在换能器机械振动系统上的力或振速转换为电学量电压或电流的物理效应，即实现把力学量（或声学量）转换为电学量的效应，如电磁感应等。所以，根据各种换能器的“力效应”或“电效应”，我们就能得到它们的机电参量转换关系式（也叫作机电相关方程式），这是分析和研究换能器首先应建立的一种关系式。

另外，为了确定换能器的工作状态，还需要求出它的机械振动系统的状态方程式和电路系统状态方程式。当这些关系式都确定之后，换能器的工作状态也就完全确定了。换能器机械振动系统的状态方程式也称为机械振动方程，它是换能器处于工作状态时，描述其机械振动系统力与振速的关系式，也就是说该方程式是描述换能器机械振动特性的；而电路系统的状态方程式也就是电路状态方程式，是描述电路系统振动特性的，即具体描述电路系统中的信号电压与信号电流间的关系。由于换能器的机械系统和电路系统是互相耦合、不可分割的，所以机械系统的振动会影响到电路的特性，而电路的变化也会影响到机械系统的振动，因此我们总是利用这些方程组来分析讨论换能器的工作特性。

由上述换能器的三组基本关系式，可以对应作出换能器三种形式的等效图：第一种是机械等效图，即将换能器等效为一个纯机械系统的等效图；第二种是等效电路图，即把机械的元件和参量，通过机电转换化为电路的元件和参量，把一个换能器等效为一个纯电路系统；第三种是等效机电图，同时包含电路和机械的等效图。利用这些等效图可以方便地求出若干换能器的重要性能指标。

上面只是简略地介绍了换能器的分析研究方法，至于如何推导三组基本方程、建立等效图和计算换能器一系列的工作特性指标，将在以后的章节详细讨论。前面已经提到换能器本身是一个机电耦合网络，为了更好地理解它，我们可以把换能器同变压器的若干方面做一个简要的比较。

一般来说，换能器总是被要求在相同频率下进行能量转换，而变压器也是在同一频率下实现低电压振荡器与高电压振荡器之间的能量互换，两者的不同之处在于，变压器通过磁耦合来实现电振荡能的互换，而换能器通过机电耦合来实现机电声能量的转换。变压器的初级电压通过磁路使次级有一个电压，相当于换能器中机械一边通过机电耦合给电路一边一个电压或电流，或电路一边通过机电耦合给机械一边一个推动力或振速。所以，如同变压器的次级与初级有电压或电流的转换关系一样，换能器中电路一边与机械一边也有一个转换关系。

描述变压器能量传输时，有三个关系式：一是初级电路关系式；二是次级电路关系式；三是初级与次级之间的转换关系式。如前所述，在研究换能器的能量转换与传输关系式时，也需要三组关系式：一是机械振动关系式；二是电路状态方程式；三是机电转换关系式。另外，在研究变压器时，常把初级元件反映为初级建立的等效电路图，这与超声换能器的等效机械图、等效电路图也是相对应的。

第四节 本章小结

功率超声技术已广泛用于农业、工业、环境保护、医药卫生和国防等领域。在一些应用领域中，一般都要求在空化状态下工作，产生空化泡，利用气泡破裂时释放的能量达到应用的目的，这样就对功率超声设备进一步提出了更高、更多的要求。

进行大容量超声清洗时，将传统的纵向振动换能器贴在不锈钢的槽外，对于体积容量比较小的清洗槽是行得通的，然而要成为如内燃机车保养维修这样的大功率、大容量的清洗设备，选择能够产生大功率的辐射面积大的超声换能器是比较关键的。

目前，能源问题是世界关注的头等大事，因此生物柴油的制备技术越来越受到各国政府的重视。尽管这项技术早在20世纪中期就已经出现，但由于效率不高使其推广变得比较困难。近些年来，美国将超声技术引入生物柴油的生产应用中，使其效率提高了10倍；德国将超声加工装置用于生物柴油生产中，使其搅拌时间得以大大缩短。因此，研发合适的生物柴油制备装置具有深远而又重要的意义。

超声化学是化学与声学相互交叉且互相渗透而发展起来的新兴边缘学科。其主要是通过超声来加速化学反应，其机理在于超声空化，即利用气泡破裂时释放的能量达到应用的目的，污水处理就属于超声化学的范畴。近年来，环境污染问题得到了社会各界人士的高度重视，尤其是工业污水对人们的生活影响比较大。大量试验表明，大功率超声处理技术在污水治理中对于降解一些有毒的有机污染物非常有效。如果能解决功率超声技术中的关键环节——超声换能器部分，将会为人类的健康做出更大的贡献。

根据以上分析，不同的应用领域对功率超声换能器有不同的性能要求。与一些发达国家相比，我国的技术水平、材料工艺及工业生产设备等都与其有一定的差距；尽管国外也已研制出性能比较好的大功率超声换能器，但价格昂贵，对于在国内推广和使用非常不利。

基于上述原因，以后章节对大辐射面积、大功率的纵弯及纵径复合振动模式的压电超声换能器进行了研究，希望使之在一些领域获得应用。

第二章　纵向及厚度振动夹心式压电超声换能器的设计理论

第一节　纵向振动夹心式压电超声换能器的设计理论

某些单晶材料的结构具有非对称特性，当这些材料受到外加应力作用而产生应变时，其内部晶格结构的变化（形变）会破坏原来宏观表现为电中性的状态，产生极化电场（电极化），所产生的电场（电极化强度）与应变的大小成正比。这种现象称为正压电效应，它是由居里兄弟于1880年发现的。随后，在1881年又发现这类单晶材料还具有逆压电效应，即具有正压电效应的材料在受到外加电场作用时，会产生应力和应变，其应变与外加电场的大小成正比。压电效应是晶体结构的一个特性，它与晶体结构的非对称性有关，而压电效应的大小及性质则与施加的应力或电场对晶体结晶轴的相对方向有关。具有压电效应的单晶材料种类很多，最常用的有天然石英（SiO_2）晶体以及人工单晶材料（如硫酸锂、铌酸锂等）等。

某些多晶材料中存在自发形成的分子集团，即所谓“电畴”，它具有一定的极化，并且往往沿极化方向的长度与其他方向的长度不同。当有外加电场作用时，电畴会发生转动，使其极化方向与外加电场方向趋于一致，从而使该材料沿外加电场方向的长度发生变化，表现为弹性应变。这种现象称为电致伸缩效应。电致伸缩效应也有逆效应，即具有电致伸缩效应的多晶材料在经受外加应力产生应变时，其总的极化强度将会发生变化，即表现为电极化（产生电场）。因此，电致伸缩效应可以说与电极化现象有关（自极化）。

压电式换能器的主要特点是电声转换效率高，特别是接收灵敏度高，但其机械强度较低（脆性大），因而在大功率应用上受到限制（不过目前的最新技术已能达到数百瓦到上千瓦的声辐射功率）。此外，某些单晶材料容易溶于水而失效（水解）。

压电材料是受到压力作用时会在两端面间出现电压的晶体材料。压电效应的机理是：具有压电性的晶体对称性较低，当受到外力作用发生形变时，晶胞中正负离子的相对位移使正负电荷中心不再重合，导致晶体发生宏观极化，而晶体表面电荷面密度等于极化强度在表面法向上的投影，所以压电材料受压力作用形变时两端面会出现异号电荷；反之，压电材料在电场中发生极化时，会因电荷中心的位移导致材料变形。利用压电材料的这些特性可实现机械振动（声波）和交流电的互相转换。因而，压电材料广泛用于传感器元件中，例如地震传感器，力、速度和加速度的测量元件以及电声传感器等，如一个很生活化的例子，打火机的火花即运用此技术。

压电材料的主要参数如下。

（1）压电常数，是衡量材料压电效应强弱的参数，它直接关系到压电输出的灵敏度。

（2）弹性常数，压电材料的弹性常数、刚度决定着压电器件的固有频率和动态特性。

（3）介电常数，对于一定形状、尺寸的压电元件，其固有电容与介电常数有关，而固有电容又影响着压电传感器的频率下限。

（4）机械耦合系数，在压电效应中，其值等于转换输出能量（如电能）与输入的能量（如机械能）之比的平方根，它是衡量压电材料机电能量转换效率的一个重要参数。

（5）电阻压电材料的绝缘电阻，可减少电荷泄漏，从而改善压电传感器的低频特性。

（6）居里点，即压电材料开始丧失压电特性的温度。

一般来说，压电材料应具备以下几个主要特性。

（1）转换特性，要求具有较高的压电常数 d_{33}。

（2）机械性能要求，要求机械强度高、刚度大。

（3）电性能，要求高电阻率和高介电常数，防止加载驱动电场时被击穿。

（4）环境适应性，要求温度和湿度稳定性好，具有较高的居里点，工作温度范围宽。

（5）时间稳定性，要求压电性能不随时间变化，增强压电材料工作稳定性，延长寿命。

压电材料可以因机械变形产生电场，也可以因电场作用产生机械变形，这种固有的机电耦合效应使得压电材料在工程中得到了广泛的应用。例如，压电材料已被用来制作智能结构，此类结构除具有自承载能力外，还具有自诊断性、自适应性和自修复性等功能，在未来的飞行器设计中占有重要的地位。压电换能器就是利用压电材料的正逆压电效应制成的换能器。换能器，顾名思义，就是指可以进行能量转换的器件。通常我们所说的为电声换能器，能够发射声波的换能器叫发射器，用来接收声波的换能器叫接收器，例如压电蜂鸣器就属于电 - 声换能器，通常可以用作报警器等。

功率超声振动系统是功率超声技术中的核心内容，其主要部分包括超声换能器、超声变幅杆及超声辐射器或超声工具头，它的好坏直接影响超声设备在物质处理方面的应用效果，因此设计制造品质优良、性能稳定的振动系统显得尤为重要。在功率超声应用领域，夹心式压电超声换能器得到了最为广泛的应用。与检测超声及医学超声等技术中的超声换能器不同，功率超声换能器的工作频率大部分处于低频超声范围，对超声换能器的功率、位移振幅及效率均有较高的要求，而对于其他性能参数，如指向性、灵敏度以及分辨率等参数的要求不是很严格。

对于大功率和高频超声振动系统的设计，其横向振动不可忽略，一维理论误差较大，为了解决这一问题，国内外学者在这方面做了许多工作。从弹性理论的普遍方程出发，在涉及横向耦合影响情况下利用伴随法求解大截面圆形变幅杆，获得了较近似的结果，但是其求解过程很复杂且物理意义不甚明显。利用有限元法研究大截面变幅杆的振动，同样求解过程烦琐，不适合工程设计。为了使求解过程得到简化，日本学者森荣・司提出了一种近似的解析设计理论——表观弹性法，并基于该理论对粗圆柱和厚圆盘的耦合振动进行了研究。表观弹性法的引入，使得求解弹性体耦合振动的研究过程和计算大大简化，且物理意义明显。任树初和林书玉教授等人把表观弹性法推广到计算和求解压电体、压电换能器及大截面超声变幅杆的耦合振动。近年来，随着计算机技术及数值模拟计算的发展，出现了 ANSYS、COMSOL、ATILA 等大型数值模拟软件，它们能解决许多学科中各种各样的实际问题，如在结构力学方面可进行静力分析、模态分析、谐响应分析以及塑性、断裂、疲劳等结构非线性分析；在热学方面可进行传导、辐射问题的稳态分析、瞬态分析及热结构耦合分析等；在流体力学领域可进行流体动力、静力分析、湍流以及声场分析等；除此之外还可进行多物理场的耦合分析，如压电耦合、流体结构耦合、热结构耦合以及任意两种或两种以上的物理场之间的耦合分析等。尽管表观弹性法可以对高频及大尺寸超声振动系统进行比较精确的设计，基本能满足一般工程设计的需要，但该方法还是局限于分析形状相对规则的振动体。而利用有限元软件的数值模拟技术则不受振动体形状及频率的限制，它不仅能比较精确地计算出超声振动系统的相关性能参数，而且能用图像显示振动系统的位移云图、应力及应变云图、辐射声压云图等，同时也可以动画播放系统的详细振动过程，从而为研究超声振动系统的振动特性及相关性能参数带来了极大的便利。

一个多世纪以来，在社会需求的推动下，许多基于压电陶瓷换能器的新方法、新工艺、新技术和新产品逐渐呈现出来，如 B 超、超声洁牙机、超声焊接机、超声车床、超声研磨机、超声切割机、超声清洗机及超声电动机等一些智能超声设备[70]。不同于医学超声及检测超声等应用领域使用的超声换能器，功率超声设备主要工作在低频超声范围内，对换能器的振动位移、功率及效率要求比较高，然而对指向性、灵敏度及分辨率等要求并不严格。其中，最成熟可靠的是以压电效应实现电能与声能相互转换的器件，称为压电换能器。由材料的压电效应将电信号转换为机械振动。这种换能器电声转换效率高，原材料价格低，制作方便，也不容易老化。常用的材料有石英晶体、钛酸钡和锆钛酸铅。石英晶体的伸缩量太小，3 000 V 电压才产生 0.01 μm 以下的变形。钛酸钡的压电效应比石英晶体大 20~30 倍，但效率和机械强度不如石英晶体。锆钛酸铅具有两者的优点，一般可用作超声波清洗、探伤和小功率超声波加工的换能器。压电陶瓷是一种功能性陶瓷，所谓功能性陶瓷，就是对光、电等物理量比较敏感的陶瓷。压电陶瓷对光和压力比较敏感，对压电陶瓷施加一个外力，压电陶瓷表面会产生电荷，这就是压电陶瓷的正压电效应，它是一个将机械能转化为电能的过程；对压电陶瓷外加一个电场，压电陶瓷会发生微小的形变，这就是压电陶瓷的逆压电效应，它是一个将电能转化为机械能的过程。利用逆压电效应，可以把高频电压转化为高频率的振动，从而产生超声波。在水声和大功率超声领域，常采用一种夹心式压电陶瓷超声换能器，如图 2-1 所示。尽管其结构比较复杂，但对其仔细分析后不难看出，它主要由中央压电陶瓷片、金属前盖板、金属后盖板、金属电极片、预应力螺栓和预应力螺栓绝缘管等组成。该结构压电换能器的优点在于既利用了压电陶瓷振子的纵向效应，又得到了较低的共振频率。同时，为了防止压电陶瓷在大功率工作状态下由于抗张强度差而容易发生破裂，采用了金属盖板以及预应力螺栓给压电陶瓷元件施加预应力，从而使压电陶瓷元件在强烈的振动下始终处于压缩状态，有效避免了由于压电陶瓷片抗张强度差而破裂。夹心式压电陶瓷超声换能器具有功率容量大、电声转换效率高以及适用范围广等优点，在许多领域获得了广泛的应用。到目前为止，夹心式压电陶瓷超声换能器已广泛应用于超声清洗、超声焊接、超声加工、超声化学、超声外科及水声等技术领域。

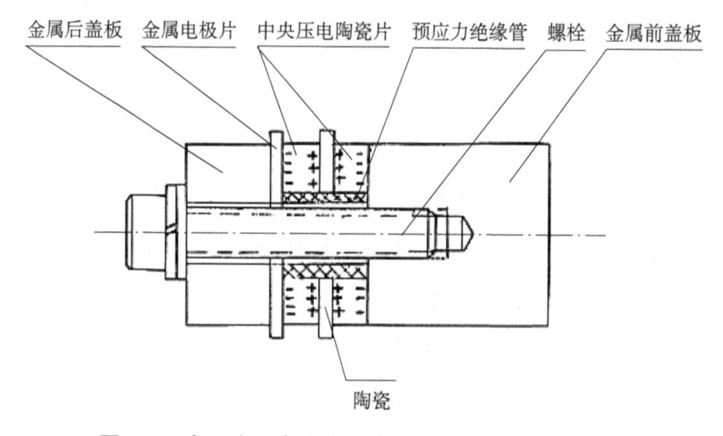

图 2-1 夹心式压电陶瓷超声换能器基本结构示意图

对于一个弹性体而言，理论上可以存在许多振动模式，然而对于有价值的压电陶瓷振子来说，其振动模式是有限的。对压电陶瓷振子的具体振动模式进行分析，发现轴向极化的压电陶瓷圆片或圆环振子在厚度振动时，其机电耦合系数是比较高的，所以为了获得较高的电声转换效率，在功率超声应用中，压电超声换能器中大都采用轴向极化的压电陶瓷圆片或圆环振子。

在声学领域的研究中，可以发现人们常常将电、力、声进行类比。所谓类比，也就是利用数学上描述的相似性以及不同现象存在的普遍规律，将一种不熟悉的系统描述为另一种熟悉的系统，并用熟知的理论加以研究和分析的方法。在换能器研究领域，主要是通过力和电进行类比，将振动力学系统等效为我们熟知的电路系统，即所谓的等效电路法。

夹心式压电陶瓷超声换能器基本上都是半波振子，一般有两种分析方法：一种方法是机电等效电路法，即利用等效电路，求出压电陶瓷超声换能器的等效输入阻抗，令其输入阻抗部分的阻抗为零，即可求出超声换能器的共振频率方程，最终根据换能器的具体尺寸、材料参数及形状求得其共振频率；另一种方法是将位移节面作为分界面，把压电陶瓷超声换能器看成由两个四分之一波长的振子组成，利用这两个振子求出各自的频率方程，从而得到整个共振频率方程。第一种方法求得的频率方程往往是一个复杂的超越方程，求解相对困难；而第二种方法若换能器的位移节点并不在压电陶瓷堆内部，或换能器的前后盖板并不是等截面的圆柱，情况也会比较复杂[1]。

为了后续章节分析的方便，本章主要运用机电等效电路法介绍纵向及厚度振动夹心式压电超声换能器的各部分设计理论。

一、压电陶瓷晶堆的机电等效电路

压电晶体或压电陶瓷材料总是制备成各种不同形状的片体来使用，这些压电晶片称为振子。由于应用状态或者测试条件的不同，它们可以处于不同的电学边界条件和机械边界条件。对于不同的边界条件，为了计算方便，常常选择不同的自变量和因变量来表述压电振子的压电方程。压电振子存在机械边界条件和电学边界条件。机械边界条件有两种：一种是机械自由，另一种是机械夹持。电学边界条件也有两种：一种是电学短路，另一种是电学开路。

当压电振子的中心被夹持，边界可自由变形时，边界上的应力为零，应变不为零，这样的边界条件称为机械自由边界条件。如果激励信号频率远低于基波谐振频率，振子的变形跟得上频率的变化，相当于变形是自由的，压电振子内不会形成新的应力，此时必有应力等于零或者常数，应变不等于零或者常数。因此，在边界自由和激励信号频率很低的情况下，称为机械自由边界条件。此时测得的介电常数称为自由介电常数。

当压电振子可以变形的边界被刚性夹持，使振子不能自由变形时，必须有应变等于零或者常数，而应力不等于零或者常数，这样的边界条件称为机械夹持边界条件。如果激励信号频率远高于谐振频率，振子的变形跟不上激励信号的变化，这时振子的边界和内部的应变都接近于零，相当于振子处于机械夹持边界条件。在机械夹持状态下测得的介电常数称为夹持介电常数。

电学边界条件取决于压电振子的几何形状、电极的位置及电路的情况。当压电振子内的电场强度等于零或者常数，而电位移不等于零或者常数（如电极短路或者用接地金属罩使晶体表面保持电位恒定）时，这样的电学边界条件称为电学短路边界条件。此时测得的弹性柔顺常数称为短路弹性柔顺常数，测得的弹性刚度常数称为短路弹性刚度常数。

当压电振子的电极面上的自由电荷保持不变（如完全绝缘的晶体）时，则电位移矢量等于零或者常数，而振子内的电场强度等于零或者常数，这样的电学边界条件称为电学开路边界条件。在开路条件下测得的弹性柔顺常数称为开路弹性柔顺常数，测得的弹性刚度常数称为开路弹性刚度常数。

利用两种机械边界条件和两种电学边界条件进行组合，就可以得到四类不同的边界条件：第一类是机械自由和电学短路边界条件；第二类是机械夹持和电学短路边界条件；第三类是机械自由和电学开路边界条件；第四类是机械夹持和电学开路边界条件。压电材料的压电性涉及电学和力学行为之间的相互作用。由于压电方程的独立变量可以任意选择，因此描述压电效应的方程也有四类，即 d 型、e 型、g 型和 h 型。四类压电方程都与晶体即压电陶瓷材料的压电常数、弹性常数、介电常数有关。对于不同点群的压电晶体，由于点群对称性的不同，这些物理常数的独立分量的数目及形式都不同，因此它们的压电方程的具体表达式也不相同。即使对于同一压电晶体，如果选用不同旋转切型的晶片，对于不同旋转后的新坐标系，晶体的压电常数、弹性常数以及介电常数也都要发生不同的变化，因此不同旋转切型的晶片，其压电方程也不相同。对于压电陶瓷材料，由于其极化后的对称性提高，因此独立的常数大为减少。如果再考虑到振动模式，也就是考虑到晶片的形状和边界条件，压电方程也可以进一步简化，不仅每个方程的项数大大减少，而且方程的个数也将大大减少。

从以上的分析中可以看到，压电方程的形式有四种，至于实际中选择哪一种形式，可以根据实际情况确定，如电学和力学的边界条件等。一般情况下，压电方程可以按照以下的基本原则来选择：如果系统的力学边界条件是自由的，则选择应力分量作为自变量；如果力学边界条件是截止的，则选择应变分量作为方程的自变量；如果振子的电学边界条件是电场垂直于振动方向，这时电场沿着电场方向的偏导为零，则选择电场强度作为自变量；如果电场平行于振动方向，这时电位移对振动方向的偏导为零，则选择电位移作为自变量。当确定了力学和电学的自变量后，即可选择相应的压电方程来推导振子的机电等效电路及其机电振动特性。

对于夹心式压电超声换能器，在由轴向极化压电陶瓷薄圆片叠加而成的压电陶瓷晶堆中，只在轴向存在应力波，在柱坐标(r,θ,z)中，即$T_z \neq 0$，其他应力分量则都为零。同样，在相应晶堆中，每个压电陶瓷薄圆片的情况都是一样的。晶堆以机械串联、电路并联的方式连接，相邻两片极化方向相反，使多晶片的纵向振动能够同相叠加，以保证压电陶瓷晶堆能够协调一致地振动；晶片数目一般为偶数，使换能器的前后盖板与同一极性的电极相连，否则换能器的前后盖板与晶片之间要加一绝缘片，通常为安全起见，换能器的前后盖板都与电源的负极相连。

在实际情况中，为了简化分析超声换能器的振动状态，必须对其振动模式及尺寸做一些假定[71-73]。首先，在使用频率范围内，换能器的径向尺寸远小于纵向尺寸，这样其振动可以近似看成一个细长圆棒的纵向振动，即一维纵向振动；其次，对于压电陶瓷晶堆，它是由多个带圆孔的压电陶瓷薄圆片组成的，圆孔很小时可以看成实心圆片，当圆片厚度远小于其波长时，可以看成沿纵向（即轴向）极化的压电陶瓷细长棒，即轴向极化的厚度振动；最后，换能器各组件之间的连接处的位移和力都是连续的。因此，对于此类换能器，在一维理论的假设下，可以被抽象地看成一个复合细长棒振动器的理想模型。

对于一个厚度为l、沿轴向加电场的压电陶瓷薄圆片的振动特性而言，其$E_z \neq 0$，而$E_r = E_\theta = 0$，同时由于陶瓷为绝缘介质，没有空间自由电荷存在，因此其电位移矢量是均匀分布的，即$\partial D_z / \partial z = 0$。此时，压电陶瓷薄圆片的压电本构方程及应变与位移的关系可简化为[1]

$$\begin{cases} S_z = s_{33}^D T_z + g_{33} D_z \\ E_z = \beta_{33}^T D_z - g_{33} T_z \\ S_z = \partial \xi / \partial z \end{cases} \tag{2-1}$$

式中：S_z和T_z分别是其轴向的正应变和正应力；E_z和D_z分别是施加的轴向电场强度和电位移；s_{33}^D、g_{33}和β_{33}^T分别是压电陶瓷薄圆片的弹性柔顺常数、压电常数和介电常数。

根据牛顿运动定律，可以得出压电陶瓷薄圆片的波动方程为

$$\frac{\partial^2 \xi}{\partial t^2} = \frac{c^2 \partial^2 \xi}{\partial z^2} \tag{2-2}$$

式中：$c = \sqrt{1/(\rho s_{33}^D)}$是压电陶瓷薄圆片在纵向振动时其纵波的传播速度。

对于简谐振动，其波动方程的解为

$$\xi = (A \sin kz + B \cos kz) \mathrm{e}^{\mathrm{j}\omega t} \tag{2-3}$$

式中：ω是角频率；$k = \omega / c$是纵向振动的波数；A和B是待定常数，可以根据压电陶瓷薄圆片的边界条件来确定。

根据压电陶瓷薄圆片两端的振动位移的初始条件$\xi_1 = \xi|_{z=0}$和$\xi_2 = \xi|_{z=l}$，可得压电陶瓷薄圆片的位移分布为

$$\xi = \frac{\xi_1 \sin k(l-z) - \xi_2 \sin kz}{\sin kl} \tag{2-4}$$

根据压电陶瓷薄圆片两端的力学边界条件$F_1=-ST_z\big|_{z=0}$和$F_2=-ST_z\big|_{z=l}$，其中S为压电陶瓷薄圆片的横截面面积，结合式（2-1），可得

$$\begin{cases} F_1=\left(\dfrac{\rho cS}{\mathrm{j}\sin kl}-\dfrac{n^2}{\mathrm{j}\omega C_0}\right)\left(\dot{\xi}_1+\dot{\xi}_2\right)+\mathrm{j}\rho cS\tan\left(\dfrac{kl}{2}\right)\dot{\xi}_1+nV \\ F_2=\left(\dfrac{\rho cS}{\mathrm{j}\sin kl}-\dfrac{n^2}{\mathrm{j}\omega C_0}\right)\left(\dot{\xi}_1+\dot{\xi}_2\right)+\mathrm{j}\rho cS\tan\left(\dfrac{kl}{2}\right)\dot{\xi}_2+nV \end{cases} \tag{2-5}$$

式中：$n=\dfrac{g_{33}S}{ls_{33}^D\overline{\beta}_{33}}$是机电转换系数，$\overline{\beta_{33}}=\beta_{33}^T\left(1+\dfrac{g_{33}^2}{s_{33}^D\beta_{33}^T}\right)$；$C_0=\dfrac{S}{l\overline{\beta}_{33}}$是压电陶瓷薄圆片的一维钳定（或截止）电容；根据压电陶瓷薄圆片各个压电参数的相互转换关系，也可得出$n=d_{33}S/(s_{33}^El)$和$C_0=\varepsilon_{33}^T(1-K_{33}{}^2)S/l$，$K_{33}$是沿轴向极化的压电陶瓷细长棒的机电耦合系数；$V$是压电陶瓷薄圆片两端的端电压，可表示为

$$V=\int_0^l E_z\mathrm{d}z=\mathrm{j}\omega C_0-n\left(\dot{\xi}_1+\dot{\xi}_2\right) \tag{2-6}$$

由式（2-5）和式（2-6）可以推出单个压电陶瓷薄圆片的机电等效电路图如图 2-2 所示，图中$Z_1=\mathrm{j}\rho cS\tan\dfrac{kl}{2}$，$Z_2=\dfrac{\rho cS}{\mathrm{j}\sin kl}-\dfrac{n^2}{\mathrm{j}\omega C_0}$。

夹心式压电超声换能器中间常用p（一般为偶数）个相同的压电晶片构成压电陶瓷晶堆，一般采用电路上并联、机械上串联的连接方式连接而成。根据电学中的级联理论，压电晶堆的机电等效电路能够得到，如图 2-3 所示。其中，$Z_{3p}=\dfrac{\rho c_\mathrm{e}S}{\mathrm{j}\sin k_\mathrm{e}l}$，$Z_{1p}=Z_{2p}=\mathrm{j}\rho c_\mathrm{e}S\tan\dfrac{pk_\mathrm{e}l}{2}$，$k_\mathrm{e}=\omega/c_\mathrm{e}$，$c_\mathrm{e}=c\sqrt{1-K_{33}^2\dfrac{\tan(kl/2)}{kl/2}}$是陶瓷晶堆中纵向振动的等效声速。当晶堆中单个压电片的厚度比声波的波长小很多时，即$l\ll\lambda$，其等效声速可近似为$c_\mathrm{e}=c\sqrt{1-K_{33}^2}=\dfrac{1}{\sqrt{\rho s_{33}^E}}$。可以看出，晶堆中的纵向等效声速可认为是恒定电场强度时的声速。如果从物理意义上来讲，也就是说，当陶瓷片很薄时，可以认为陶瓷晶堆内部的电场是均匀的，因此这种情况属于一种电场强度恒定的情况。

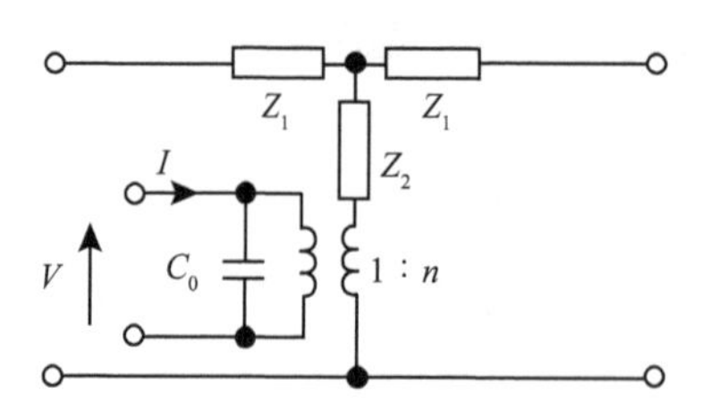

图 2-2 纵向极化压电陶瓷薄圆片的机电等效电路

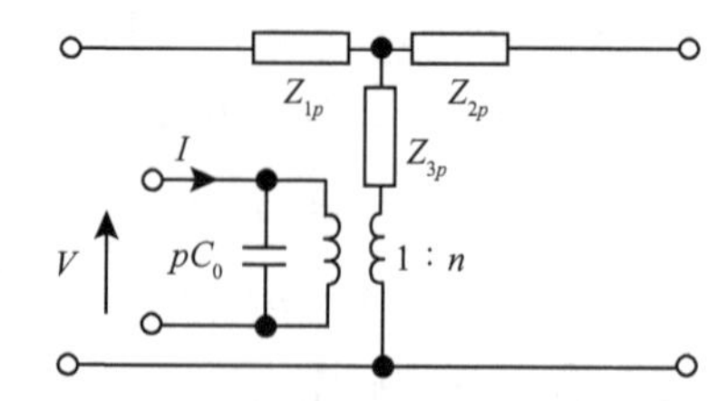

图 2-3 纵向极化压电陶瓷晶堆的机电等效电路

二、变截面细棒一维纵向振动的机械等效电路

一个变截面细棒，由各向同性且均匀的材料组成，假设不考虑材料的机械损耗，且一维平面波是沿细棒的纵向（即轴向）传播的，此时变截面棒横截面上的应力分布应该是均匀的，细棒中任一截面的位移可用轴线上的坐标来表示，即细棒截面上的各个质点做同相、等幅振动。

图 2-4 是一个变截面细棒，其横向尺寸远小于纵向尺寸，其对称轴为坐标轴 x 轴，作用在厚度为 $\mathrm{d}x$ 的小体元上的合力为 $\dfrac{\partial(S\sigma)}{\partial x}\mathrm{d}x$，根据牛顿运动定律，细棒的动力学方程可以写为

$$\frac{\partial(S\sigma)}{\partial x}\mathrm{d}x = S\rho\mathrm{d}x\frac{\partial^2\xi}{\partial t^2} \tag{2-7}$$

式中：ρ 为细棒的密度；$S=S(x)$ 为变截面细棒的横截面函数；$\sigma=\sigma(x)=E\dfrac{\partial\xi}{\partial x}$ 为应力函数，E 是棒的杨氏模量；$\xi=\xi(x)$ 为细棒中质点的位移函数。

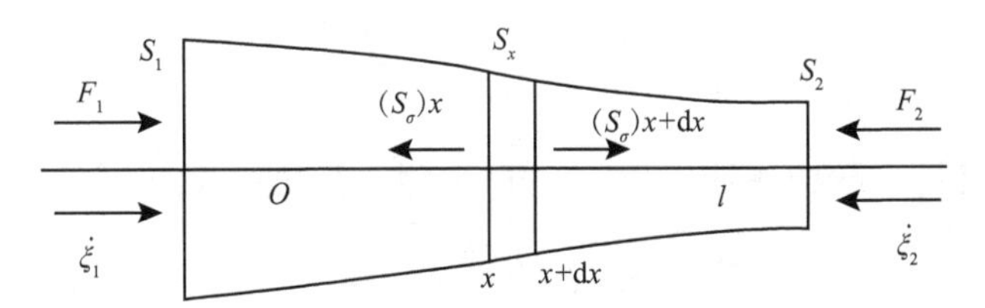

图 2-4　变截面细棒的纵向振动

由于细棒做简谐振动，式（2-7）可写为

$$\frac{\partial^2\xi}{\partial x^2}+\frac{1}{S}\cdot\frac{\partial S}{\partial x}\cdot\frac{\partial\xi}{\partial x}+k^2\xi=0 \tag{2-8}$$

式中：$k=\omega/c$ 是纵向振动的波数，其中 ω 是角频率，$c=\sqrt{E/\rho}$ 是变截面细棒的纵波波速。

令 $K^2=k^2-\dfrac{1}{\sqrt{S}}\cdot\dfrac{\partial^2\sqrt{S}}{\partial x^2}$，$\xi=\dfrac{y}{\sqrt{S}}$，式（2-8）可简化为

$$\frac{\partial^2 y}{\partial x^2}+K^2y=0 \tag{2-9}$$

令 $\tau=\dfrac{1}{\sqrt{S}}\cdot\dfrac{\partial^2\sqrt{S}}{\partial x^2}$，则 K^2 为正常数的条件应为 $\tau\leqslant k^2$，在这种情况下，式（2-9）存在简谐解，即

$$\xi=\frac{1}{\sqrt{S}}\cdot(A\sin Kx+B\cos Kx) \tag{2-10}$$

当 $\tau=0$ 时，$\sqrt{S}=Cx+D$，此时变截面细棒应为一种锥形变截面细棒，其中 $C=0$ 则是一种特殊情况，即为等截面细棒；当 $\tau<0$ 时，$\sqrt{S}=C\sin\sqrt{-\tau}x+D\cos\sqrt{-\tau}x$，此时变

截面细棒为一种三角函数型变截面细棒；当 $\tau > 0$ 时，$\sqrt{S} = C\sinh\sqrt{\tau}x + D\cosh\sqrt{\tau}x$，若 $C = 0$，变截面细棒为悬链型变截面细棒，若 $C = D$ 或 $C = -D$，变截面细棒则为一种指数型变截面细棒。

令 $\dot{\xi}_1$，$\dot{\xi}_2$ 分别为细棒两端的振动速度，根据图 2-4 所示，可以得出式（2-10）中的常数为

$$A = -\frac{\dot{\xi}_1\sqrt{S_1}\cos Kl + \dot{\xi}_2\sqrt{S_2}}{\mathrm{j}\omega\sin Kl},\quad B = \frac{\sqrt{S_1}}{\mathrm{j}\omega}\dot{\xi}_1$$

式中：S_1 和 S_2 分别是细棒两端的横截面面积；l 是细棒的长度。

根据变截面细棒两端的力平衡条件，即 $F_1 = -(F)_{x=0} = -ES_1\frac{\partial\xi}{\partial x}|_{x=0}$，$F_2 = -(F)_{x=l} = -ES_2\frac{\partial\xi}{\partial x}|_{x=l}$，可以得出以下两式：

$$\begin{cases} F_1 = \dfrac{\rho c}{2\mathrm{j}k}\left(\dfrac{\partial S}{\partial x}\right)_{x=0}\dot{\xi}_1 + \dfrac{\rho cKS_1}{\mathrm{j}k}\cot(Kl)\dot{\xi}_1 + \dfrac{\rho cK\sqrt{S_1S_2}}{\mathrm{j}k\sin Kl}\dot{\xi}_2 \\ F_2 = -\dfrac{\rho c}{2\mathrm{j}k}\left(\dfrac{\partial S}{\partial x}\right)_{x=l}\dot{\xi}_2 + \dfrac{\rho cKS_2}{\mathrm{j}k}\cot(Kl)\dot{\xi}_2 + \dfrac{\rho cK\sqrt{S_1S_2}}{\mathrm{j}k\sin Kl}\dot{\xi}_1 \end{cases} \tag{2-11}$$

根据式（2-10）和式（2-11），即两端力和速度的关系可以推导出变截面细棒的一维纵向振动的机械等效电路图 [74-75]，如图 2-5 所示。图中 Z_1，Z_2 和 Z_3 分别是变截面细棒在做一维纵向振动时机械等效电路中的串、并联电阻，其表达式为

$$\begin{cases} Z_1 = \dfrac{\rho c}{2\mathrm{j}k}\left(\dfrac{\partial S}{\partial x}\right)_{x=0} + \dfrac{\rho cKS_1}{\mathrm{j}k}\cot Kl - \dfrac{\rho cK\sqrt{S_1S_2}}{\mathrm{j}k\sin Kl} \\ Z_2 = -\dfrac{\rho c}{2\mathrm{j}k}\left(\dfrac{\partial S}{\partial x}\right)_{x=l} + \dfrac{\rho cKS_2}{\mathrm{j}k}\cot Kl - \dfrac{\rho cK\sqrt{S_1S_2}}{\mathrm{j}k\sin Kl} \\ Z_3 = \dfrac{\rho cK\sqrt{S_1S_2}}{\mathrm{j}k\sin Kl} \end{cases} \tag{2-12}$$

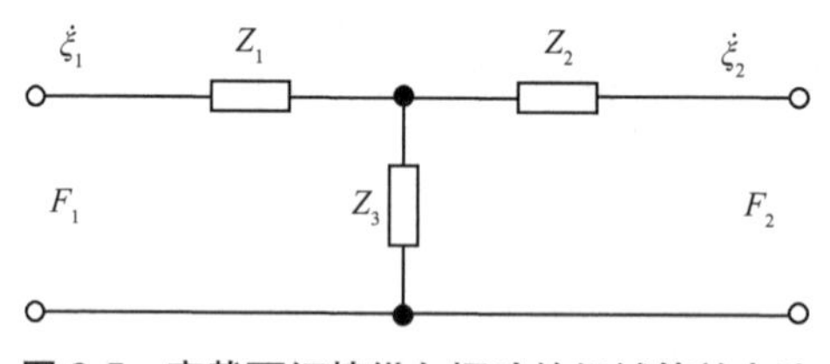

图 2-5 变截面细棒纵向振动的机械等效电路

对于不同变化规律的截面，机械等效电路中的相应参数会有所不同，但其电路形式应该是相同的。因此，任意一种变截面细棒，其一维机械等效电路都可以用一个 T 型网络来表示。对于均匀细棒，即 $S_1 = S_2 = S_3$，情况比较简单，其阻抗表达式分别为

$$\begin{cases} Z_1 = Z_2 = \mathrm{j}\rho c S \tan\dfrac{kl}{2} \\ Z_3 = \dfrac{\rho c S}{\mathrm{j}\sin kl} \end{cases} \tag{2-13}$$

从下面的分析可以看出，这种等效电路对于分析换能器的机电振动特性非常方便。对于常用的变截面棒，如指数型、圆锥型及悬链型，其等效电路中的等效阻抗如下。

对于指数型变截面棒截面的变化规律为$S = S_1 \mathrm{e}^{-2\beta x}$，$\beta l = \ln N$，$N = \sqrt{S_1/S_2}$，各阻抗的具体表达式分别为

$$Z_1 = \mathrm{j}\frac{z_1}{k}\beta - \mathrm{j}z_1\frac{k'}{k}\cot k'l + \mathrm{j}\frac{k'}{k}\cdot\frac{\sqrt{z_1 z_2}}{\sin k'l}$$

$$Z_2 = -\mathrm{j}\frac{z_2}{k}\beta - \mathrm{j}z_2\frac{k'}{k}\cot k'l + \mathrm{j}\frac{k'}{k}\cdot\frac{\sqrt{z_1 z_2}}{\sin k'l}$$

$$Z_3 = \frac{k'}{\mathrm{j}k}\cdot\frac{\sqrt{z_1 z_2}}{\sin k'l}$$

式中：$k' = \sqrt{k^2 - \beta^2}$，$z_1 = \rho c S_1$，$z_2 = \rho c S_2$，$k = \omega / c$，$S_2 = S_1 \mathrm{e}^{-2\beta l}$，上述各式适用于$k > \beta$的情况。

当$k < \beta$时，指数型变截面棒的各阻抗分别为

$$Z_1 = \mathrm{j}\frac{z_1}{k}\beta - \mathrm{j}z_1\frac{\beta'}{k}\cdot\frac{1}{\tanh \beta'l} + \mathrm{j}\frac{\beta'}{k}\cdot\frac{\sqrt{z_1 z_2}}{\sin \beta'l}$$

$$Z_2 = \mathrm{j}\frac{z_2}{k}\beta - \mathrm{j}z_2\frac{\beta'}{k}\cdot\frac{1}{\tanh \beta'l} + \mathrm{j}\frac{\beta'}{k}\cdot\frac{\sqrt{z_1 z_2}}{\sin \beta'l}$$

$$Z_3 = \frac{\beta'}{\mathrm{j}k}\cdot\frac{\sqrt{z_1 z_2}}{\sinh \beta'l}$$

式中：$\beta' = \sqrt{\beta^2 - k^2}$。

对于圆锥型变截面棒，截面的变化规律为$S = S_1(1-\alpha x)^2$，各阻抗的具体表达式分别为

$$Z_1 = -\mathrm{j}\frac{\rho c S_1}{kl}\left(\sqrt{\frac{S_2}{S_1}} - 1\right) - \mathrm{j}\rho c S_1 \cot kl + \mathrm{j}\frac{pc\sqrt{S_1 S_2}}{\sin kl}$$

$$Z_2 = -\mathrm{j}\frac{\rho c S_2}{kl}\left(\sqrt{\frac{S_1}{S_2}} - 1\right) - \mathrm{j}\rho c S_2 \cot kl + \mathrm{j}\frac{pc\sqrt{S_1 S_2}}{\sin kl}$$

$$Z_3 = \frac{pc\sqrt{S_1 S_2}}{\mathrm{j}\sin kl}$$

式中：$\alpha = \dfrac{D_1 - D_2}{D_1 l} = \dfrac{N-1}{Nl}$，$N = \dfrac{D_1}{D_2} = \sqrt{\dfrac{S_1}{S_2}}$，$S_2 = S_1(1-\alpha l)^2$。

对于悬链型变截面棒，截面的变化规律为$S = S_2 \cosh^2 \gamma(1-x)$，$\gamma l = \operatorname{arccosh} N$，

$N=\sqrt{S_1/S_2}$，各阻抗的具体表达式分别为

$$Z_1=\mathrm{j}\frac{z_1}{k}\gamma\tanh\gamma l-\mathrm{j}z_1\frac{k'}{k}\cot k'l+\mathrm{j}\frac{k'}{k}\cdot\frac{\sqrt{z_1z_2}}{\sin k'l}$$

$$Z_2=-\mathrm{j}z_2\frac{k'}{k}\cot k'l+\mathrm{j}\frac{k'}{k}\cdot\frac{\sqrt{z_1z_2}}{\sin k'l}$$

$$Z_3=\frac{k'}{\mathrm{j}k}\cdot\frac{\sqrt{z_1z_2}}{\sin k'l}$$

式中：$k'=\sqrt{k^2-\gamma^2}$，$z_1=\rho cS_1$，$z_2=\rho cS_2$，$k=\omega/c$，上述各式适用于$k>\gamma$的情况。

当$k<\gamma$时，悬链型变截面棒的各阻抗表达式分别为

$$Z_1=\mathrm{j}\frac{z_1}{k}\gamma\tanh\gamma l-\mathrm{j}z_1\frac{\gamma'}{k}\frac{1}{\tanh\gamma'l}+\mathrm{j}\frac{\gamma'}{k}\cdot\frac{\sqrt{z_1z_2}}{\sin\gamma'l}$$

$$Z_2=-\mathrm{j}z_2\frac{\gamma'}{k}\frac{1}{\tanh\gamma'l}+\mathrm{j}\frac{\gamma'}{k}\cdot\frac{\sqrt{z_1z_2}}{\sin\gamma'l}$$

$$Z_3=\frac{\gamma'}{\mathrm{j}k}\cdot\frac{\sqrt{z_1z_2}}{\sin\gamma'l}$$

式中：$\gamma'=\sqrt{\gamma^2-k^2}$，$S_1=S_2\cosh^2(\gamma l)$。

三、夹心式压电超声换能器的机电等效电路及共振频率方程

根据图 2-1 所示，夹心式压电超声换能器是由压电陶瓷晶堆、金属前盖板和金属后盖板三部分组成的，利用上述得出的各部分等效电路，根据边界条件，即压电陶瓷晶堆的前、后面与金属前、后盖板的连接面上力和振动速度是连续的，可知三部分的等效电路应该属于串联，即可得出夹心式压电超声换能器的机电等效电路如图 2-6 所示。

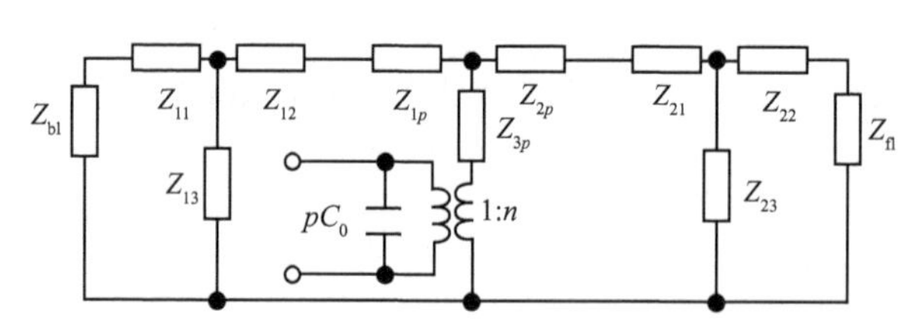

图 2-6 夹心式压电超声换能器的机电等效电路

图 2-6 中，Z_{11}、Z_{12}和Z_{13}，Z_{21}、Z_{22}和Z_{23}分别是金属后盖板和金属前盖板的阻抗，Z_{f1}和Z_{b1}分别是换能器前、后辐射面负载的阻抗，一般情况下，换能器在振动时，后表面可以看成是空载，即$Z_{b1}=0$。由于换能器的辐射前端面与负载相连，因此对于不同的负载情况，Z_{f1}应该有不同的值。然而，对于换能器的实际设计过程，其负载很难确定，因此设计换能器时，一般忽略前端面的负载阻抗，即把换能器看成空载。

功率超声换能器一般都工作在谐振状态，因为此时换能器能够辐射出最大的声功率。然而，换能器的频率方程是由其形状、几何尺寸、材料及频率之间的相互关系决定的，因此为了确定换能器的共振频率，必须先推导出其频率方程。具体设计步骤如下：首先，根据上述分析利用电路理论，求出换能器各部分的等效输入阻抗；其次，令整个换能器的总输入阻抗中的阻抗部分等于零，就可以得出整个换能器的频率方程；最后，根据换能器的具体尺寸和参数，求解频率方程，就可以得出换能器的共振频率。如图 2-6 所示，根据机电等效电路图，可以推导出夹心式压电超声换能器的总输入机械阻抗，即

$$Z_{\mathrm{mi}} = Z_{3p} + \frac{(Z_{1p} + Z_{\mathrm{bm}}) \cdot (Z_{2p} + Z_{\mathrm{fm}})}{(Z_{1p} + Z_{\mathrm{bm}}) + (Z_{2p} + Z_{\mathrm{fm}})} \tag{2-14}$$

式中：Z_{bm} 和 Z_{fm} 分别是金属后盖板和金属前盖板的等效阻抗，根据图 2-6，其阻抗可表示为 $Z_{\mathrm{bm}} = Z_{12} + \frac{Z_{11} \cdot Z_{13}}{Z_{11} + Z_{13}}$，$Z_{\mathrm{fm}} = Z_{21} + \frac{Z_{22} \cdot Z_{23}}{Z_{22} + Z_{23}}$。

因此，夹心式压电超声换能器的总输入阻抗可表示为

$$Z_{\mathrm{e}} = \frac{Z_{\mathrm{mi}}}{n^2 + \mathrm{j}\omega C_0 Z_{\mathrm{mi}}} \tag{2-15}$$

根据式（2-15），可以得出夹心式压电超声换能器的共振频率方程

$$Z_{\mathrm{mi}} = 0 \tag{2-16}$$

及反共振频率方程

$$n^2 + \mathrm{j}\omega C_0 Z_{\mathrm{mi}} = 0 \tag{2-17}$$

从式（2-16）和式（2-17）可以发现，频率方程依赖于夹心式压电超声换能器的几何尺寸及材料参数。理论上讲，当给定超声换能器的几何尺寸及材料参数时，代入频率方程式（2-16）和式（2-17）就可以计算出换能器的共振频率和反共振频率；同样，给出换能器的共振频率或反共振频率，也可以计算出换能器相应的几何尺寸或材料参数。

第二节　厚度振动夹心式压电陶瓷超声换能器的设计理论

厚度振动夹心式压电陶瓷超声换能器由前后金属盖板和厚度方向极化的压电陶瓷薄圆盘共轴连接而成，如图 2-7 所示。超声换能器整体的纵向尺寸（厚度）为 h，径向尺寸（直径）为 d。

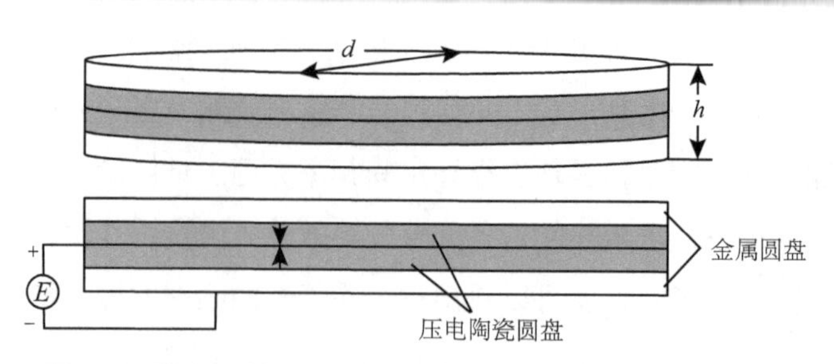

图 2-7 厚度振动夹心式压电陶瓷超声换能器的结构示意图

在这种换能器中，压电陶瓷晶堆是由一系列结构相同的厚度方向极化的压电陶瓷薄圆盘组成的，相邻连接的两个压电陶瓷薄圆盘极化方向相反，压电陶瓷薄圆盘的数目通常是偶数，偶数层的结构可以使前、后金属盖板与同一极性的电极连接在一起，并和电路的接地端相连；否则，在前、后金属盖板与晶堆之间要垫绝缘垫圈，每两片晶片之间以及晶片和金属盖板之间通常夹以薄黄铜片。压电陶瓷薄圆盘和金属盖板之间的连接方式可以通过环氧树脂胶合或在中间位置使用金属螺栓连接。若用螺栓连接，压电陶瓷薄圆盘就必须做成圆环，就像加预应力的夹心式纵向压电换能器的结构一样。通常，夹心式压电陶瓷换能器横截面的形状是圆形或者矩形，可以是中空的或实心的。如果夹心式压电陶瓷换能器使用螺栓固定，其形状通常是中空的；若通过环氧树脂胶合，其形状两者皆可。实际中常用的压电圆盘和金属盖板，都是圆形中空的结构。夹心式压电陶瓷换能器不管是用环氧树脂胶合还是螺栓连接，都必须使金属电极与外面的激励电信号相连。金属电极必须非常薄，通常为 0.02~0.2 mm，电极的厚度由换能器的厚度和共振频率决定。通常情况下，当电极的厚度远小于单个压电陶瓷片的厚度时，电极所产生的影响可以忽略。当电极在换能器中产生的影响较明显时，换能器分析时必须考虑电极的影响。对于使用螺栓固定的换能器，如果各压电陶瓷片以及金属盖板的连接表面都非常平整，各连接面之间就不需要使用胶合物。在使用了胶合物连接的换能器中，胶合层也仅仅是薄薄的一层导电胶，产生的影响可以忽略。

一、压电陶瓷圆环厚度振动的机电等效电路

在图 2-8 中，压电陶瓷圆环的厚度为 l，v_1、v_2 分别为两个盘面的速度，F_1、F_2 分别为后面和前面所受到的外力，U、I 分别为电压和电流，压电陶瓷圆环为厚度极化，z 轴为厚度振动方向。

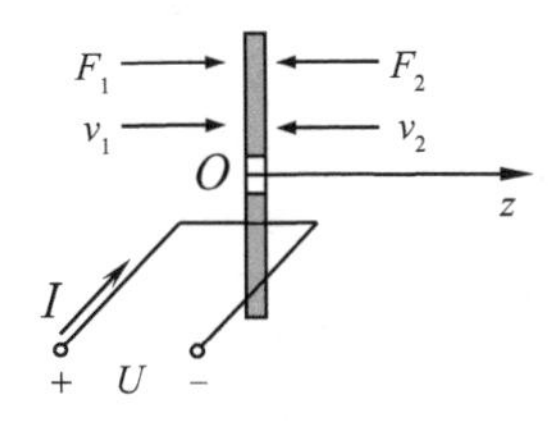

图 2-8 厚度方向极化的压电陶瓷圆环

压电陶瓷圆环厚度振动模态，要求圆环的几何尺寸满足其厚度尺寸远小于径向尺寸的条件（要求径向尺寸至少是 10 倍的厚度尺寸）。这就意味着压电陶瓷圆环径向上可看成无限大，在轴向上任意同一平面上的所有的质点具有相同的位移，而且点与点之间没有相位差。此时，对于厚度方向传播的平面波，认为压电陶瓷圆环在径向上的振动位移振幅为零，即有 $D_1 = D_2 = 0$，$D_3 \neq 0$，$\partial D_3 / \partial z = 0$；$S_1 = S_2 = S_4 = S_5 = S_6 = 0$，$S_3 \neq 0$，则压电方程和波动方程分别为

$$T_3 = c_{33}^D S_{33} - h_{33} D_{33} \tag{2-18}$$

$$E_3 = -h_{33} S_{33} + \beta_{33}^S D_{33} \tag{2-19}$$

$$\frac{\partial^2 \xi_3}{\partial t^2} = \frac{c_{33}^D}{\rho} \cdot \frac{\partial^2 \xi_3}{\partial z^2} \tag{2-20}$$

式中，T_3 和 S_3 分别为厚度方向的正应力和正应变；S_{33} 和 D_{33} 分别为电场强度和电位移；c_{33}^D 为弹性刚度常数；h_{33} 为压电常数；β_{33}^S 为介电隔离率；ρ 为密度；z 表示厚度方向上的轴坐标；ξ_3 为厚度方向的振动位移；t 为时间。

在式（2-20）中的质点的位移可以得到下列方程：

$$\xi_3 = (A \sin kz + B \cos kz) \exp(\mathrm{j}\omega t) \tag{2-21}$$

在式（2-21）中，$k = \omega / c_t$，$c_t = (c_{33}^D / \rho)^{1/2}$，且 k 为厚度振动的波数，c_t 为压电陶瓷圆环厚度振动的声速。从式（2-21）可以推导出圆环厚度方向上的振动速度为

$$v_3 = \partial \xi_3 / \partial t = \mathrm{j}\omega \xi_3 = \mathrm{j}\omega (A \sin kz + B \cos kz) \exp(\mathrm{j}\omega t) \tag{2-22}$$

从图 2-8 和式（2-22）能得到：

$$v_1 = v_3 (z = 0) = \mathrm{j}\omega B \exp(\mathrm{j}\omega t) \tag{2-23}$$

$$v_2 = -v_3 (z = l) = \mathrm{j}\omega (A \sin kl + B \cos kl) \exp(\mathrm{j}\omega t) \tag{2-24}$$

根据边界条件，从以上的方程可以得到常量 A 和 B：

$$A = -\frac{1}{\mathrm{j}\omega} \times \left(\frac{v_1}{\tan kl} + \frac{v_2}{\sin kl} \right) \exp(-\mathrm{j}\omega t) \tag{2-25}$$

$$B = \frac{1}{\mathrm{j}\omega} \exp(-\mathrm{j}\omega t) \tag{2-26}$$

当 $z = 0$ 时，$F_1 = -ST_3 \big|_{z=0}$；当 $z = l$ 时，$F_2 = -ST_3 \big|_{z=l}$，结合 v_1、v_2 和式（2-18）、式（2-21）、式（2-25）和式（2-26），可得压电陶瓷圆环后、前两个面上所受的力 F_1、F_2 表达式

如下：

$$-F_1 = c_{33}^D(\frac{\partial \xi_3}{\partial z})_{z=0} S - h_{33} D_{33} S \tag{2-27}$$

$$-F_2 = c_{33}^D(\frac{\partial \xi_3}{\partial z})_{z=l} S - h_{33} D_{33} S \tag{2-28}$$

加在压电陶瓷圆环上的电流I和电压U分别为

$$I = SD_3 \tag{2-29}$$

$$U = \int_0^l E_3 \mathrm{d}z \tag{2-30}$$

将$S_{33} = \frac{\partial \xi_3}{\partial z}$代入式（2-18）和式（2-19）得到电压和电流的方程分别为

$$U = \beta_{33}^D D_{33} l + h_{33}(v_1 + v_2) \tag{2-31}$$

$$I = \mathrm{j}\omega C_0 U - N(v_1 - v_2) \tag{2-32}$$

利用式（2-31），得到：

$$h_{33} D_{33} S = NU - \frac{N^2}{\mathrm{j}\omega C_0}(v_1 + v_2) \tag{2-33}$$

从上面的分析得出，F_1、F_2还可以表示为

$$F_1 = \left(\frac{Z_t}{\mathrm{j}\sin kl} - \frac{N^2}{\mathrm{j}\omega C_0}\right)(v_1 + v_2) + \mathrm{j}Z_t \tan\left(\frac{kl}{2}\right) v_1 + NU \tag{2-34}$$

$$F_2 = \left(\frac{Z_t}{\mathrm{j}\sin kl} - \frac{N^2}{\mathrm{j}\omega C_0}\right)(v_1 + v_2) + \mathrm{j}Z_t \tan\left(\frac{kl}{2}\right) v_2 + NU \tag{2-35}$$

利用式（2-32）、式（2-34）和式（2-35），可以得出厚度极化的压电陶瓷圆环的机电等效电路，如图 2-9 所示。

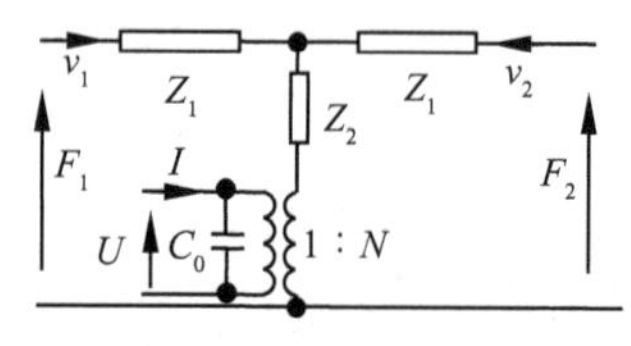

图 2-9 厚度极化的压电陶瓷圆环的机电等效电路

在图 2-9 中，各个阻抗的具体表达式如下：

$$Z_1 = \mathrm{j}Z_t \tan(kl/2)$$

$$Z_2 = Z_t / (\mathrm{j}\sin kl) - N^2 / (\mathrm{j}\omega C_0)$$

$$Z_t = \rho c_t S$$

$$C_0 = S / (\beta_{33}^S l)$$

$$N = h_{33} S / \left(\beta_{33}^S l\right) = S / l (c_{33}^D / \beta_{33}^D)^{1/2} k_t$$

$$k_t = h_{33} / \sqrt{c_{33}^D \beta_{33}^S}$$

式中，C_0为压电陶瓷片的截止电容；S为压电陶瓷圆盘的面积，如果是圆环则

$S=\pi(R_2^2-R_1^2)$，其中 R_1 和 R_2 分别表示圆环内、外半径；l 为压电陶瓷圆盘的厚度；N 为机电转换系数；k_t 为厚度耦合系数。

假设厚度极化的压电陶瓷圆环无负载的情况，则 $F_1=F_2=0$，输入电阻抗为

$$Z=\frac{U}{I}=\frac{1}{\mathrm{j}\omega C_0}\left[1-k_t^{\,2}\frac{\tan(kl/2)}{kl/2}\right]\tag{2-36}$$

利用式（2-36），得到共振频率方程和反共振频率方程如下。当 $Z=0$ 时，共振频率方程为

$$1-k_t^{\,2}\frac{\tan(kl/2)}{kl/2}=0\tag{2-37}$$

当 $Z=\infty$ 时，反共振频率方程为

$$\tan(kl/2)=\infty\tag{2-38}$$

二、压电陶瓷晶堆的机电等效电路

图 2-10 所示是厚度振动的夹心式压电陶瓷超声换能器压电陶瓷部分，该换能器压电陶瓷部分包含一组由相同的压电陶瓷薄圆环组成的晶堆；p 表示压电陶瓷薄圆环的数目，每层的箭头表示该圆环的极化方向，各连接层之间的极化方向相反。压电陶瓷薄圆环共轴连接，采用机械上串联、电路上并联的连接方式。

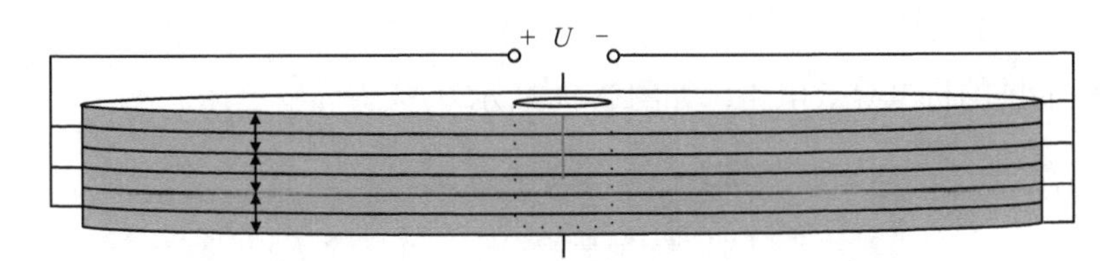

图 2-10　厚度极化的压电陶瓷薄圆环组成的晶堆

应用网络级联理论，对厚度振动压电陶瓷晶堆进行分析。如图 2-9 所示，令 $F_1'=F_1-NU$，$F_2'=F_2-NU$，则能推导出四端网络的方程为

$$\begin{bmatrix}F_1'\\v_1\end{bmatrix}=[\boldsymbol{M}]\begin{bmatrix}F_2'\\v_2\end{bmatrix}\tag{2-39}$$

其中，$[\boldsymbol{M}]=\begin{bmatrix}1+Z_1/Z_2 & Z_1(2+Z_1/Z_2)\\1/Z_2 & 1+Z_1/Z_2\end{bmatrix}$ 为单个压电陶瓷圆环的转换矩阵；$\gamma=\operatorname{arccosh}(1+Z_1/Z_2)$ 和 $Z_0=\left[Z_1Z_2(2+Z_1/Z_2)\right]^{1/2}$ 分别为单个压电陶瓷圆环厚度方向上的传播常数和特性阻抗。综合 $[M]$ 和 γ，可得

$$\gamma=2\arcsin[Z_1/(2Z_2)]^{1/2}\tag{2-40}$$

$$[\boldsymbol{M}]=\begin{bmatrix}\cosh\gamma & Z_0\sinh\gamma\\\sinh\gamma/Z_0 & \cosh\gamma\end{bmatrix}\tag{2-41}$$

从上面的分析可知，压电陶瓷晶堆中薄圆环的数目为p，压电陶瓷薄圆环共轴连接，相邻两个接触面的极化方向相反，采取机械上串联、电路上并联的连接方式，所以晶堆的机电等效电路可看成由多个四端网络组合而成。令v_b，F_b和v_f，F_f分别为压电陶瓷晶堆两端面处的速度及外力，由此可得晶堆的四端网络级联的矩阵方程为

$$\begin{bmatrix} F_b' \\ v_b \end{bmatrix} = [\boldsymbol{M}]^p \begin{bmatrix} F_f' \\ v_f \end{bmatrix} \tag{2-42}$$

其中，$F_b' = F_b - NU$，$F_f' = F_f - NU$。另外，如果压电陶瓷晶堆的四端网络中串并联阻抗的阻抗分别为Z_{1p}和Z_{2p}，晶堆的传输矩阵为

$$[\boldsymbol{M}_p] = \begin{bmatrix} 1+Z_{1p}/Z_{2p} & Z_{1p}(1+Z_{1p}/Z_{2p}) \\ 1/Z_{2p} & 1+Z_{1p}/Z_{2p} \end{bmatrix} \tag{2-43}$$

令$[\boldsymbol{M}_p]=[\boldsymbol{M}]^p$，可以得出：

$$Z_{1p} = Z_0 \tanh(p\gamma/2) \tag{2-44}$$

$$Z_{2p} = Z_0 / \sinh(p\gamma) \tag{2-45}$$

将Z_1和Z_2的表达式代入式（2-40），得到方程：

$$\sinh(\gamma/2) = \mathrm{j}\left[\frac{\sin^2(kl/2)}{1-(k_t)^2(kl)\sin(kl)}\right]^{1/2} \tag{2-46}$$

$$Z_0 = \rho c_t S\left[1-(k_t)^2 \frac{\tan(kl/2)}{kl/2}\right]^{1/2} \tag{2-47}$$

式中，l为单个压电陶瓷圆环的厚度。

压电陶瓷晶堆的机电等效电路，如图 2-11 所示。

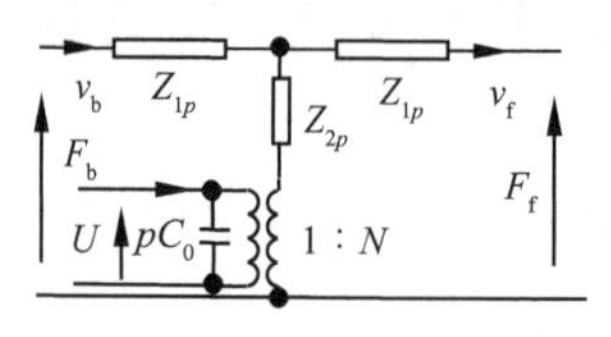

图 2-11 压电陶瓷晶堆的机电等效电路

从上面的分析可知，厚度振动的夹心式压电陶瓷超声换能器的晶堆和纵向振动的夹心式压电陶瓷换能器中的晶堆有很大的不同。在纵向振动的夹心式压电陶瓷换能器中，换能器的总长度为纵波的半波长，晶堆中的单个压电陶瓷圆环的厚度远小于纵波的波长，通常采用简化特性阻抗和波数使方程变得相对简单。然而，我们所提出的换能器的厚度远小于它的径向尺寸，换能器的整体厚度也约是厚度振动声波的波长的一半，所以，压电陶瓷晶堆的厚度以及组成晶堆的每个压电陶瓷圆环的厚度必须远小于半波长。而厚度振动的夹心式压电陶瓷换能器，共振频率高，波长短，单个压电陶瓷圆环的厚度远远小于整个夹心式压电陶瓷换能器的厚度，单个压电陶瓷圆盘不易达到共振的条件，而且传播常数和特性阻

抗表达式比纵向振动的压电陶瓷换能器复杂得多。但是，当压电陶瓷晶堆由多个陶瓷圆环组成时，达到换能器的共振条件相对容易。在这种情况下，则有 $kl \ll \pi$， $\sin(kl) \approx kl$， $\tan(kl) \approx kl$，可以推出传播常数和特性阻抗的表达式分别为

$$\gamma = \mathrm{j}k_{\mathrm{e}}l \tag{2-48}$$

$$Z_0 = \rho c_{\mathrm{e}} S \tag{2-49}$$

式中： $c_{\mathrm{e}} = c_{\mathrm{t}}[1-(k_{\mathrm{t}})^2]^{1/2} = (c_{33}^{E}\rho)^{1/2}$， $k_{\mathrm{e}} = \omega / c_{\mathrm{e}}$， k_{e} 是厚度振动中的有效波数， c_{e} 是厚度振动中的晶堆的有效声速。

将 k_{e}、 c_{e} 代入式（2-44）和式（2-45），得出晶堆的四端网络的串并联阻抗分别为

$$Z_{1p} = \mathrm{j}Z_0 \tan(pk_{\mathrm{e}}l/2) \tag{2-50}$$

$$Z_{2p} = Z_0 / \mathrm{j}\sin(pk_{\mathrm{e}}l) \tag{2-51}$$

三、金属薄圆环厚度振动的机电等效电路

在厚度振动的夹心式压电陶瓷换能器中，中间是压电陶瓷晶堆，前、后是各向同性的薄金属盖板。薄金属盖板的等效四端网络，如图 2-12 所示。沿厚度方向振动的各向同性的薄金属圆盘盖板振动特性和一个薄板的平面应变问题是不同的。在厚度振动中，横向应变为零，z 轴方向的应变不为零。在图 2-12 中， v_{b1}、 v_{b2} 和 F_{b1}、 F_{b2} 分别为金属盖板端面处的振动速度和所受到的外力，阻抗表达式为

$$Z_{1\mathrm{b}} = \mathrm{j}Z_{\mathrm{b}} \tan(k_1 l_1 / 2)$$

$$Z_{2\mathrm{b}} = Z_{\mathrm{b}} / (\mathrm{j}\sin k_1 l_1)$$

$$Z_{\mathrm{b}} = \rho_1 c_1 S_1$$

$$c_1 = \left[\frac{E_1(1-\sigma_1)}{\rho_1(1+\sigma_1)(1-2\sigma_1)}\right]^{1/2}$$

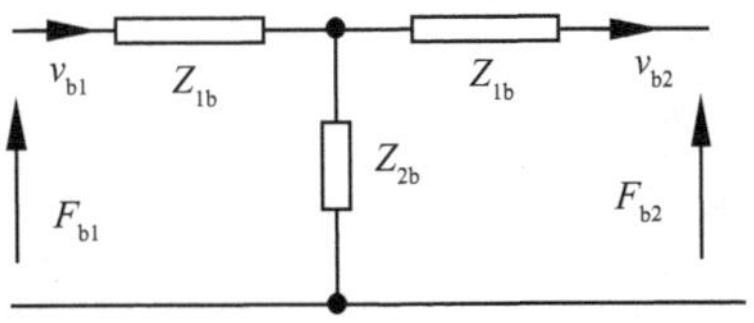

v_{b1}　$Z_{1\mathrm{b}}$　$Z_{1\mathrm{b}}$　v_{b2}　$Z_{2\mathrm{b}}$　F_{b1}　F_{b2}

图 2-12　薄金属盖板的等效四端网络

式中， $k_1 = \omega / c_1$， c_1 是金属盖板中的声速； ρ_1、 E_1、 σ_1 分别是金属盖板的密度、杨氏模量和泊松系数； l_1 和 S_1 分别是盖板的厚度和横截面面积。

四、夹心式超声换能器的厚度振动特性及共振频率方程

基于以上的分析，利用金属盖板和陶瓷圆环连接处的边界条件——质点振动速度和力是连续的，可得到换能器的机电等效电路如图 2-13 所示。在图 2-13 中，虚线将整个电路划分成三部分，分别代表前盖板、压电陶瓷晶堆和后盖板的等效电路。其中，Z_{bL} 和 Z_{fL} 分别是换能器后、前两端的负载阻抗；$Z_{1\mathrm{f}}=\mathrm{j}Z_{\mathrm{f}}\tan(k_2l_2/2)$，$Z_{2\mathrm{f}}=Z_{\mathrm{f}}/(\mathrm{j}\sin k_2l_2)$，$c_2=[E_2(1-\sigma_2)/\rho_2(1+\sigma_2)(1-2\sigma_2)]^{1/2}$，$Z_{\mathrm{f}}=\rho_2c_2S_2$，$k_2=\omega/c_2$，$c_2$ 是金属前盖板中的声速，ρ_2、E_2、σ_2 分别是前盖板的密度、杨氏模量和泊松系数；l_2 和 S_2 分别是前盖板的厚度和横截面面积。压电陶瓷晶堆前面的负载阻抗 Z_{fi} 也叫作前盖板输入机械阻抗，其表达式为

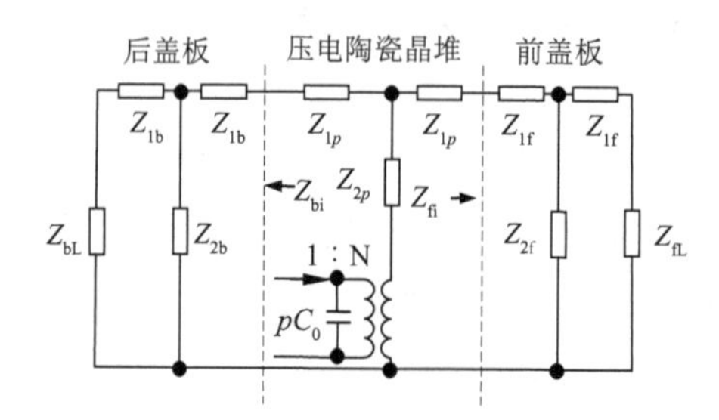

图 2-13　厚度振动的夹心式压电陶瓷超声换能器的机电等效电路

$$Z_{\mathrm{fi}}=Z_{1\mathrm{f}}+\frac{Z_{2\mathrm{f}}(Z_{1\mathrm{f}}+Z_{\mathrm{fL}})}{Z_{1\mathrm{f}}+Z_{2\mathrm{f}}+Z_{\mathrm{fL}}} \tag{2-52}$$

压电陶瓷晶堆后面的负载阻抗 Z_{bi} 也叫作后盖板输入机械阻抗，其表达式为

$$Z_{\mathrm{bi}}=Z_{1\mathrm{b}}+\frac{Z_{2\mathrm{b}}(Z_{1\mathrm{b}}+Z_{\mathrm{bL}})}{Z_{1\mathrm{b}}+Z_{2\mathrm{b}}+Z_{\mathrm{bL}}} \tag{2-53}$$

厚度振动换能器的机械阻抗的表达式为

$$Z_{\mathrm{m}}=Z_{2p}+\frac{(Z_{1p}+Z_{\mathrm{fi}})(Z_{1p}+Z_{\mathrm{bi}})}{2Z_{1p}+Z_{\mathrm{fi}}+Z_{\mathrm{bi}}} \tag{2-54}$$

厚度夹心换能器的输入电阻抗为

$$Z_{\mathrm{i}}=\frac{Z_{\mathrm{m}}}{N^2+\mathrm{j}\omega pC_{0\mathrm{r}}Z_{\mathrm{m}}} \tag{2-55}$$

从式（2-55）可以得到换能器的共振频率方程和反共振频率方程。如果忽略机械损耗和介电损耗，则共振频率方程为

$$|Z_{\mathrm{i}}|=0 \tag{2-56a}$$

当考虑损耗，输入电阻抗为最小时，可得共振频率方程为

$$|Z_{\mathrm{i}}|=|Z_{\mathrm{i}}|_{\min} \tag{2-56b}$$

当输入电阻抗为无限大时，忽略损耗，可得反共振频率方程为

$$|Z_i| = \infty \tag{2-57a}$$

考虑损耗，可得反共振频率方程为

$$|Z_i| = |Z_i|_{max} \tag{2-57b}$$

负载阻抗 Z_{bL} 和 Z_{fL} 的大小是由换能器的工作频率、辐射对象和负载介质共同决定的。当换能器向气体辐射时，负载阻抗很小，可以忽略。当换能器向液体或固体介质辐射时，负载阻抗相对比较大，将会影响换能器的性能（可能会改变换能器的共振频率、减小振动位移的振幅等），就要考虑负载阻抗。然而，在换能器设计过程中，由于换能器的负载很难确定，若考虑负载，则换能器的共振频率很难计算出来。因此，设计时通常把换能器的后表面看成空载的，即 $Z_{bL} = 0$；同时也将前表面的负载阻抗忽略，即在换能器设计过程中，认为换能器是空载，即 $Z_{bL} = Z_{fL} = 0$，此时计算共振频率相对简便。这样必然会造成换能器设计的共振频率和实际应用中的共振频率之间存在一定的差别。考虑实际负载的影响，设计的共振频率一般略高于实际应用的共振频率。

上文中推导了共振频率方程和反共振频率方程，理论上说，当给定换能器的材料参数和几何尺寸时，将其代入式（2-56）和式（2-57）就可以计算出共振频率和反共振频率。反之，给出换能器的共振频率，也可以计算出换能器的几何尺寸。然而，换能器的频率方程（2-56）和（2-57）是一组非常复杂的超越方程，其中包含材料的参数、几何尺寸、振动频率等，本书采用数学计算软件 Mathematica 来解决该问题。

为了简化分析，可以采用另一种方法对换能器的频率方程进行推导。在功率超声应用中，夹心式复合换能器基本上都是半波振子。在振动时，半波振子复合换能器的两端振动位移最大，而在换能器内部某个位置，一定有一个截面振动的位移为零，该截面称为节面。换能器的位移节面是一个十分重要的概念，必须精确地确定，以便换能器的连接和固定。换能器位移节面的位置由压电陶瓷晶堆的几何尺寸、材料参数、形状和频率以及换能器的前后盖板共同决定。因此，在设计夹心式压电陶瓷复合换能器时，应针对不同的应用场合统筹考虑。换能器在大功率工作条件下，压电陶瓷断裂和破碎是比较常见的现象之一，而发生断裂部分主要在换能器内部的位移节面处。对于用于负载较轻的大功率换能器，换能器的振动位移较大，极易发生断裂现象，为了避免压电陶瓷材料的破裂以及减少机械损耗，将换能器的位移节面设计在偏离压电陶瓷元件位置处；但在这种情况下，换能器的机电转换效率和负载适应能力等性能会受到一定的影响。对于负载较重的情况，换能器的振动位移较小，压电陶瓷较少发生断裂，可以将换能器的位移节面设计在压电陶瓷内部，以便充分发挥换能器固有的机电转换效率较高的优点。

本书设计的大功率、高频率的厚度振动的夹心式压电陶瓷复合换能器，将位移节面设

计于晶堆内部；位移节面 AB 将换能器分成了两个四分之一波长的振子，即 L_f+l_2 以及 L_b+l_1 的长度和厚度均为振动波长的四分之一。每个四分之一波长的振子都由压电陶瓷晶片及金属盖板组成。位移节面前与前金属盖板之间的压电陶瓷晶堆的长度记为 L_f；位移节面后与后金属盖板之间的压电陶瓷晶堆的长度记为 L_b。

若压电陶瓷晶堆由 p 个厚度为 l 的薄圆环组成，则有 $L_f+L_b=pl$，且 l 远小于厚度振动的波长。位移波节前的四分之一波长振子的共振频率方程为

$$\tan(k_e L_f)\tan(k_2 l_2)=Z_0/Z_f \tag{2-58}$$

位移波节后的四分之一波长振子的共振频率方程为

$$\tan(k_e L_b)\tan(k_1 l_1)=Z_0/Z_b \tag{2-59}$$

在式（2-58）和式（2-59）中，l_1 和 l_2 分别是后、前金属盖板的长度。若已知材料的参数和几何尺寸，根据共振频率方程（2-58）和（2-59）就能计算出换能器的共振频率。

满足共振频率方程（2-58）和（2-59）有两个重要条件：第一个条件是位移节面一定位于晶堆内；第二个条件是压电陶瓷薄圆环的厚度远小于厚度振动的波长。

五、试验与分析

针对大功率超声应用，夹心式压电陶瓷换能器需要实现大功率和高效率的能量转换。因此，设计换能器时，应选用介电损耗及机械损耗较低，机电转化系数和压电常数较高的压电陶瓷材料。为了验证换能器设计理论的正确性，设计并加工了一些换能器，换能器的压电陶瓷晶堆选用了适用于发射型的大功率材料 PZT-4，其参数值列于表 2-1 中；前、后金属盖板选用金属钢，其参数值列于表 2-2 中。

表 2-1　PZT-4 的参数值

$\rho/(\mathrm{kg/m^3})$	$h_{33}/(\mathrm{V/m})$	$\beta_{33}^S/(\mathrm{m/F})$	k_t	$c_{33}^E/(\mathrm{N/m^2})$	$c_{33}^D/(\mathrm{N/m^2})$
7 500	26.8×10^8	1.78×10^8	0.51	11.5×10^{10}	15.9×10^{10}

表 2-2　金属盖板的参数值

$\rho_1/(\mathrm{kg/m^3})$	$E_1/(\mathrm{N/m^2})$	σ_1	$c_1/(\mathrm{m/s})$
7 800	2.09×10^{11}	0.28	5 853

本书设计的换能器，压电陶瓷圆环的个数分别选用 2、4 和 6。使用 HP6500B 阻抗分析仪得到了换能器的阻抗、相位角与频率的关系曲线，如图 2-14 所示。该图纵轴是线性刻度，分别为电阻抗、相位；横轴是非线性对数刻度，为振动频率。

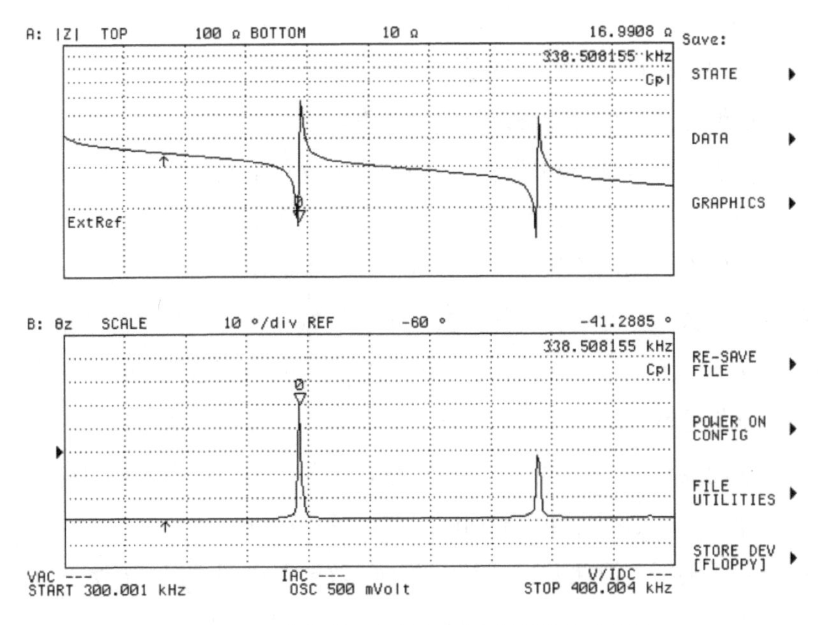

图 2-14　电阻抗、相位与振动频率的关系曲线

表 2-3 列出了换能器的几何尺寸、共振频率的理论计算和试验测量值。其中，l_2 和 l_1 分别是前、后金属盖板的厚度，p 是压电陶瓷圆环的个数，l 是单个圆环的厚度，d 是圆环和盖板的直径，f_t 和 f_m 分别是压电换能器的理论计算和测量的频率，$\Delta = |f_t - f_m| / f_m$ 是共振频率理论计算和实际测量值之间的误差。从表 2-3 中的共振频率的数据可以看出，实际频率和理论计算的频率符合较好。

表 2-3　换能器理论计算与试验测量的共振频率

No.	l_1 / mm	l_2/mm	p	l / mm	d / mm	f_t / Hz	f_m / Hz	Δ/%
1	2	2	2	3	80	300 227	318 170	5.64
2	2	2	4	3	80	201 301	203 519	1.09
3	2	2	2	2.5	80	328 936	338 508	2.83
4	2	2	4	2.5	80	225 430	210 635	7.03
5	2	2	2	2	80	364 921	344 108	6.05
6	2	2	4	2	80	256 914	258 875	0.76
7	2	2	6	2	80	165 941	155 726	6.56

理论计算和实际测量的共振频率虽然很接近，但是仍有误差。理论计算和实际测量的频率之间产生误差的原因如下：

（1）理论计算时所用的标准材料参数和实际参数存在差别；

（2）理论分析时要求换能器的厚度要远小于其径向尺寸，忽略径向振动位移，实际径向位移虽小，但不可能为零；

（3）理论计算忽略损耗，但实际测量时损耗是存在的；

（4）加在换能器上的预应力和黏结剂没有考虑。

以上情况都可能使测量频率和理论计算的频率值有所不同。

本书主要研究大功率、高频率的厚度振动的夹心式压电陶瓷超声换能器。该换能器的共振频率比传统的纵向振动的换能器的共振频率高，在频率较高时，机械损耗和介电损耗会对换能器的一些参数产生影响，例如共振频率、机械品质因数和电声效率。而且，在不同情况下损耗会有较大的不同。在输入大功率的条件下，机械损耗和介电损耗是非线性的。例如，在激励信号增强时，机械损耗增加得非常快；在输入电压增加时，介电损耗增加得很迅速。当换能器在高频率激励下时，机械损耗和介电损耗变得很复杂。在大功率和高频率下，金属介质和压电陶瓷圆环表面的损耗也变得难以估计。

虽然在小信号激励下，损耗方程可以从机电等效电路得到，但是在大功率下压电换能器的损耗方程很难推导出来。在以后改进厚度振动夹心式压电陶瓷换能器的性能研究中，将分析损耗对换能器的影响。

第三节　基于有限元软件 ANSYS 优化超声换能器的方法介绍

随着超声技术的深入发展，单一振动模式的超声振动系统已不能满足一些特定领域的应用要求。为了提高超声功率，增大超声波的作用范围，适用于不同的超声处理对象，往往需要一些复合振动模式和模式转换型超声振动系统。这些超声振动系统通常由压电换能器、超声变幅杆和超声辐射器工具头组成。由于夹心式纵向振动换能器具有较大的功率容量和较高的机电转换效率等优点，故该类换能器常被用作超声振动系统的激励源。超声变幅杆在超声振动系统中起到了放大换能器的位移振幅或阻抗变换功能，根据不同的应用需求可选择不同的结构型号，如圆锥型、指数型、悬链线型、阶梯型以及复合结构等。超声辐射器工具头的形状可谓五花八门，在不同的应用领域针对不同的应用对象需要专门设计。当这些超声振动系统工作时，一个振动系统中存在至少两种或两种以上的耦合振动模态，所以其设计理论及分析方法较之单一振动模态的振动系统复杂得多。为了设计出满足一定性能要求的超声振动系统，针对不同的模式转换型超声振动系统建立其相应的理论分析模型具有重要的理论意义。同时，由于这些超声振动系统的复杂性，为了设计出高性能的超声振动系统，往往需要在理论分析计算的基础上借助有限元软件进行模拟仿真及优化设计。

优化设计是一种寻找最佳方案的方法，即除了满足所设计换能器的要求外，还要求指出包含面积、体积及费用等的最小取值，优化目标可以是结构尺寸、材料参数、谐振频率及形状等。基于参数化设计语言（APDL）的优化模块（OPT）是有限元软件 ANSYS 分析程序模块中相对独立且完整的一个部分，参数化设计语言是优化分析的基础。优化过程中首先要确定三类优化变量：设计变量、状态变量和目标函数。

对于功率超声换能器，要求其在一定的功率容量下辐射端面的位移振幅最大，并且机电转换效率较高，为了后续章节模式转换换能器的优化设计，下面以夹心式压电超声换能器为例介绍有限元软件 ANSYS 的优化过程[76]。

图 2-15 是夹心式压电超声换能器的几何示意图，其直径 D=51 mm，压电片的厚度 t=6 mm，换能器的前盖板和后盖板长度分别为 L_2 和 L_1，其材料都是硬铝，压电陶瓷片为 PZT-4。通过改变前、后盖板的长度，在一定的频率范围内可使其前端面的振动位移振幅达到最大。

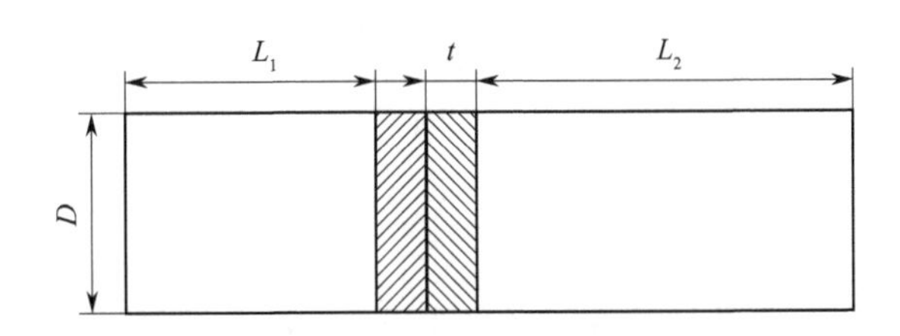

图 2-15　夹心式压电超声换能器的几何示意图

基于有限元软件 ANSYS 的 APDL 程序，该换能器优化设计分析的过程通常包含如下几个步骤（这些步骤往往根据用户所选用的优化方式不同而有细微的差别）：

（1）创建模态分析文件，这是 ANSYS 设计的基础，也是关键的部分，包含参数化有限元分析模型，求解选项的定义及以参数化方式提取求解结果，该文件要能够循环使用；

（2）在优化过程中，建立与分析文件变量对应的优化参数，一般是读入与分析文件相关联的数据文件；

（3）进入优化处理器（OPT），同时指定分析文件；

（4）声明所需的优化变量（设计变量、状态变量及目标函数），设计变量和状态变量可以有多个，但目标函数只能有一个；

（5）选择优化方法及优化工具，一般选用子问题近似法和等步长搜索工具；

（6）指定循环控制方式；

（7）进行优化分析过程；

（8）查看优化结果，可以选择列出所有的参数值，也可以选择只列出优化变量，同时也可用图示的方式直观地显示指定的变量随迭代次数的变化关系。

此外，若分析换能器位于流体中，除了前面（1）至（8）的基本步骤外，还包括以下步骤：定义无限流体单元，定义流体 - 结构接触面，施加流体的边界条件等。ANSYS 在声场分析中通常会用到四种单元类型：对于二维和三维模型的流体部分，分别使用 FLUID29 和 FLUID30 单元，FLUID129 和 FLUID130 与 FLUID29 和 FLUID30 单元一起使用，构造包围 FLUID29 和 FLUID30 单元的无限外壳。只有 FLUID29 和 FLUID30 单元才能与结构单元接触，FLUID129 和 FLUID130 单元只能与 FLUID29 和 FLUID30 单元接触，而不能直接与结构单元接触。

采用 ANSYS 软件分析压电超声换能器时，应注意以下几个问题。

（1）在做压电分析时，应注意基于 IEEE 标准的弹性系数矩阵 $[\boldsymbol{c}]$ 或柔性系数矩阵 $[\boldsymbol{s}]$，以及压电材料的应力矩阵 $[\boldsymbol{e}]$ 或压电应变矩阵 $[\boldsymbol{d}]$ 均是按照 X、Y、Z、YZ、XZ、XY 的顺序给出的，而 ANSYS 的数据需要按照 X、Y、Z、XY、YZ、XZ 的顺序输入，即输入这些参数时必须通过改变相应行的数据使之转换成 ANSYS 的数据格式。三种材料参数矩阵的输入格式如下：

介电常数矩阵为

$$
\begin{array}{c} \\ [\boldsymbol{\varepsilon}] = \end{array}
\begin{array}{c} \begin{array}{ccc} X & Y & Z \end{array} \\ \begin{bmatrix} \varepsilon_{11} & & \\ & \varepsilon_{22} & \\ & & \varepsilon_{33} \end{bmatrix} \end{array}
\begin{array}{l} \\ X \\ Y \\ Z \end{array}
$$

压电常数矩阵为

$$
\begin{array}{c} \\ [\boldsymbol{e}] = \end{array}
\begin{array}{c} \begin{array}{ccc} X & Y & Z \end{array} \\ \begin{bmatrix} 0 & 0 & e_{31} \\ 0 & 0 & e_{32} \\ 0 & 0 & e_{33} \\ 0 & 0 & 0 \\ 0 & e_{15} & 0 \\ e_{15} & 0 & 0 \end{bmatrix} \end{array}
\begin{array}{l} \\ X \\ Y \\ Z \\ XY \\ YZ \\ XZ \end{array}
$$

弹性常数矩阵为

$$
\begin{array}{c} \\ [\boldsymbol{c}] = \end{array}
\begin{array}{c} \begin{array}{cccccc} X & Y & Z & XY & YZ & XZ \end{array} \\ \begin{bmatrix} c_{11} & & & & & \\ c_{21} & c_{22} & & & & \\ c_{31} & c_{32} & c_{33} & & & \\ c_{41} & c_{42} & c_{43} & c_{44} & & \\ c_{51} & c_{52} & c_{53} & c_{54} & c_{55} & \\ c_{61} & c_{62} & c_{63} & c_{64} & c_{65} & c_{66} \end{bmatrix} \end{array}
\begin{array}{l} \\ X \\ Y \\ Z \\ XY \\ YZ \\ XZ \end{array}
$$

（2）在用 ANSYS 软件对压电超声换能器进行有限元建模和计算时，有时模型可能太复杂，运算量十分庞大，求解特别困难。如果换能器是轴对称的，可以考虑把换能器的三维模型转化为二维模型进行简化。在压电材料的三维有限元模型中，坐标轴为 X、Y 以及 Z 轴，Z 轴为极化方向；在二维有限元模型中，坐标轴为 X 和 Y 轴，Y 轴为极化方向。三维参数矩阵转化为二维参数矩阵的对应关系如下：

介电常数矩阵为

$$
[\boldsymbol{\varepsilon}]=\begin{array}{c} \begin{matrix} X & Y & Z \end{matrix} \\ \begin{bmatrix} \varepsilon_{11} & & \\ & \varepsilon_{22} & \\ & & \varepsilon_{33} \end{bmatrix} \end{array} \begin{matrix} X \\ Y \\ Z \end{matrix} \rightarrow \begin{array}{c} \begin{matrix} X & Y \end{matrix} \\ \begin{bmatrix} \varepsilon_{11} & \\ & \varepsilon_{33} \end{bmatrix} \end{array} \begin{matrix} X \\ Y \end{matrix}
$$

（3-D）　　　（2-D）

压电常数矩阵为

$$
[\boldsymbol{e}]=\begin{array}{c} \begin{matrix} X & Y & Z \end{matrix} \\ \begin{bmatrix} 0 & 0 & e_{31} \\ 0 & 0 & e_{32} \\ 0 & 0 & e_{33} \\ 0 & 0 & 0 \\ 0 & e_{25} & 0 \\ e_{15} & 0 & 0 \end{bmatrix} \end{array} \begin{matrix} X \\ Y \\ Z \\ XY \\ YZ \\ XZ \end{matrix} \rightarrow \begin{array}{c} \begin{matrix} X & Y \end{matrix} \\ \begin{bmatrix} 0 & e_{31} \\ 0 & e_{32} \\ 0 & e_{33} \\ e_{15} & 0 \end{bmatrix} \end{array} \begin{matrix} X \\ Y \\ XY \\ XZ \end{matrix}
$$

（3-D）　　　（2-D）

弹性常数矩阵为

$$
[\boldsymbol{c}]=\begin{array}{c} \begin{matrix} X & Y & Z & XY & YZ & XZ \end{matrix} \\ \begin{bmatrix} c_{11} & & & & & \\ c_{21} & c_{22} & & & & \\ c_{31} & c_{32} & c_{33} & & & \\ c_{41} & c_{42} & c_{43} & c_{44} & & \\ c_{51} & c_{52} & c_{53} & c_{54} & c_{55} & \\ c_{61} & c_{62} & c_{63} & c_{64} & c_{65} & c_{66} \end{bmatrix} \end{array} \begin{matrix} X \\ Y \\ Z \\ XY \\ YZ \\ XZ \end{matrix} \rightarrow \begin{array}{c} \begin{matrix} X & Y & Z & XY \end{matrix} \\ \begin{bmatrix} c_{11} & & & \\ c_{21} & c_{22} & & \\ c_{31} & c_{32} & c_{33} & \\ c_{41} & c_{42} & c_{43} & c_{44} \end{bmatrix} \end{array} \begin{matrix} X \\ Y \\ XY \\ XZ \end{matrix}
$$

（3-D）　　　（2-D）

参数矩阵由三维转化为二维后，便利用 ANSYS 软件建立轴对称换能器的有限元模型，使计算得到大量简化。

针对图 2-7 所示夹心式压电超声换能器，设计变量是其前、后盖板的长度，变化范围是 $0.02\ \text{m}<L_2<0.11\ \text{m}$，$0.01\ \text{m}<L_1<0.07\ \text{m}$；状态变量是其谐振频率，变化范围为 $19.800\ \text{kHz}<f<20.800\ \text{kHz}$；因为 ANSYS 软件要求目标函数最小，所以该换能器的目标函

数设计为一个正常数（在此为 5）减去换能器前端面的位移最大振幅。下面给出了优化设计计算后所得到的优化序列，FEASIBLE 为合理的序列，INFEASIBLE 为不合理的序列，* 标出的是最佳设计序列。

LIST OPTIMIZATION SETS FROM SET 1 TO SET 8 AND SHOW ONLY OPTIMIZATION PARAMETERS.（A “*” SYMBOL IS USED TO INDICATE THE BEST LISTED SET）

		SET 1	SET 2	SET 3	SET 4
		（INFEASIBLE）	（INFEASIBLE）	（INFEASIBLE）	（INFEASIBLE）
F1	（SV）	> 21 760.	> 18 545.	> 18 677.	> 18 736.
L1	（DV）	0.220 00E-01	0.608 30E-01	0.332 80E-01	0.422 54E-01
L2	（DV）	0.720 00E-01	0.611 47E-01	0.823 13E-01	0.756 13E-01
OBJ_MIN	（OBJ）	3.070 9	3.340 7	3.235 3	3.240 3

		SET 5	SET 6	SET 7	*SET 8*
		（INFEASIBLE）	（INFEASIBLE）	（FEASIBLE）	（FEASIBLE）
F1	（SV）	> 21 197.	> 20 818.	20 797.	20 798.
L1	（DV）	0.299 48E-01	0.291 87E-01	0.289 90E-01	0.290 21E-01
L2	（DV）	0.697 67E-01	0.722 59E-01	0.724 98E-01	0.724 70E-01
OBJ_MIN	（OBJ）	3.098 6	3.118 4	3.119 5	3.119 4

图 2-16 给出了设计变量 L_1 和 L_2 随迭代次数变化的关系曲线；图 2-17 给出了目标函数 OBJ_MIN 随迭代次数变化的关系曲线；图 2-18 给出了状态变量 F 随迭代次数变化的关系曲线。

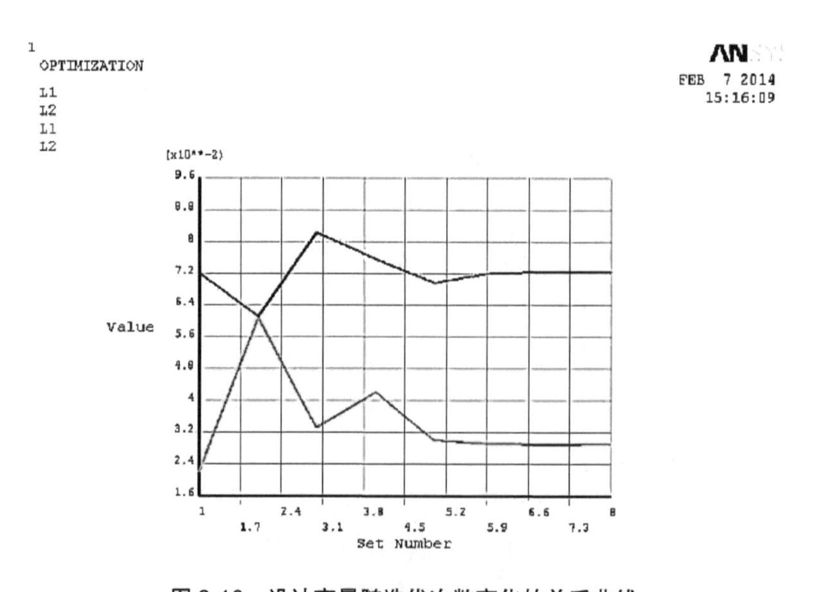

图 2-16 设计变量随迭代次数变化的关系曲线

如图 2-16 所示，为了寻求最佳设计序列，设计变量随着迭代次数不断变化，最终趋于稳定，即找到最佳设计序列。从图 2-18 可以看出，在状态变量频率变化范围之内，只存在很少一部分设计序列为可行设计序列，即在列表结果中显示为 FEASIBLE。从图 2-17 可以看出，尽管第 1 步和第 5 步的目标函数值也很小，但从图 2-18 可知它们并不在合理设计序列范围之内，因此第 8 次迭代的序列在状态变化范围之内，为可行设计序列的最佳序列。

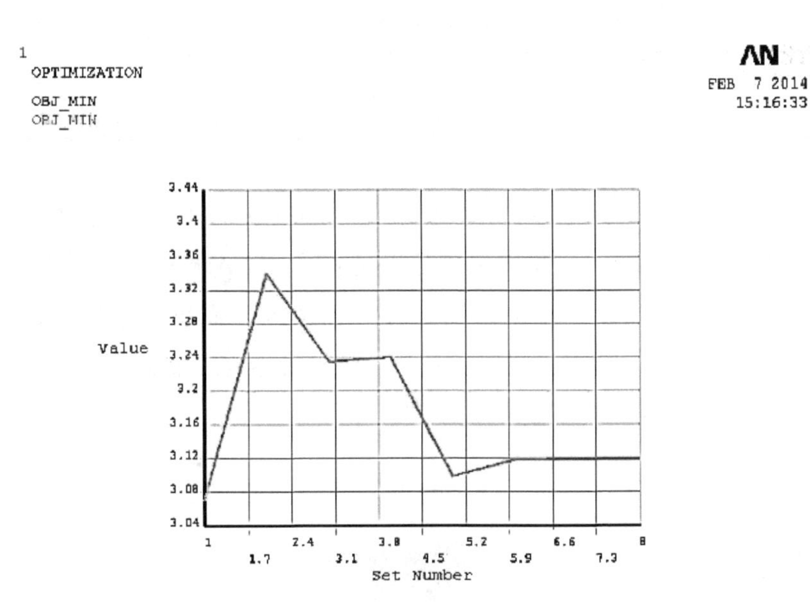

图 2-17 目标函数随迭代次数变化的关系曲线

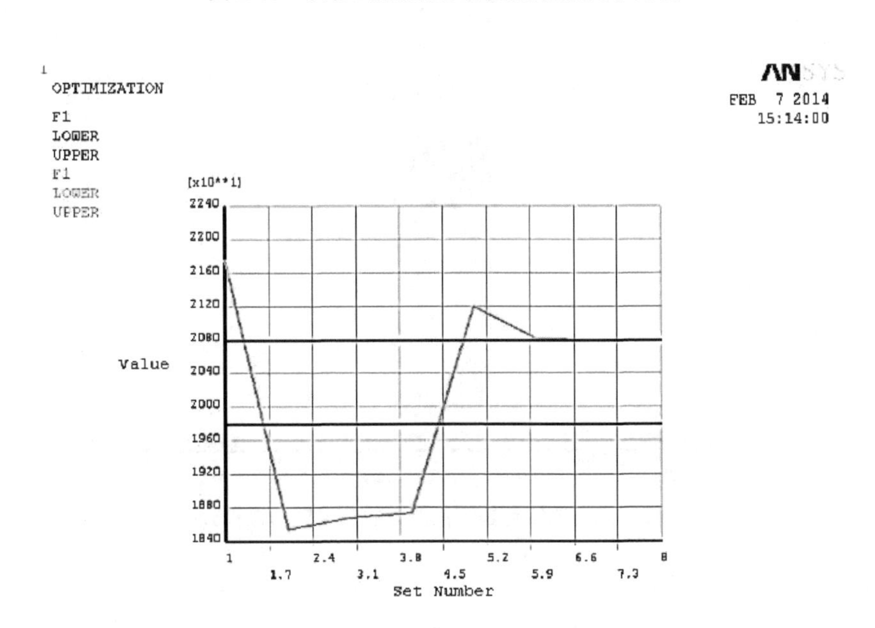

图 2-18 状态变量随迭代次数变化的关系曲线

根据上述计算结果可知，寻求的最佳设计序列是序列 8，此时夹心式压电超声换能器的前、后盖板的长度分别为 L_2=0.072 470 m 和 L_1=0.029 021 m，此时换能器的谐振频率为 20.798 kHz。给出该夹心式压电超声换能器的几何尺寸及材料参数，代入共振频率方程（2-16），用 MATLAB 软件编程可求得其理论分析的共振频率值，表 2-4 列出了夹心式压电超声换能器的几何参数、理论计算及数值模拟的共振频率和反共振频率。

表 2-4 夹心式压电超声换能器的共振频率

L_1 / mm	L_2 / mm	t / mm	p	D / mm	f_r / kHz	f_a / kHz	f_{nr} / kHz	f_{na} / kHz	Δ_r / %	Δ_a / %
72.470	29.021	6	2	51	21.035	21.968	20.798	21.553	1.14	1.93

表 2-4 中，f_r 和 f_a 分别为夹心式压电超声换能器频率方程（2-16）和（2-17）中求解出的共振频率和反共振频率；f_{nr} 和 f_{na} 分别是用有限元软件 ANSYS 模拟出的共振频率和反共振频率；$\Delta_r = |f_r - f_{nr}| / f_{nr}$，$\Delta_a = |f_a - f_{na}| / f_{na}$。由此可以看出，理论计算的频率和数值模拟结果符合得比较好。同时，图 2-19 给出了该换能器的二维振动位移分布图，可以看出，换能器前盖板的辐射端面位移最大。

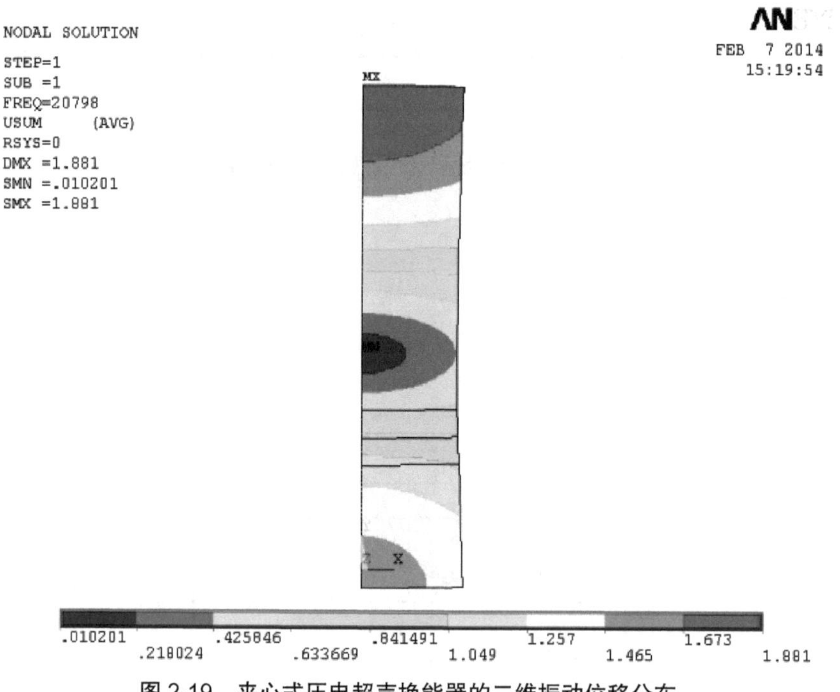

图 2-19 夹心式压电超声换能器的二维振动位移分布

第四节　本章小结

本章主要介绍了夹心式压电超声换能器各部分的设计理论，包括压电陶瓷晶堆的设计理论及超声变截面棒的设计理论，并给出了其机电等效电路，利用电路理论，经过一系列的变换，得到了换能器的频率方程；同时，以夹心式压电超声换能器的前端面振动位移振幅为目标，介绍了有限元软件 ANSYS 优化设计的方法和步骤，给出了优化计算结果；最后，将理论计算结果与有限元模拟做比较，可以发现两者符合得比较好，因此该理论为本书后续模式转换功率超声换能器中夹心式压电超声换能器的设计提供了理论依据。

第三章　薄圆盘及矩形板弯曲振动的研究

第一节　薄圆盘弯曲振动的研究

随着超声技术的发展，大功率超声波在空气中的应用越来越广泛[77-80]，如超声波干燥、超声波除尘、超声波悬浮、超声料位测量、超声清除泡沫及超声测距等。在空气中发射和传播大功率超声波，主要问题是空气介质的声阻抗比较低、吸收比较强。因为固体与气体之间的声阻抗相差比较大，所以存在阻抗失配问题，为了获得更为有效的声波辐射，需要在空气介质和辐射器之间有良好的阻抗匹配。

为了解决上述问题，可以采取下面两种方法[1]：一是利用较低辐射阻抗的超声换能器，如静电型或电容型换能器；二是利用能够产生弯曲振动的压电陶瓷超声换能器或具有振动模式转换的超声换能器，如压电陶瓷双叠片产生弯曲振动或纵向换能器和前端薄板组成的模式转换换能器产生纵 - 弯振动。由于弯曲振动圆盘构成的模式转换换能器具有大辐射面积、低辐射阻抗，且易于空气介质匹配等特点，在功率超声领域中获得了极为广泛的应用[81-85]。该类超声换能器常采用解析法和有限元数值模拟法进行研究，机电等效电路法是一种比较常见的解析法，即以集中参数的形式来代表分布参数元器件，常用来分析复合振动系统的振动特性[86]。文献 [87] 从机电类比的角度，根据基尔霍夫定律引入 S 参数，把集中等效参数用于压电装置中。弯曲振动圆盘作为超声传播的组件，其设计的好坏在振动系统中起着非常重要的作用。然而，我们知道弯曲振动比较复杂，因此圆盘的等效集中参数很难获得，这样机电等效电路就很少被应用在分析振动系统中[88]。

在振动系统中，集中参数系统是指离散系统中由有限个惯性元件、弹性元件及阻尼元件等组成的系统。集中参数系统又称为“集总参数系统”。我们知道，对于集中参数系统来说，各个变量与所处的空间位置没有关系，如活塞在振动过程中，其辐射端面的振动位移及振动速度都是均匀的；而对于分布参数系统而言，至少有一个变量和所在的空间位置有关，如弯曲振动圆盘，其辐射端面的振动位移及振动速度分布则是不均匀的。其实就相当于稳态和动态分析，前者对应于代数方程和常微分方程，后者则对应于空间变量的常微分方程和时间、空间变量的偏微分方程。那么，可以看出，对于可以用集中参数表示的系统而言，其处理方法会很简单，所以不少问题常常希望能够把分布参数系统等效成集中参数系统来解决[89]。将分布参数的振动系统等效成具有集中参数的振动系统有两种方法：一是通过对动能的等效求得等效质量，然后再求得等效弹性系数；二是通过对位能的等效求得等效弹性系数，然后再求等效质量。

根据一个分布参数系统中的动能和势能与另一个集中参数系统中的相应动能和势能分别相等的原则，本章分别给出了弯曲振动薄圆盘自由边界、固定边界及简支边界条件下的等效集中参数——等效质量和等效弹性系数，得到了频率方程，从而求出了其固有频率，并用 ATILA 软件模拟了其前三阶的振动位移分布情况，最后给出了一般分析振动系统时最常用的一种分析方法——薄圆盘集中参数模型的等效电路[90]。

一、自由边界条件下弯曲振动薄圆盘的集中等效参数理论

一个可以产生弯曲振动的薄圆盘如图 3-1 所示，设其半径和厚度分别为 a 和 h，在下述的分析中，假设薄圆盘的横向振动位移非常小，且薄圆盘的厚度远小于其半径，即 $h \ll a$。对于薄圆盘来说，其所受的力是关于对称轴对称的，那么薄圆盘的弯曲也是关于对称轴对称的，即其振动为轴对称的弯曲振动，并且薄圆盘中的扭转惯性可以忽略不计。根据线性弹性理论及薄板的小挠度弯曲振动理论[91]，薄圆盘弯曲振动的位移可表示为

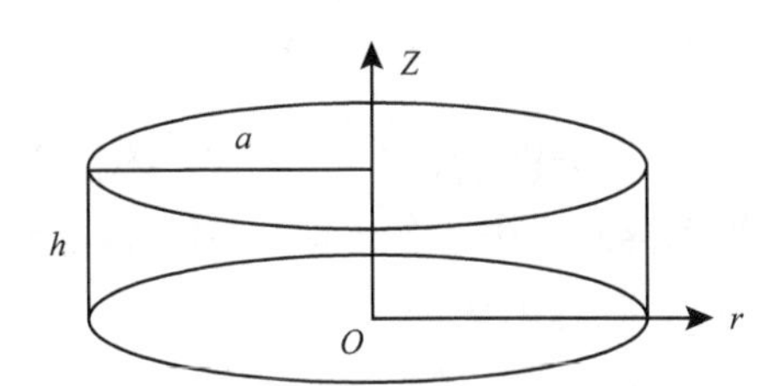

图 3-1　弯曲振动薄圆盘基本结构示意图

$$\zeta(r,t) = [AJ_0(kr) + BI_0(kr)]\exp(j\omega t) \tag{3-1}$$

薄圆盘的弯矩和横向剪切力可分别表示为

$$M_r = -D\left(\frac{\partial^2 \zeta}{\partial r^2} + \frac{\sigma}{r}\frac{\partial \zeta}{\partial r}\right) \tag{3-2}$$

$$Q_r = -D\left(\frac{\partial^3 \zeta}{\partial r^3} + \frac{1}{r}\frac{\partial^2 \zeta}{\partial r^2} - \frac{1}{r^2}\frac{\partial \zeta}{\partial r}\right) \tag{3-3}$$

式中：$J_0(kr)$ 是第一类零阶贝塞尔函数；$I_0(kr)$ 是第一类零阶修正贝塞尔函数；$k^4 = \rho h \omega^2 / D$，$D = Eh^3 / 12(1-\sigma^2)$，其中 ρ、E 和 σ 分别为薄圆盘的密度、杨氏模量和泊松比，D 是薄圆盘的刚度常数，ω 和 k 分别是振动角频率和波数；A 和 B 是两个待定常

数，可以根据薄圆盘的边界条件确定。

本章以自由边界条件为例详细分析超声波在空气中的应用，弯曲振动薄圆盘在边界 $r=a$ 处的弯矩及横向剪切力都等于零。根据式（3-2）和式（3-3），可得如下关系：

$$A[kJ_0(ka)-\frac{1-\sigma}{a}J_1(ka)]=B[kI_0(ka)-\frac{1-\sigma}{a}I_1(ka)] \tag{3-4}$$

$$-AJ_1(ka)=BI_1(ka) \tag{3-5}$$

由式（3-4）和式（3-5），可以得出自由边界条件下弯曲振动薄圆盘的共振频率方程：

$$ka[J_0(ka)I_1(ka)+I_0(ka)J_1(ka)]=2(1-\sigma)J_1(ka)I_1(ka) \tag{3-6}$$

根据式（3-6），当弯曲振动薄圆盘的几何尺寸和材料参数给定时，就可求出其共振频率 f_n，那么对应薄圆盘的第 n 阶振动，其弯曲振动位移的本征函数可以写为

$$\zeta_n(r,t)=[A_nJ_0(k_nr)+B_nI_0(k_nr)]\exp(\mathrm{j}\omega_nt) \tag{3-7}$$

其弯曲振动速度为

$$v_n(r,t)=\mathrm{j}\omega_n[A_nJ_0(k_nr)+B_nI_0(k_nr)]\exp(\mathrm{j}\omega_nt) \tag{3-8}$$

（一）弯曲振动薄圆盘的等效质量

在薄圆盘上取一径向坐标为（r，$r+\mathrm{d}r$）的小体元，该小体元的质量为 $2\pi\rho hr\mathrm{d}r$，由动能定理可得其第 n 阶振动的动能为

$$\mathrm{d}E_{kn}=\frac{1}{2}(2\pi\rho hr\mathrm{d}r)v_n\cdot v_n^*$$

对于振动薄圆盘的第 n 阶弯曲振动，由式（3-8）可得其动能为

$$E_{kn}=\int_0^a\mathrm{d}E_{kn}=-\pi\rho h\omega_n^2\exp(\mathrm{j}2\omega_nt)\int_0^a[A_nJ_0(k_nr)+B_nI_0(k_nr)]^2r\mathrm{d}r \tag{3-9}$$

利用式（3-8），可得出振动薄圆盘中心处（即 $r=0$）的振动速度为

$$v_n=\mathrm{j}\omega_n(A_n+B_n)\exp(\mathrm{j}\omega_nt)$$

当把振动薄圆盘的中心作为参考点时，其第 n 阶弯曲振动的动能也可表示为

$$E'_{kn}=\frac{1}{2}M_nv_n\cdot v_n^*=-\frac{1}{2}M_n(A_n+B_n)^2\omega_n^2\exp(\mathrm{j}2\omega_nt) \tag{3-10}$$

式中：M_n 是自由边界条件下弯曲振动薄圆盘第 n 阶振动的等效质量。

令 $E'_{kn}=E_{kn}$，通过等式的一系列变换，可以得出第 n 阶弯曲振动薄圆盘的等效质量，其表达式为

$$M_n=\frac{2m}{a^2(A_n+B_n)^2}\int_0^a[A_nJ_0(k_nr)+B_nI_0(k_nr)]^2r\mathrm{d}r \tag{3-11}$$

式中：$m=\pi a^2h\rho$，是薄圆盘的质量。

根据贝塞尔函数的递推公式，并参考文献 [92] 中包含两个变态贝塞尔函数积的两类积分公式，可得

$$\int_0^x I_0^2(x)x\mathrm{d}x = \frac{x^2}{2}[I_0^2(x) - I_1^2(x)] \tag{3-12}$$

$$\int_0^x J_0^2(x)x\mathrm{d}x = \frac{x^2}{2}[J_0^2(x) + J_1^2(x)] \tag{3-13}$$

$$\int_0^x I_0(x)J_0(x)x\mathrm{d}x = \frac{x^2}{2}[I_0(x)J_1(x) + I_1(x)J_0(x)] \tag{3-14}$$

根据薄圆盘的自由边界条件，求得 $B_n / A_n = -J_1(k_n a) / I_1(k_n a)$，将其代入式（3-11），最终自由边界条件下第 n 阶弯曲振动薄圆盘的等效质量可表示为

$$M_n = m\frac{\left[J_0^2(k_n a) + \frac{J_1^2(k_n a)I_0^2(k_n a)}{I_1^2(k_n a)} - \frac{4J_1^2(k_n a)(1-\sigma)}{(k_n a)^2}\right]I_1^2(k_n a)}{[I_1(k_n a) - J_1(k_n a)]^2} \tag{3-15}$$

图 3-2 给出了振动薄圆盘第 n 阶弯曲振动的等效质量随共振频率变化的关系曲线。从式（3-15）可以很明显看出等效质量与薄圆盘的几何尺寸、材料参数及频率都有关系，且从图 3-2 可以发现，当薄圆盘的几何尺寸和材料参数给定时，随着共振频率的变大，等效质量逐渐减小。

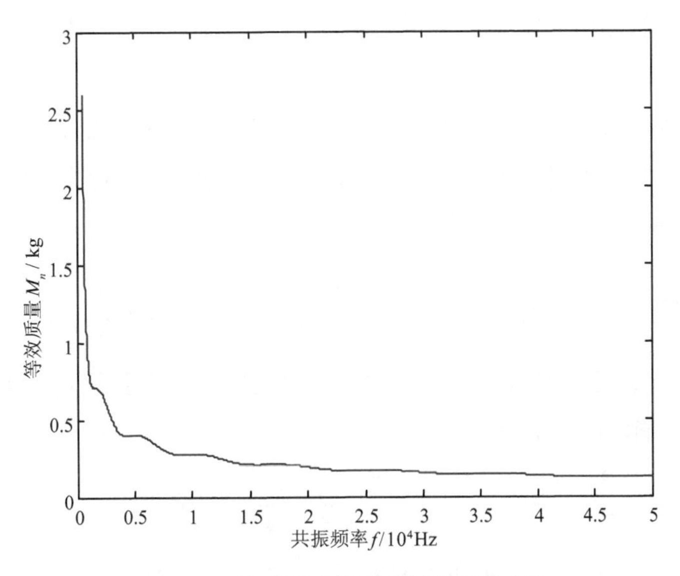

图 3-2　共振频率和等效质量的关系曲线

（二）弯曲振动薄圆盘的等效弹性系数

小挠度薄板理论通常是指在道路工程设计时所采用的一种设计理论，其实质是对研究对象进行一些假设，忽略某些影响因素，实际上是为了简化理论计算进而得到数值解答。在弹性力学中，一般将板划分为薄膜、厚板、大挠度薄板、小挠度薄板。薄膜理论是指板极薄，板几乎没有抗弯曲能力。厚板理论是指板很厚，板上作用一荷载时，不能忽视垂直于板的应力、应变，板弯曲后法线不再是直线。大挠度薄板理论是指板厚介于薄膜与厚板

之间，可以忽略中间面上的横向应力、应变，可假设成纯弯曲，但挠度 w 与板厚 h 是同一量级，其计算方法十分复杂。小挠度薄板理论是指板厚介于薄膜与厚板之间，可以忽略中间面上的横向应力、应变，可假设成纯弯曲，而挠度 w 远小于板厚 h，可以大大简化计算。平分板厚度的平面称为板的中面，一般当板的厚度不大于板中面最小尺寸时的板称为薄板，薄板的中面是一个平面。薄板在垂直于中面的载荷作用下发生弯曲时，中面变形所形成的曲面称为弹性曲面或挠度面，中面内各点在未变形中面垂直方向的位移称为板的挠度。薄板弯曲的精确理论应是满足弹性力学的全部基本方程，但这在数学上将会遇到很大的困难。1850 年，德国物理学家 G.R. 基尔霍夫（1824—1887 年）除采用弹性力学的基本假设外，还提出了一些补充的假设，从而建立起了薄板小挠度弯曲的近似理论。这些假设包括：

（1）变形前垂直于板中面的直线，在板变形后仍为直线，并垂直于变形后的中面，而且不经受伸缩；

（2）与中面平行的各面上的正应力与应力相比属于小量；

（3）在横向荷载作用下板发生弯曲时，板的中面并不伸长，这也就是说，薄板中面内各点都没有平行于中面的位移分量。

薄板的小挠度弯曲问题是按位移求解的，因此其他物理量都可以用基本变量挠度 ξ 来表示。在小挠度弯曲振动假设条件下，根据薄板理论，忽略剪切应力，弯曲振动薄板的势能密度 [93] 能够表示为挠度 $\zeta(x)$ 的函数：

$$U=\frac{D}{2}\left[\left(\frac{\partial^2\zeta}{\partial x^2}\right)^2+\left(\frac{\partial^2\zeta}{\partial y^2}\right)^2+2\sigma\left(\frac{\partial^2\zeta}{\partial x^2}\right)\left(\frac{\partial^2\zeta}{\partial y^2}\right)+2(1-\sigma)\left(\frac{\partial^2\zeta}{\partial x\partial y}\right)^2\right] \tag{3-16}$$

根据式（3-16），经过笛卡尔坐标到柱坐标的变换，在柱坐标下，质量为 $2\pi\rho hr\mathrm{d}r$ 体元的第 n 阶振动势能可以表示为

$$\mathrm{d}E_{pn}=\frac{D}{2}\left[\left(\frac{\partial^2\zeta_n}{\partial r^2}\right)^2+\frac{1}{r^2}\left(\frac{\partial\zeta_n}{\partial r}\right)^2+\frac{2\sigma}{r}\frac{\partial\zeta_n}{\partial r}\frac{\partial^2\zeta_n}{\partial r^2}\right]2\pi r\mathrm{d}r \tag{3-17}$$

对式（3-17）两边积分，可得薄圆盘第 n 阶弯曲振动时的振动势能为

$$E_{pn}=\frac{E\pi h^3}{12(1-\sigma^2)}\int_0^a\left[\left(\frac{\partial^2\zeta_n}{\partial r^2}\right)^2+\frac{1}{r^2}\left(\frac{\partial\zeta_n}{\partial r^2}\right)^2+\frac{2\sigma}{r}\frac{\partial\zeta_n}{\partial r}\frac{\partial^2\zeta_n}{\partial r^2}\right]r\mathrm{d}r \tag{3-18}$$

根据第一类修正贝塞尔函数和第一类贝塞尔函数存在的如下关系式：

$$\int_0^x[-I_0(x)J_1(x)-I_1(x)J_0(x)+2I_1(x)J_1(x)/x]\mathrm{d}x=-I_1(x)J_1(x) \tag{3-19}$$

$$\int_0^x[I_1^{\ 2}(x)/x]\mathrm{d}x=-\frac{1}{2}\left[1-I_0^{\ 2}(x)+I_1^{\ 2}(x)\right] \tag{3-20}$$

$$\int_0^x[J_1^{\ 2}(x)/x]\mathrm{d}x=\frac{1}{2}\left[1-J_0^{\ 2}(x)-J_1^{\ 2}(x)\right] \tag{3-21}$$

$$\int_0^x I_0(x)I_1(x)\mathrm{d}x = \frac{1}{2}I_0^{\ 2}(x) \tag{3-22}$$

$$\int_0^x J_0(x)J_1(x)\mathrm{d}x = -\frac{1}{2}J_0^{\ 2}(x) \tag{3-23}$$

根据自由边界条件式（3-4）和式（3-5），可得

$$B_n I_0(k_n a) = A_n\left[J_0(k_n a) - \frac{2(1-\sigma)}{k_n a}J_1(k_n a)\right]$$

$$B_n I_1(k_n a) = -A_n J_1(k_n a)$$

根据上述两式，并将式（3-7）代入式（3-18），由贝塞尔函数之间的相互关系式（3-12）至式（3-14）及式（3-19）至式（3-23），可得第 n 阶振动薄圆盘的弯曲振动势能解析表达式为

$$E_{pn} = \frac{E\pi h^3 k_n^{\ 2} A_n^{\ 2}}{12(1-\sigma^2)}[(k_n a)^2 J_0^{\ 2}(k_n a) - 2(1-\sigma)(k_n a)J_0(k_n a)J_1(k_n a) - 2(1-\sigma)\sigma J_1^{\ 2}(k_n a)] \tag{3-24}$$

把薄圆盘的中心作为振动的参考点，薄圆盘的第 n 阶弯曲振动势能可表示为

$$E'_{pn} = \frac{1}{2}K_n \xi^2_{n(r=0)} = \frac{1}{2}K_n(A_n + B_n)^2 \tag{3-25}$$

式中：K_n 是自由边界条件下弯曲振动薄圆盘第 n 阶振动的等效弹性系数。

令 $E'_{pn} = E_{pn}$，根据自由边界条件，$B_n / A_n = -J_1(k_n a)/I_1(k_n a)$，可以得出等效弹性系数的具体表达式为

$$K_n = \frac{E\pi h^3 k_n^{\ 2}}{6(1-\sigma^2)}[(k_n a)^2 J_0^{\ 2}(k_n a) - 2(1-\sigma)(k_n a)J_0(k_n a)J_1(k_n a) - 2(1-\sigma)\sigma J_1^{\ 2}(k_n a)]I_0^{\ 2}(k_n a)/[I_1(k_n a) - J_1(k_n a)]^2 \tag{3-26}$$

图 3-3 给出了第 n 阶弯曲振动薄圆盘的等效弹性系数随共振频率变化的关系曲线。从式（3-26），可以很明显看出，等效弹性系数也与几何尺寸、材料参数和频率有关系，且根据图 3-3 可知，随着共振频率的变大，等效弹性系数也是逐渐增大的。

（三）理论计算及数值模拟

根据上述分析可以看出，自由边界条件下弯曲振动薄圆盘的等效弹性系数 K_n 和等效质量 M_n 都是其角频率 ω 的函数。那么，根据传统的换能器设计理论，我们可以把第 n 阶弯曲振动薄圆盘的振动抗写为

$$X_n = \mathrm{j}\left(\omega M_n - \frac{1}{\omega C_n}\right) = \mathrm{j}\left(\omega M_n - \frac{K_n}{\omega}\right) \tag{3-27}$$

式中：C_n 为弯曲振动薄圆盘的弹性柔顺系数，且 $C_n = 1/K_n$。当 $\omega = \omega_n$ 时，令 $X_n = 0$，即可求出共振频率，X_n 为等效参数抗。

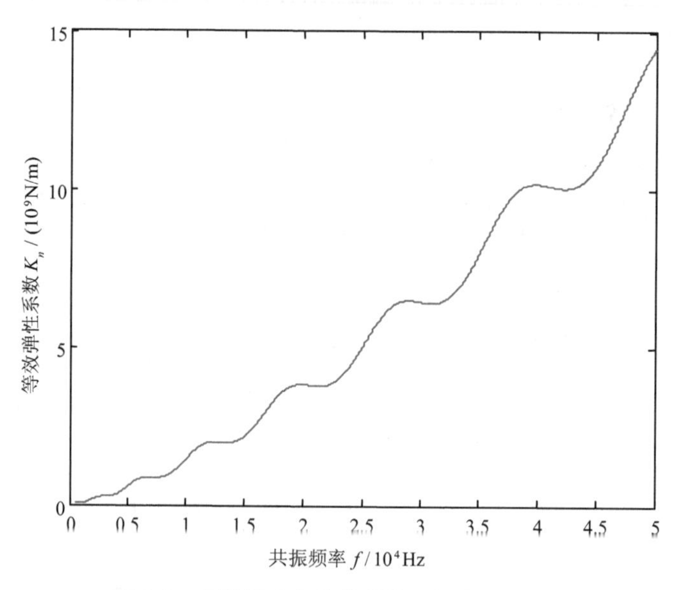

图 3-3 共振频率和等效弹性系数的关系曲线

取薄圆盘的材料为 45 号钢，其泊松比 σ =0.28，密度 ρ =7 800 kg/m³，杨氏模量 $E = 2.09\times10^{11}$ N/m³，它的半径和厚度见表 3-1，根据共振频率方程（3-27）同时利用 ATILA 有限元软件，给出了自由边界条件下薄圆盘弯曲振动的前三阶频率，同时画出了其前三阶弯曲振动，其中f_m表示理论计算得到的各阶振型频率，f_n表示有限元模拟得到的频率。

表 3-1 弯曲振动薄圆盘前三阶共振频率计算结果

a /mm	h /mm	阶数 n	f_m /Hz	f_n /Hz	Δf /%
120	8	1	1 210	1 225	1.22
		2	5 010	5 137	2.47
		3	11 780	11 409	3.25
150	8	1	780	786	0.76
		2	3 250	3 321	2.14
		3	7 540	7 446	1.26
150	10	1	970	980	1.02
		2	4 000	4 110	2.68
		3	9 420	9 128	3.2

以半径 a =120 mm，厚度 h =8 mm 的弯曲振动薄圆盘为例，用 ATILA 有限元软件对其二分之一模型进行模拟，给出其前三阶的模态振动情况如图 3-4 所示，step5，step11，step20 分别是提取模态分析中的一阶、二阶和三阶弯曲振动模态，其频率分别为

1.225 kHz、5.137 kHz 和 11.409 kHz。从图 3-4 及表 3-1 中，尤其相对误差 $\Delta f = |f_{\mathrm{m}} - f_{\mathrm{n}}| / f_{\mathrm{n}}$ 分析，能够看出对弯曲振动薄圆盘所求得的解析结果和数值模拟结果趋于一致。

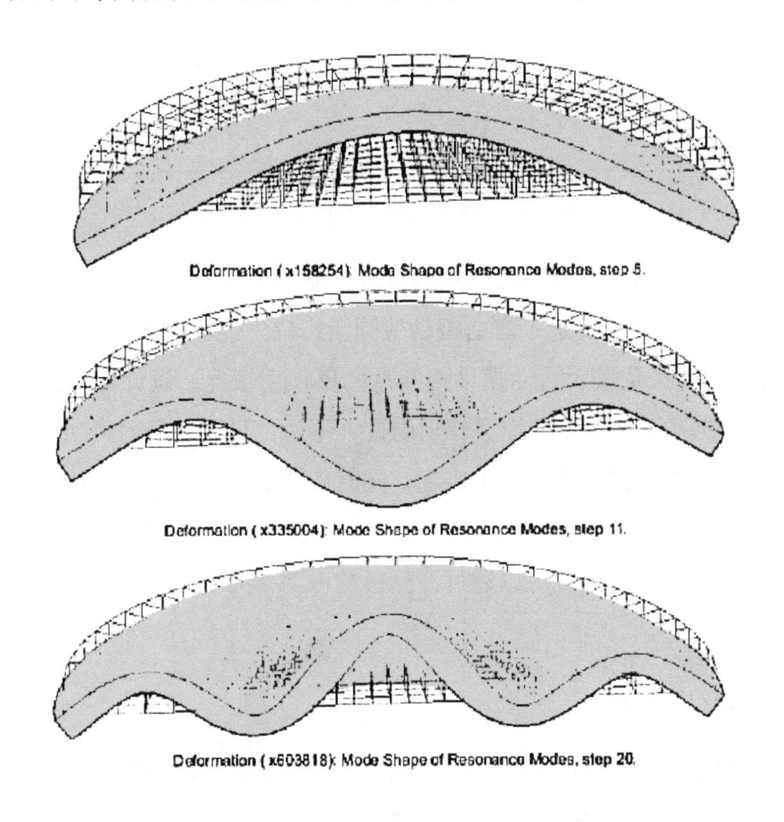

图 3-4 弯曲振动薄圆盘的前三阶振型

（四）弯曲振动薄圆盘集中参数等效电路

根据前面的分析，可以得出自由边界条件下弯曲振动薄圆盘的集中参数等效电路，如图 3-5 所示。图中，C_n，M_n 和 R_n 分别是第 n 阶弯曲振动薄圆盘的几个集中等效参数，即弹性柔顺系数、等效质量和等效机械损耗。因为针对振动系统机械损耗的研究比较复杂，因此一般情况下忽略弯曲振动薄圆盘的机械损耗，即 $R_n = 0$。在实际应用中，振动系统的机械损耗并不为零，而且与系统的振动幅度有一定的关系，设计时，机械损耗通常是通过试验测得。

在求解弯曲振动复合换能器的共振频率时，利用图 3-5 的等效电路，根据机电等效电路法，薄圆盘的集中参数等效电路相对该系统单独求解而言，将大大简化求解过程，即该系统总抗为零，可求得其共振频率，因此对于实现该系统的最佳工作状态也相对比较简便。

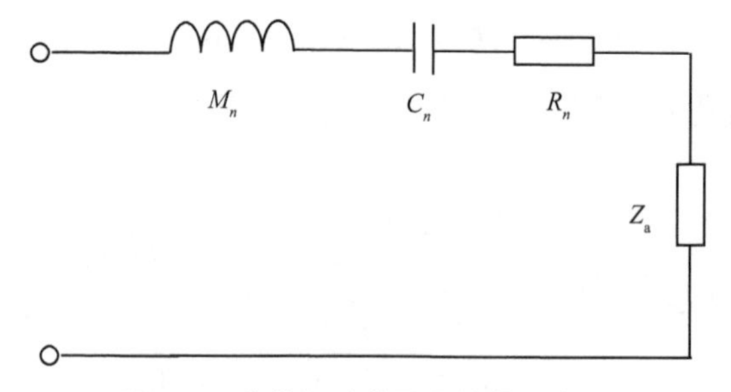

图 3-5 弯曲振动薄圆盘的等效电路

图 3-5 中，Z_a 是弯曲振动薄圆盘的辐射阻抗，能够表示为 $Z_a = R_a + jX_a$，其中 R_a 是弯曲振动薄圆盘的辐射阻，它决定了弯曲振动薄圆盘声辐射能力的大小和辐射功率的多少；X_a 是其辐射抗，反映了负载对弯曲振动薄圆盘的反作用情况。设计弯曲振动复合振动系统时，在其机电等效电路中通常忽略其辐射阻抗，不过也可以从辐射声功率角度求得[88]。

薄圆盘振动时，在流体介质中产生声场，同时也会受到声场的反作用，因此就会产生声辐射的问题。作用于振动体表面的声辐射阻抗是研究振动体与声相互作用的一个重要参数。弯曲振动薄圆盘的辐射阻抗可以通过计算板的声功率而得到。轴对称薄圆盘的辐射声功率 W 可表示为

$$W = \iint_s p(r)v^*(r)\mathrm{d}s' \tag{3-28}$$

式中：$\mathrm{d}s'$ 是薄圆盘上径向坐标 r 处的一个面元；s 是薄圆盘的辐射面积；$p(r)$ 是声压的振幅；$v^*(r)$ 是薄圆盘弯曲振动速度振幅的共轭复数。

根据式（3-1），可以得出 $v^*(r)$，即

$$v^*(r) = -\mathrm{j}\omega\left[AJ_0(kr) + BI_0(kr)\right] \tag{3-29}$$

如图 3-6 所示，声压振幅可以通过瑞利积分得到，即

$$p(r) = \int dp = \mathrm{j}\frac{k_0\rho_0 c_0}{2\pi}\iint_s v\cdot\frac{\mathrm{e}^{-\mathrm{j}K_0 L}}{L}\mathrm{d}s \tag{3-30}$$

式中：k_0，ρ_0 和 c_0 分别是介质的波数、密度和声速；L 是面元 $\mathrm{d}s$ 和 $\mathrm{d}s'$ 之间的距离，$\mathrm{d}s = L\mathrm{d}\theta\mathrm{d}L$，$\mathrm{d}s' = r\mathrm{d}r\mathrm{d}\varphi$。

对式（3-30）积分，L 和 θ 的上、下限分别为 0、$2r\cos\theta$ 和 $-\pi/2$、$\pi/2$，然后代入式（3-28）可得

$$W = 2\pi\omega^3\rho_0 c_0\int_0^a\left[AJ_0(kr) + BI_0(kr)\right]^2\left[1 - J_0(2k_0 r) + jK_0(2k_0 r)\right]r\mathrm{d}r \tag{3-31}$$

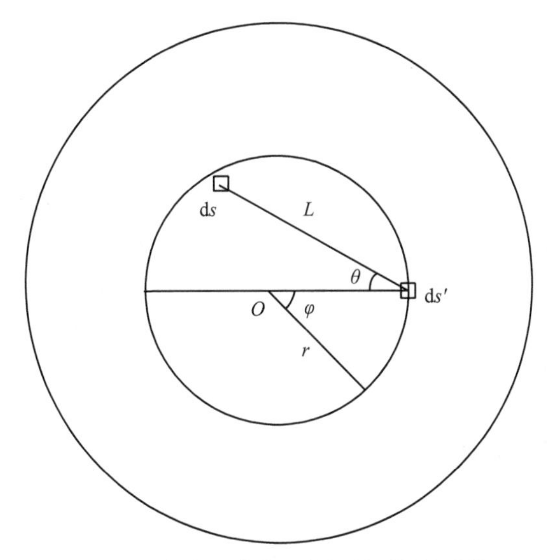

图 3-6　弯曲振动薄圆盘辐射阻抗的计算

弯曲振动薄圆盘的辐射阻抗定义为

$$Z_{\mathrm{a}}=\frac{W}{v_{\mathrm{R}}\cdot v_{\mathrm{R}}^{*}} \tag{3-32}$$

式中：v_{R} 和 v_{R}^{*} 分别是弯曲振动薄圆盘中心参考点处的速度及其共轭复数，$v_{\mathrm{R}}=\mathrm{j}\omega(A+B)$，$v_{\mathrm{R}}^{*}=-\mathrm{j}\omega(A+B)$。

将式（3-31）代入式（3-32），可得辐射阻抗的表达式为

$$Z_{\mathrm{a}}=R_{\mathrm{a}}+\mathrm{j}X_{\mathrm{a}}=\rho_0 c_0 S(R+\mathrm{j}X) \tag{3-33}$$

式中：$S=\pi a^2$ 是圆盘的表面积；R 和 X 分别是归一化的辐射阻和抗，可分别表示为

$$R=\frac{2}{\left(1+\dfrac{B}{A}\right)^2 a^2}\int_0^a\left[J_0(kr)+\frac{B}{A}I_0(kr)\right]^2\cdot\left[1-J_0(2k_0 r)\right]r\mathrm{d}r \tag{3-34}$$

$$X=\frac{2}{\left(1+\dfrac{B}{A}\right)^2 a^2}\int_0^a\left[J_0(kr)+\frac{B}{A}I_0(kr)\right]^2\cdot K_0(2k_0 r)r\mathrm{d}r \tag{3-35}$$

式中：$J_0(kr)$ 和 $J_0(2k_0r)$ 是零阶第一类贝塞尔函数；$I_0(kr)$ 和 $K_0(2k_0r)$ 分别是零阶第一类和第二类修正贝塞尔函数。

根据式（3-4）和式（3-5），当给定具体边界条件时，B/A 能够确定，从而可求得圆盘的辐射阻抗。由于式（3-34）和式（3-35）没有解析结果，因此利用数值积分便可求得辐射阻和抗分别与频率的关系，如图 3-7 和图 3-8 所示。从图中可以看出，归一化辐射阻和抗都是随着频率增大而先增大后减小，当频率比较高时，它们逐渐趋于零。出现这种现象的原因在于，弯曲振动位移分布是不均匀的，在薄圆盘表面有节圆，当频率增加时节圆增多，相位相互抵消，引起辐射阻抗下降。这个结论与均匀位移分布的活塞振动有些许不

同，对于活塞振动，频率很高时，其辐射阻抗倾向于一个常数。

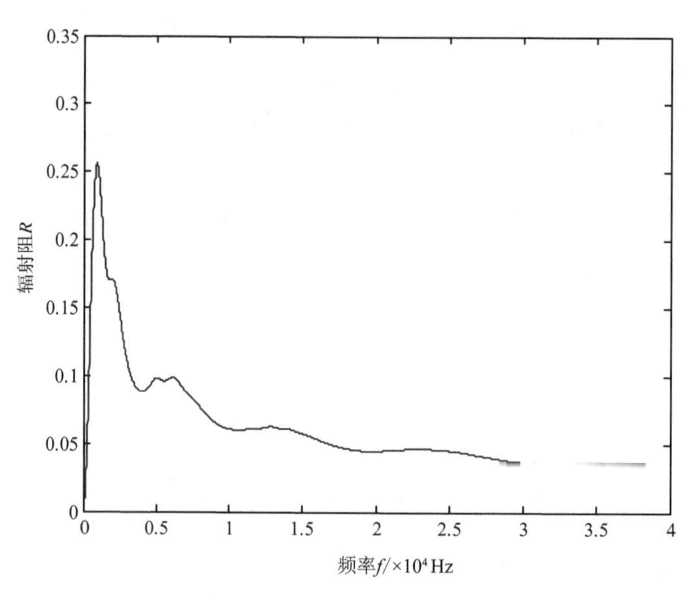

图 3-7　归一化辐射阻与频率变化的关系曲线

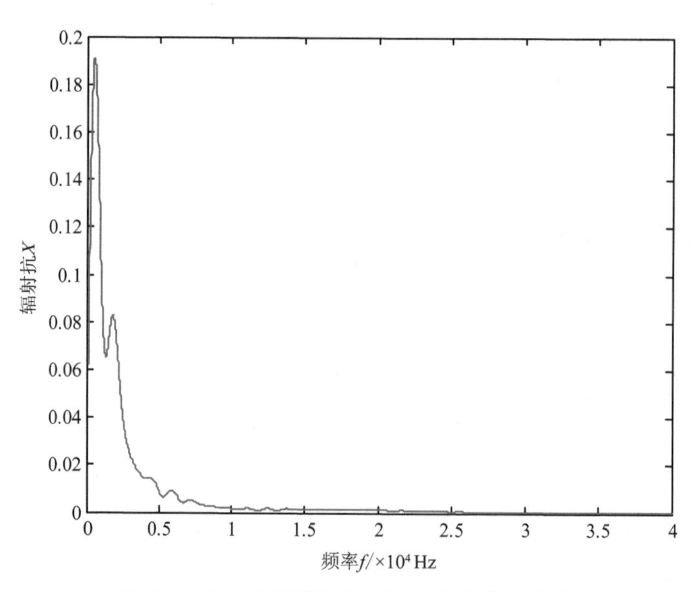

图 3-8　归一化辐射抗与频率变化的关系曲线

二、固定边界条件和简支边界条件下弯曲振动薄圆盘的集中等效参数理论

与前面分析类似，根据式（3-11）和一系列贝塞尔函数递推关系式及参考文献 [92] 中

包含两个变态贝塞尔函数积的两类积分公式，可以得出第 n 阶弯曲振动薄圆盘等效质量的通式为

$$M_n = \frac{m}{\left(1+\frac{B_n}{A_n}\right)^2}\left\{\left[J_0^{\,2}(k_n a)+J_1^{\,2}(k_n a)\right]+\frac{B_n^{\,2}}{A_n^{\,2}}\left[I_0^{\,2}(k_n a)-I_1^{\,2}(k_n a)\right]+\right.$$
$$\left.\frac{B_n}{A_n}\frac{2}{x}\left[I_0(k_n a)J_1(k_n a)+I_1(k_n a)J_0(k_n a)\right]\right\} \tag{3-36}$$

同样，根据式（3-18）和式（3-25）可以推出弯曲振动薄圆盘第 n 阶振动的等效弹性系数通式为

$$K_n = \frac{E\pi h^3 k_n^{\,2}}{6(1-\sigma^2)}\cdot\frac{1}{\left(1+\frac{B_n}{A_n}\right)^2}\cdot\left\{\frac{B_n^{\,2}}{A_n^{\,2}}\frac{x^2}{2}\left[I_0^{\,2}(k_n a)-I_1^{\,2}(k_n a)\right]+\right.$$
$$\frac{x^2}{2}\left[J_0^{\,2}(k_n a)+J_1^{\,2}(k_n a)\right]-\frac{B_n}{A_n}\cdot x\cdot\left[I_0(k_n a)J_1(k_n a)+I_1(k_n a)J_0(k_n a)\right]- \tag{3-37}$$
$$\left.\frac{B_n^{\,2}}{A_n^{\,2}}(1-\sigma)I_1^{\,2}(k_n a)-(1-\sigma)J_1^{\,2}(k_n a)+\frac{B_n}{A_n}\cdot 2(1-\sigma)I_1(k_n a)J_1(k_n a)\right\}$$

对于固定边界条件下的弯曲振动薄圆盘，其边界处的横向位移及其导数都是零，因此可有如下关系式：

$$-AJ_0(ka)=BI_0(ka) \tag{3-38}$$

$$AJ_1(ka)=BI_1(ka) \tag{3-39}$$

而对于简支边界条件下的弯曲振动薄圆盘，其边界处的横向位移和弯矩都为零，因此可有如下关系式：

$$-AJ_0(ka)=BI_0(ka) \tag{3-40}$$

$$A\left[kJ_0(ka)-\frac{1-\sigma}{a}J_1(ka)\right]=B\left[kI_0(ka)-\frac{1-\sigma}{a}I_1(ka)\right] \tag{3-41}$$

与前面采用相同的分析方法，根据其边界条件及弯曲振动薄圆盘集中等效参数的通式，可求得固定边界条件下薄圆盘的等效质量为

$$M_n = 2m\frac{J_0^{\,2}(k_n a)I_0^{\,2}(k_n a)}{\left[I_0(k_n a)-J_0(k_n a)\right]^2} \tag{3-42}$$

固定边界条件下薄圆盘的等效弹性系数为

$$K_n = \frac{E\pi h^3 k_n^{\,2}}{6(1-\sigma^2)}\cdot\left\{\frac{(k_n a)^2}{2}\cdot\left[I_0^{\,2}(k_n a)J_1^{\,2}(k_n a)+I_1^{\,2}(k_n a)J_0^{\,2}(k_n a)\right]-\right.$$
$$\left.(k_n a)\cdot\left[I_0(k_n a)I_1(k_n a)J_1^{\,2}(k_n a)+J_0(k_n a)J_1(k_n a)I_1^{\,2}(k_n a)\right]\right\}/ \tag{3-43}$$
$$\left[I_1(k_n a)+J_1(k_n a)\right]^2$$

对于简支边界条件下的弯曲振动薄圆盘，其集中等效参数中的等效质量为

$$M_n = m\frac{\left[J_1^{\ 2}(k_n a) - \dfrac{J_0^{\ 2}(k_n a)I_1^{\ 2}(k_n a)}{I_0^{\ 2}(k_n a)} - 2J_0^{\ 2}(k_n a)\dfrac{(1+\sigma)}{(1-\sigma)}\right]I_0^{\ 2}(k_n a)}{\left[I_0(k_n a) - J_0(k_n a)\right]^2} \tag{3-44}$$

简支边界条件下薄圆盘的等效弹性系数为

$$\begin{aligned} K_n = \frac{E\pi h^3 k_n^{\ 2}}{6(1-\sigma^2)} \cdot \Bigg\{ & \frac{(k_n a)^2}{2} \cdot \left[2I_0^{\ 2}(k_n a)J_0^{\ 2}(k_n a) - I_1^{\ 2}(k_n a)J_0^{\ 2}(k_n a) + \right. \\ & \left. I_0^{\ 2}(k_n a)J_1^{\ 2}(k_n a)\right] + (k_n a)\cdot\left[I_0^{\ 2}(k_n a)J_0(k_n a)J_1(k_n a) + J_0^{\ 2}(k_n a)\cdot \right. \\ & \left. I_0(k_n a)I_1(k_n a)\right] - (1-\sigma)\cdot\left[I_0^{\ 2}(k_n a)J_1^{\ 2}(k_n a) + I_1^{\ 2}(k_n a)J_0^{\ 2}(k_n a) + \right. \\ & \left. 2I_0(k_n a)I_1(k_n a)J_0(k_n a)J_1(k_n a)\right]\Bigg\} / \left[I_0(k_n a) - J_0(k_n a)\right]^2 \end{aligned} \tag{3-45}$$

将自由边界条件下的等效集中参数式（3-15）、式（3-26）和固定边界条件下的等效集中参数式（3-42）、式（3-43）及简支边界条件下的等效集中参数式（3-44）、式（3-45）分别代入共振频率方程式（3-27），可求得各自的共振频率。薄圆盘尺寸及共振频率见表 3-2。

表 3-2 三种边界条件下弯曲薄圆盘前三阶共振频率计算结果

a /mm	h /mm	阶数 n	自由边界		固定边界		简支边界	
			f_r /Hz	f_n /Hz	f_r /Hz	f_n /Hz	f_r /Hz	f_n /Hz
100	10	1	2 280	2 199	2 400	2 482	1 200	1 213
		2	8 950	8 985	9 300	9 137	6 900	7 041
		3	20 380	19 193	21 130	19 024	17 230	16 507
150	10	1	970	980	1 070	1 118	530	538
		2	4 000	4 110	4 150	4 237	3 030	3 199
		3	9 420	9 128	9 390	9 142	7 650	7 741
130	8	1	1 056	1 050	1 230	1 193	570	576
		2	4 503	4 413	4 370	4 538	3 420	3 431
		3	9 640	9 787	10 100	9 839	8 160	8 337
130	12	1	1 620	1 564	1 710	1 768	850	861
		2	6 350	6 434	6 620	6 558	4 930	5 033
		3	14 470	13 511	15 010	14 217	12 230	11 892

表 3-2 中，f_r 和 f_n 分别是共振频率方程（3-27）和有限元软件 ATILA 模拟出的共振频率。可以看出，对于相同尺寸且振动在相同阶数的薄圆盘而言，自由边界条件下的共振频率大于简支边界条件下的共振频率，但小于固定边界条件下的共振频率，这三种边界条件下计算的理论值都与模拟值比较吻合，该理论为后续设计一些振动辐射器提供了基础。

第二节　矩形板弯曲振动谐振特性分析

由于矩形板弯曲振动具有谐振频率丰富、辐射面积大等特性，故板状辐射声源广泛应用于超声的各种应用领域。在矩形板谐振特性的理论分析中，可将矩形辐射板分为矩形薄板和矩形厚板两类。当矩形板长度、宽度与其厚度相差不多或可相比拟时，称为矩形厚板；当矩形板的长度和宽度远大于其厚度时，称为矩形薄板。

一、矩形厚板弯曲振动谐振特性分析

矩形厚板弯曲振动谐振特性分析最早源于19世纪初，Chladni在1802年研究了有关自由边界方形板的自由振动特性，分析和观察了方形板的振动节线模式。20世纪中期，Mindlin等在厚板的振动特性分析中取得了卓越的成就，发展和总结出了著名的Mindlin厚板振动理论。目前，有关厚板振动的研究又有了很大的突破，构造了许多新的模型和算法，如Shimpi等仅利用弯曲位移和剪切位移作为变量分析了厚板的振动特性，给出了厚板振动的频率方程。

图3-9为一各向同性矩形板，其几何尺寸长为a、宽为b、高为t，材料参数密度为ρ，杨氏模量为E，泊松系数为μ，剪切杨氏模量为G，且三者满足关系式$G=E/[2(1+\mu)]$。

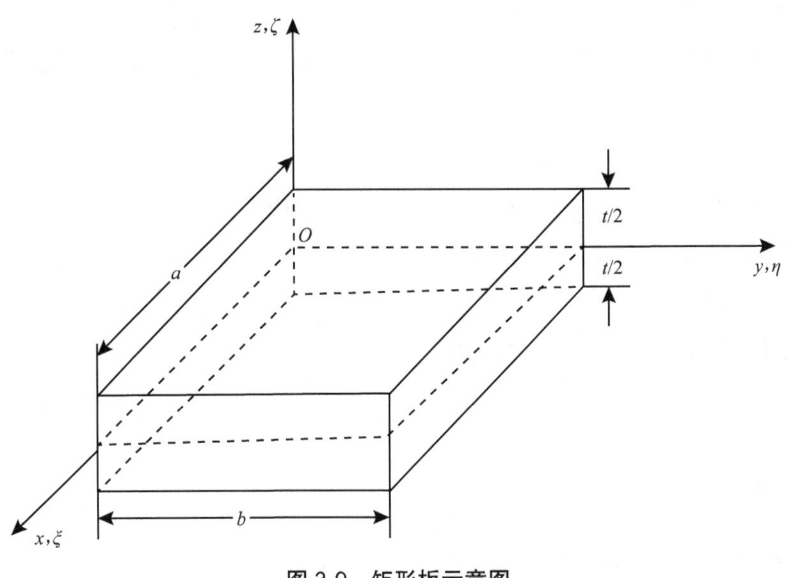

图3-9　矩形板示意图

设矩形板在x、y和z方向上的位移分别为ξ、η和ζ，正应变分别为ε_{xx}、ε_{yy}和ε_{zz}，切应变分别为ε_{xy}、ε_{yz}和ε_{zx}，且满足以下关系式：

$$\begin{cases}\varepsilon_{xx}=\dfrac{\partial\xi}{\partial x}\\ \varepsilon_{yy}=\dfrac{\partial\eta}{\partial y}\\ \varepsilon_{zz}=\dfrac{\partial\zeta}{\partial z}\end{cases} \tag{3-46}$$

$$\begin{cases}\varepsilon_{\mathrm{xy}}=\dfrac{\partial\eta}{\partial x}+\dfrac{\partial\xi}{\partial y}\\ \varepsilon_{yz}=\dfrac{\partial\eta}{\partial z}+\dfrac{\partial\zeta}{\partial y}\\ \varepsilon_{zx}=\dfrac{\partial\xi}{\partial z}+\dfrac{\partial\zeta}{\partial x}\end{cases} \tag{3-47}$$

设矩形板在x、y和z方向上的正应力分别为σ_{xx}、σ_{yy}和σ_{zz}，且σ_{zz}与σ_{xx}和σ_{yy}相比可忽略不计，则σ_{xx}和σ_{yy}满足如下关系式：

$$\begin{cases}\sigma_{xx}=\dfrac{E}{1-\mu^2}(\varepsilon_{xx}+\mu\varepsilon_{yy})\\ \sigma_{yy}=\dfrac{E}{1-\mu^2}(\varepsilon_{yy}+\mu\varepsilon_{xx})\\ \sigma_{zz}=0\end{cases} \tag{3-48}$$

切应力和切应变满足如下关系式：

$$\begin{cases}\sigma_{xy}=G\varepsilon_{xy}\\ \sigma_{yz}=G\varepsilon_{yz}\\ \sigma_{zx}=G\varepsilon_{zx}\end{cases} \tag{3-49}$$

设z方向上的横向位移ζ由弯曲位移ζ_{b}和剪切位移ζ_{s}两部分组成，并且都是x、y和时间t的函数，即

$$\zeta=\zeta_{\mathrm{b}}(x,y,t)+\zeta_{\mathrm{s}}(x,y,t) \tag{3-50}$$

同理，x方向的位移ξ，y方向的位移η也可表示为

$$\begin{cases}\xi=\xi_{\mathrm{b}}(x,y,t)+\xi_{\mathrm{s}}(x,y,t)\\ \eta=\eta_{\mathrm{b}}(x,y,t)+\eta_{\mathrm{s}}(x,y,t)\end{cases} \tag{3-51}$$

根据前面的假设，x和y方向的弯曲位移可表示为

$$\begin{cases}\xi_{\mathrm{b}}=-z\dfrac{\partial\zeta_{\mathrm{b}}}{\partial x}\\ \eta_{\mathrm{b}}=-z\dfrac{\partial\zeta_{\mathrm{b}}}{\partial y}\end{cases} \tag{3-52}$$

x和y方向的剪切位移可表示为

$$\begin{cases} \xi_{\mathrm{s}} = t\left[\dfrac{1}{4}\left(\dfrac{z}{t}\right) - \dfrac{5}{3}\left(\dfrac{z}{t}\right)^3\right]\dfrac{\partial \zeta_{\mathrm{s}}}{\partial x}, \\ \eta_{\mathrm{s}} = t\left[\dfrac{1}{4}\left(\dfrac{z}{t}\right) - \dfrac{5}{3}\left(\dfrac{z}{t}\right)^3\right]\dfrac{\partial \zeta_{\mathrm{s}}}{\partial y} \end{cases} \tag{3-53}$$

由式（3-46）至式（3-53）式可得如下关系式：

$$\sigma_{xx} = -\frac{Ez}{1-\mu^2}\left(\frac{\partial^2 \zeta_{\mathrm{b}}}{\partial x^2} + \mu \frac{\partial^2 \zeta_{\mathrm{b}}}{\partial y^2}\right) + \frac{Et}{1-\mu^2}\left[\frac{1}{4}\left(\frac{z}{t}\right) - \frac{5}{3}\left(\frac{z}{t}\right)^3\right]\left(\frac{\partial^2 \zeta_{\mathrm{s}}}{\partial x^2} + \mu \frac{\partial^2 \zeta_{\mathrm{s}}}{\partial y^2}\right) \tag{3-54}$$

$$\sigma_{yy} = -\frac{Ez}{1-\mu^2}\left(\frac{\partial^2 \zeta_{\mathrm{b}}}{\partial y^2} + \mu \frac{\partial^2 \zeta_{\mathrm{b}}}{\partial x^2}\right) + \frac{Et}{1-\mu^2}\left[\frac{1}{4}\left(\frac{z}{t}\right) - \frac{5}{3}\left(\frac{z}{t}\right)^3\right]\left(\frac{\partial^2 \zeta_{\mathrm{s}}}{\partial y^2} + \mu \frac{\partial^2 \zeta_{\mathrm{s}}}{\partial x^2}\right) \tag{3-55}$$

$$\sigma_{xy} = -\frac{Ez}{1-\mu^2}(1-\mu)\frac{\partial^2 \zeta_{\mathrm{b}}}{\partial x \partial y} + \frac{Et}{1-\mu^2}(1-\mu)\left[\frac{1}{4}\left(\frac{z}{t}\right) - \frac{5}{3}\left(\frac{z}{t}\right)^3\right]\frac{\partial^2 \zeta_{\mathrm{s}}}{\partial x \partial y} \tag{3-56}$$

$$\sigma_{yz} = \frac{E}{2(1+\mu)}\left[\frac{5}{4} - 5\left(\frac{z}{t}\right)^2\right]\frac{\partial \zeta_{\mathrm{s}}}{\partial y} \tag{3-57}$$

$$\sigma_{zx} = \frac{E}{2(1+\mu)}\left[\frac{5}{4} - 5\left(\frac{z}{t}\right)^2\right]\frac{\partial \zeta_{\mathrm{s}}}{\partial x} \tag{3-58}$$

正应力的力矩和剪切力可定义为如下形式：

$$\begin{Bmatrix} M_{xx} \\ M_{yy} \\ M_{xy} \\ F_{zx} \\ F_{yz} \end{Bmatrix} = \int_{z=-t/2}^{z=t/2} \begin{Bmatrix} \sigma_{xx} z \\ \sigma_{yy} z \\ \sigma_{xy} z \\ \sigma_{zx} \\ \sigma_{yz} \end{Bmatrix} \mathrm{d}z \tag{3-59}$$

厚板振动的动能及势能的表达式分别为

$$T = \int_{z=-t/2}^{z=t/2}\int_{y=0}^{y=b}\int_{x=0}^{x=a} \frac{1}{2}\rho\left[\left(\frac{\partial \xi}{\partial t}\right)^2 + \left(\frac{\partial \eta}{\partial t}\right)^2 + \left(\frac{\partial \zeta}{\partial t}\right)^2\right]\mathrm{d}x\mathrm{d}y\mathrm{d}z \tag{3-60}$$

$$U = \int_{z=-t/2}^{z=t/2}\int_{y=0}^{y=b}\int_{x=0}^{x=a} \frac{1}{2}[\sigma_{xx}\varepsilon_{xx} + \sigma_{yy}\varepsilon_{yy} + \sigma_{xy}\varepsilon_{xy} + \sigma_{yz}\varepsilon_{yz} + \sigma_{zx}\varepsilon_{zx}]\mathrm{d}x\mathrm{d}y\mathrm{d}z \tag{3-61}$$

根据 Hamilton 能量原理：

$$\int_{t_1}^{t_2} \delta(T-U)\mathrm{d}t = 0 \tag{3-62}$$

将式（2-9）~（2-15）代入式（2-16）、（2-17）可得矩形板自由振动方程：

$$D\nabla^2\nabla^2 w_{\mathrm{b}} - \frac{\rho t^3}{12}\frac{\partial^2}{\partial t^2}(\nabla^2 w_{\mathrm{b}}) + \rho t \frac{\partial^2}{\partial t^2}(w_{\mathrm{b}} + w_{\mathrm{s}}) = 0 \tag{3-63}$$

$$\frac{1}{84}D\nabla^2\nabla^2 w_{\mathrm{s}} - \frac{\rho t^3}{12(1+\mu)}\nabla^2 w_{\mathrm{s}} + \frac{\rho h^3}{1008}\frac{\partial^2}{\partial t^2}(\nabla^2 w_{\mathrm{s}}) + \rho h \frac{\partial^2}{\partial t^2}(w_{\mathrm{b}} + w_{\mathrm{s}}) = 0 \tag{3-64}$$

式中：$D = \dfrac{Et^3}{12(1-\mu^2)}$为板的弯曲刚度，$\nabla^2 = \dfrac{\partial^2}{\partial x^2} + \dfrac{\partial^2}{\partial y^2}$。

矩形板振动的边界条件通常分为钳定边界、刚性支撑边界以及自由边界三种，对于不同的边界条件，板的振动形式不同。有关矩形板振动方程的解析解的研究和探索，研究工作者们做了大量的相关工作，截至目前，只有在边界为刚性支撑的条件下存在解析解。相关文献中给出了刚性支撑边界的条件下板振动的频率方程：

$$\left(\frac{\omega_{mn}^2\rho h^2}{G}\right)^2\left[(1-\mu)^2\left(\frac{1}{336}a_{mn}+\frac{85}{28}\right)\right]-\left(\frac{\omega_{mn}^2\rho h^2}{G}\right)(1-\mu)\cdot$$
$$\left[\frac{1}{84}a_{mn}^2+\left(\frac{85}{14}+\frac{5(1-\mu)}{2}\right)a_{mn}+30(1-\mu)\right]+\left[\frac{1}{84}a_{mn}^3+5(1-\mu)a_{mn}^2\right]=0 \tag{3-65}$$

式中：$a_{mn}=\left(\frac{m\pi t}{a}\right)^2+\left(\frac{m\pi t}{b}\right)^2$，且 $m=1,2,3\cdots$，$n=1,2,3\cdots$；ω_{mn} 为矩形板振动的圆频率。

从式（3-65）不难看出，对于不同的 m 和 n，ω_{mn} 将有不同的取值，该值对应矩形板不同的振动模式。对于边界为固定和自由的情况，可以采用数值法或有限元法求解，表明矩形板有多个共振模态，且对于不同的振动模态，x 和 y 方向的节线数的条数将不同。

由于矩形厚板振动要考虑剪切及扭转的影响，模型和算法的选择都较复杂，本章选用厚板振动方向上的弯曲位移和剪切位移作为变量，给出厚板振动的振动频率方程。对于不同的边界条件，厚板振动的共振频率和模态将不同。目前，只有边界条件为刚性支撑的矩形厚板存在解析解，并给出了厚板振动的频率方程。对于自由和固定边界，可利用数值和有限元分析矩形厚板的弯曲振动。对于矩形薄板，忽略板中的剪切和扭转变形，其振动为小振幅弯曲振动。通过引入耦合系数和等效杨氏模量，将薄板的振动等效为两个方形截面细棒弯曲振动，根据细棒弯曲振动理论给出薄板振动的频率方程。

采用 ANSYS 软件对矩形辐射厚板进行分析，选用硬铝作为结构材料，其材料参数为 $E=7.02\times10^{10}\ \text{N/m}^2$、$\rho=2.70\times10^3\ \text{kg/m}^3$、$v=0.34$、$c=5.10\times10^3\ \text{m/s}$，矩形辐射厚板的长 a = 134 mm、宽 b = 50 mm、高 h = 19 mm，模拟板在自由边界下的振动模态，在实际应用中，矩形板辐射器就近似在这种边界条件下工作。选取板在做弯曲振动时的几个频率点，给出板的振动模态，辐射面上的位移分布和 x、y 轴上各点的相对位移分布如图 3-10 所示。从图 3-10 中可以看出，不同频率下 y 轴上各点的相对位移分布很相似，节线数为零。在图 3-10 中，选取的振动模态为条纹振动（实际中设计板振动声源时通常选用这种振动模态——纵弯），即 $m\neq0$，$n=0$ 时的状态，其阶数分别为（4，0）、（5，0）、（6，0）、（7，0）。模拟结果表明，板的振动模态以及共振频率极其丰富；不同的振动模态下，位移节线的数目是不同的。

由于研究对象是很薄的矩形板，可以认为板沿厚度方向的应力为常数，即板的内应力仅是平面坐标的函数；并近似认为中心面内所有的质点都做垂直方向的振动，用中心面的位移来代表矩形板的位移，这样位移就只是平面坐标与时间的函数。

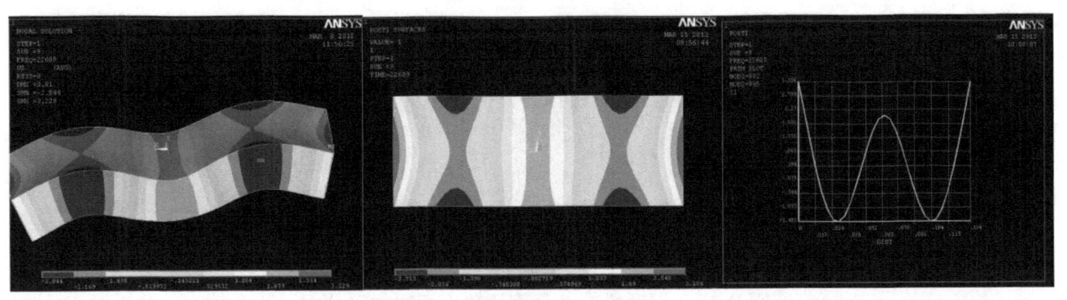

振动模态　　辐射面上的位移分布　　x轴上各点的相对位移分布

（a）

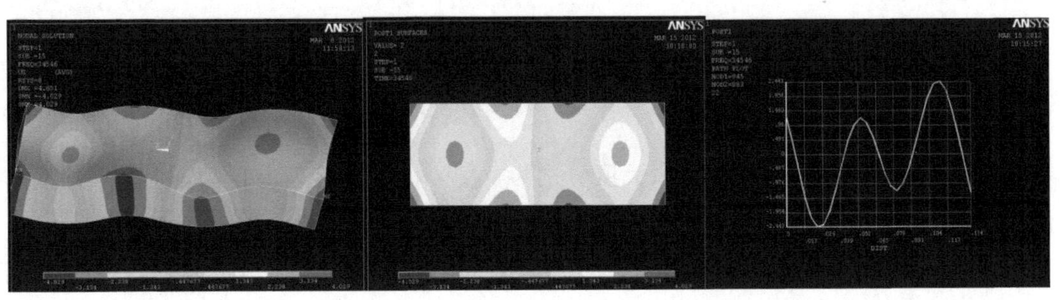

振动模态　　辐射面上的位移分布　　x轴上各点的相对位移分布

（b）

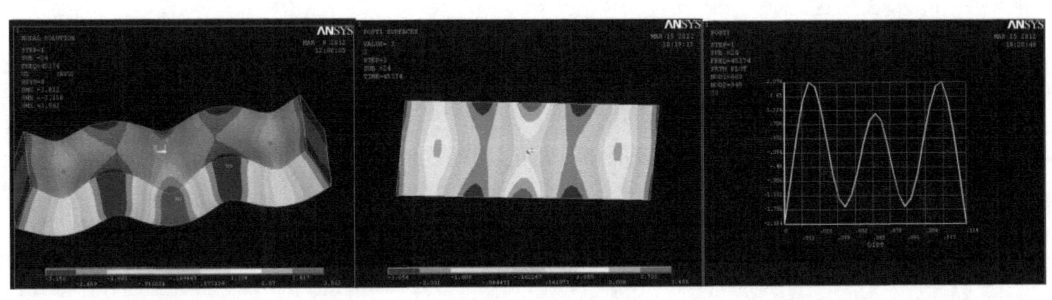

振动模态　　辐射面上的位移分布　　x轴上各点的相对位移分布

（c）

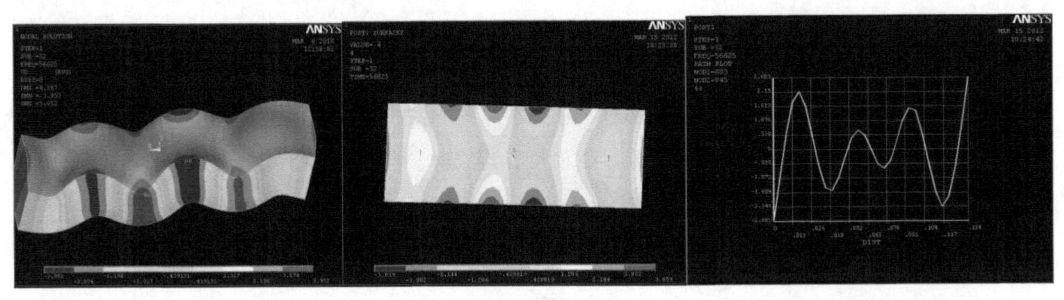

振动模态　　辐射面上的位移分布　　x轴上各点的相对位移分布

（d）

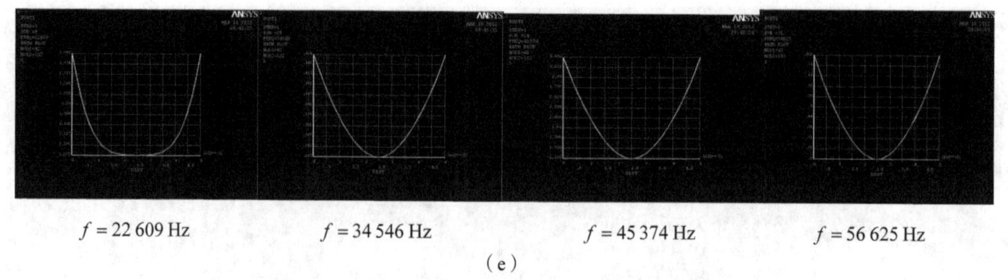

$f=22\,609$ Hz　$f=34\,546$ Hz　$f=45\,374$ Hz　$f=56\,625$ Hz

（e）

图 3-10　振动模态、平面位移、相对位移分布

（a）$f=22\,609$ Hz （b）$f=34\,546$ Hz （c）$f=45\,374$ Hz （d）$f=56\,625$ Hz （e）不同频率下 y 轴上各点的相对位移分布

二、矩形薄板弯曲振动谐振特性分析

令矩形薄板的长度、宽度以及高度分别为 l、w 和 t，假定弯曲振动矩形薄板的横向位移很小，且板的长度和宽度远大于其厚度。在这种情况下，可以应用线性弹性理论，并且可以忽略板中的剪切以及扭转惯性。对于薄板的小振幅弯曲振动，轴向应力和应变之间存在以下关系：

$$\begin{cases} \varepsilon_x = \dfrac{\sigma_x - \nu\sigma_y}{E} \\ \varepsilon_y = \dfrac{\sigma_y - \nu\sigma_x}{E} \end{cases} \tag{3-66}$$

式中：ε_x、ε_y 和 σ_x、σ_y 分别为板的轴向方向上的应变和应力；E 和 ν 分别为材料的杨氏模量和泊松系数。

令机械耦合系数 $n=\dfrac{\sigma_x}{\sigma_y}$，由式（3-66）可得

$$E_x = \frac{E}{1-\dfrac{\nu}{n}},\quad E_y = \frac{E}{1-\nu n} \tag{3-67}$$

式中：$E_x=\sigma_x/\varepsilon_x$、$E_y=\sigma_y/\varepsilon_y$，分别为 x 和 y 轴方向上的等效弹性系数。

基于以上假设，矩形薄板的弯曲振动可以近似看成两个等效细棒弯曲振动的相互耦合。两个等效弯曲振动分别为长为 l、宽为 w、厚为 t、等效弹性常数为 E_x 的矩形细棒的弯曲振动，以及长为 w、宽为 l、厚为 t、等效弹性常数为 E_y 的矩形细棒的弯曲振动，且两个振动通过耦合相互作用。

对于自由边界的矩形薄板，基于以上假设可以将其等效为自由边界的矩形截面细棒弯曲振动的耦合。两端自由，长为 l 和宽为 w 的矩形细棒弯曲振动的共振频率方程分别为

$$\cos\left(\frac{\omega l}{v_x}\right)\cosh\left(\frac{\omega l}{v_x}\right)=1 \tag{3-68}$$

$$\cos\left(\frac{\omega w}{v_y}\right)\cosh\left(\frac{\omega w}{v_y}\right)=1 \tag{3-69}$$

式中：细棒弯曲振动的传播速度分别为$v_x=(\omega C_x R_x)^2$和$v_y=(\omega C_y R_y)^2$；细棒纵向振动的传播速度分别为$C_x=\sqrt{E_x/\rho}$和$C_y=\sqrt{E_y/\rho}$；回转半径$R_x=R_y=t/\sqrt{12}$。

根据式（3-68）、式（3-69），可得频率方程的解为

$$\frac{\omega l}{2v_x}=P(i)，\ i=0,1,2,3,\cdots \tag{3-70}$$

$$\frac{\omega w}{2v_y}=Q(j)，\ j=0,1,2,3,\cdots \tag{3-71}$$

式中：$P(i)=\pi(2i+1)/4$，$Q(j)=\pi(2j+1)/4$。

由以上分析可知，对于不同的i和j，弯曲振动的模态将不同；且i和j不能同时为零，否则将不会产生弯曲振动。决定矩形薄板弯曲振动的机械耦合系数和等效共振频率的方程为

$$\nu P^4(i)w^4n^2+\left[Q^4(j)l^4-P^4(i)w^4\right]n-\nu Q^4(j)l^4=0 \tag{3-72}$$

$$(1-\nu^2)A^2-\left[R_x^2P^4(i)/l^4+R_y^2Q^4(j)/w^4\right]A+R_x^2R_y^2P^4(i)Q^4(j)/(l^4w^4)=0 \tag{3-73}$$

式中：$A=\omega^2/(16C^2)$，$\omega=2\pi f$，$C^2=E/\rho$。

由式（3-27）、式（3-28），可得矩形薄板弯曲振动的共振频率为

$$f=\left[\frac{4C^2R_x^2P^4(i)}{\pi^2l^4(1-\nu^2)}+\frac{4C^2R_y^2Q^4(j)}{\pi^2w^4(1-\nu^2)}\right]^{1/2} \tag{3-74}$$

式（3-74）表明，对于不同的正整数i和j，矩形薄板的共振频率将不同，在x和y轴方向上振动节线的数目也将不同。

结合上述分析，采用ANSYS分析模拟了几块薄板的振动模态，得到了每块薄板的多种振动模态，从中选取了常用频率（20 kHz左右）对应的振动模态，结果如图3-11所示。从图3-11所给出的振动模态可知，模拟分析所得结果和理论分析完全相符。条纹方式振动模式的节线数从所给的振动模态图上可以较容易得到。而当$m\neq0$、$n\neq0$时，对应情况是一种较复杂的振动模式，其节线也变得复杂起来。我们给出三种薄板在给定的振动模态下的位移曲线，这样也就能简便地得到振动模态下位移节线的数目，如图3-12所示。

试验中测量共振频率装置的框图如图3-13所示，采用的方法是发射-接收法。在图3-13中，FP为试验中待测的矩形薄板；T1为发射换能器，粘贴在矩形薄板一边的下面；T2为接收换能器，粘贴在矩形薄板另一边的上面。在试验中发现，发射换能器与接收换能器分别位于薄板的两边时测试效果最佳，其原因可能是由于待测薄板的端面是自由的，薄板两端的位置始终处于振动位移腹点。因此，在矩形薄板的一边用一支架支撑薄板，发射换能器在另一边充当另一个支架。因为测量的是自由边界薄板的弯曲振动，为尽量满足该条件，支架与薄板之间放置了海绵。另外，为了保证所测量的共振频率的精度，发射及

接收换能器与薄板之间的接触点应尽可能小。而且接收换能器作为板的负载，应尽可能小，以减小对薄板的影响。另一方面，试验中用的发射换能器和接收换能器的共振频率都应远高于待测矩形薄板的共振频率，以保证在频率测试的范围内，发射换能器及接收换能器的频率尽可能平坦。在试验中，待测薄板的共振频率是通过下面的方法得到的：在保持信号发生器输出功率基本不变的情况下，随着信号频率的改变，示波器上显示的接收换能器的输出信号也在改变，当示波器上的信号幅度达到一个极大值时，所对应的信号发生器输出信号的频率就是待测薄板的一个共振频率。

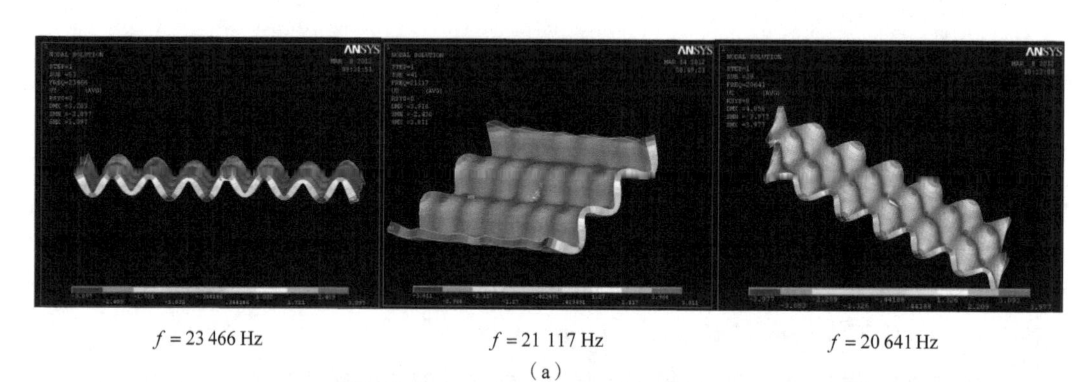

$f=23\,466$ Hz　　$f=21\,117$ Hz　　$f=20\,641$ Hz

（a）

$f=19\,968$ Hz　　$f=18\,699$ Hz　　$f=20\,306$ Hz

（b）

$f=23\,040$ Hz　　$f=22\,029$ Hz　　$f=19\,796$ Hz

（c）

图 3-11　不同尺寸的薄板的振动模态

（a）$a=250$ mm，$b=100$ mm，$h=3$ mm 薄板的振动模态（b）$a=240$ mm，$b=120$ mm，$h=2$ mm 薄板的振动模态

（c）$a=200$ mm，$b=80$ mm，$h=3$ mm 薄板的振动模态

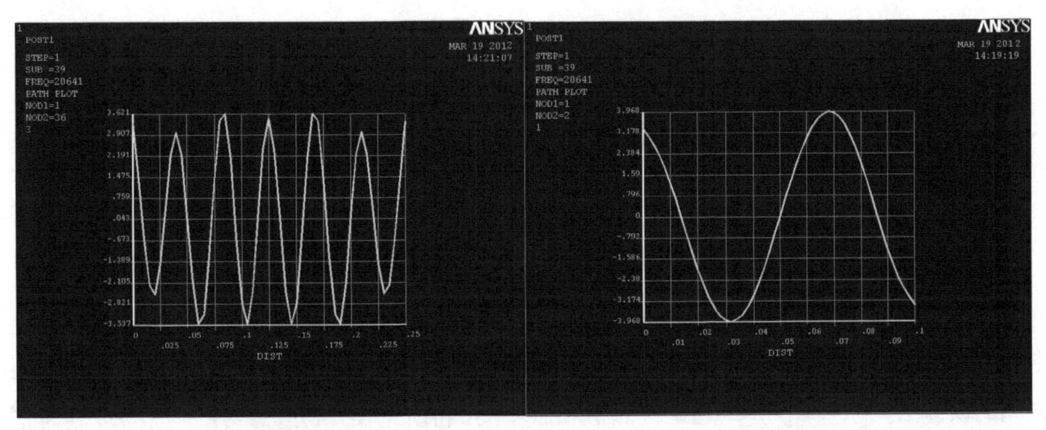

*x*方向的位移分布　　*y*方向的位移分布

（a）

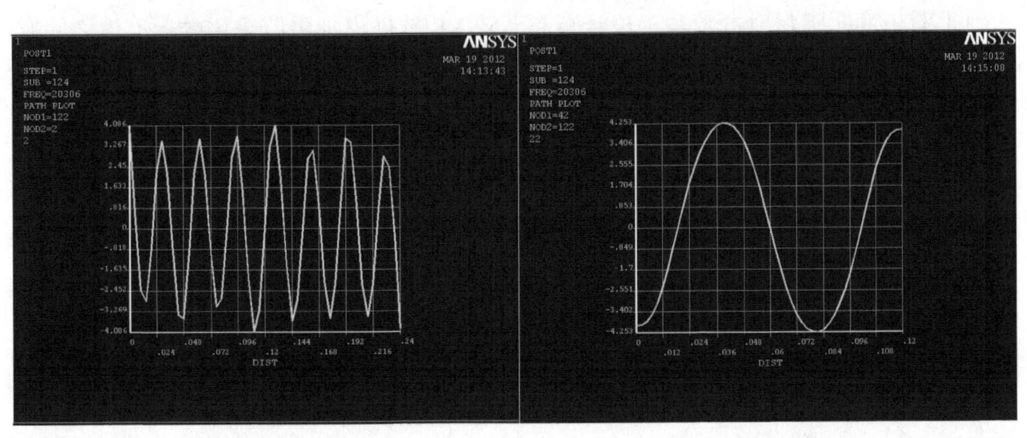

*x*方向的位移分布　　*y*方向的位移分布

（b）

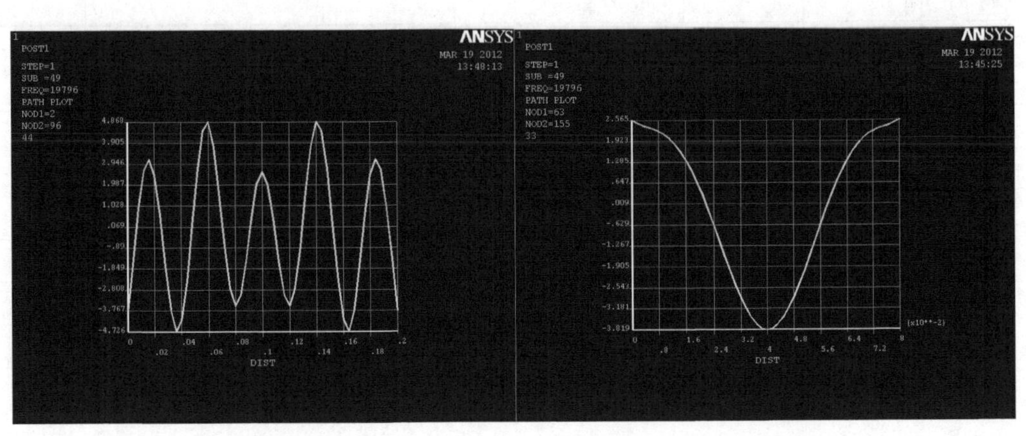

*x*方向的位移分布　　*y*方向的位移分布

（c）

图 3-12　不同尺寸薄板的位移分布

（a）$a=250$ mm，$b=100$ mm，$h=3$ mm 薄板在 $f=20\,641$ Hz 的位移分布

（b）$a=240$ mm，$b=120$ mm，$h=2$ mm 薄板在 $f=20\,306$ Hz 的位移分布

（c）$a=200$ mm，$b=80$ mm，$h=3$ mm 薄板在 $f=19\,796$ Hz 的位移分布

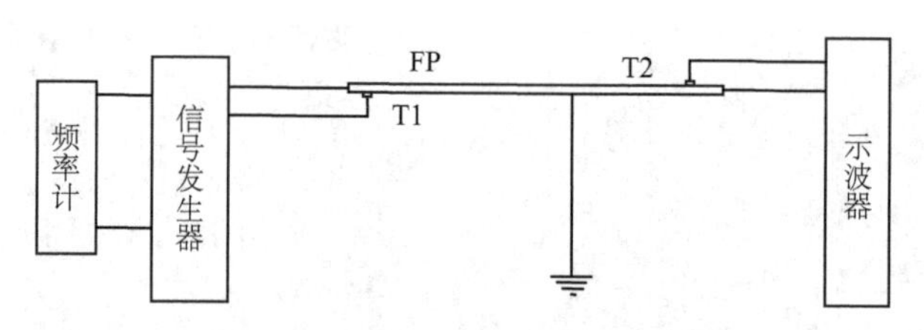

图 3-13　薄板共振频率测试框图

待测薄板的几何尺寸、理论计算、ANSYS 模拟及测试频率见表 3-13 所示。在表 3-3 中，f_1、f_2和f_3分别表示理论计算、ANSYS 模拟和试验测量频率，理论计算值和模拟值之间的误差$\Delta_1=|f_1-f_2|/f_1$，理论计算值和试验测试值之间的误差$\Delta_2=|f_1-f_3|/f_1$，它们之间产生误差的原因有：

（1）薄板的实际材料参数与理论计算和 ANSYS 软件模拟中所采用的标准值之间有一定的差异；

（2）试验测试过程中矩形薄板的两端边界并非完全自由；

（3）在试验测试中，对于薄板来说，接收换能器是它的外部负载，因此肯定会对测试结果产生一定的影响；

（4）理论计算值和 ANSYS 软件模拟，都没有考虑连接换能器部件之间的黏合剂；

（5）加工后的换能器的尺寸和设计尺寸之间可能有一定的误差等。

表 3-3　矩形薄板弯曲振动共振频率的理论计算及试验结果

模态（m，n）	a（m，n）	b（m，n）	h（m，n）	f_1 / Hz	f_2 / Hz	f_3 / Hz	Δ_1 /%	Δ_2 /%
（15，0）	250	100	3	23 822	23 466	23 567	1.49	1.07
（0，6）	250	100	3	21 421	21 117	21 076	1.42	1.61
（12，3）	250	100	3	20 741	20 641	20 013	0.48	3.51
（16，0）	240	120	2	19 692	19 968	19 510	1.40	0.92
（0，8）	240	120	2	18 842	18 699	18 256	1.39	1.01
（15，3）	240	120	2	20 097	20 306	19 958	1.04	0.69
（12，0）	200	80	3	23 413	23 040	23 091	1.59	1.38
（0，5）	200	80	3	22 406	22 029	22 034	1.68	1.66
（10，0）	200	80	3	19 677	19 796	20 365	0.60	3.50

在研究矩形薄板振动特性时，根据线性弹性理论以及薄板的弯曲振动理论，假设薄板没有剪切和扭转变形，且弯曲振动的振幅较小。在研究中利用表观弹性法将矩形薄板的弯曲振动等效为两个矩形截面细棒的弯曲振动，并由耦合系数将两个振动耦合在一起。由细棒弯曲振动理论得到等效谐振频率，从而推出薄板弯曲振动的谐振频率方程。讨论薄板弯

曲振动的几种情况，从分析可知，薄板的弯曲振动模式极其丰富，故相对应的固有频率也很多。在一定的频率范围内，矩形薄板具有多种振动模式，同时相对应的共振频率值比较接近，此特性可以用于设计宽频带超声系统。从理论和试验两方面，研究矩形薄板弯曲振动的振动模式、位移曲线，理论分析和试验结果相吻合。从对薄板和厚板的研究分析可以得出，厚板在一定的模式下也能做条纹振动；薄板的弯曲振动和厚板的弯曲振动相比较，可明显看出厚板弯曲振动不是纯粹的弯曲振动，有些频率下同时存在剪切或者扭转振动。

第三节　本章小结

本章从薄圆盘弯曲复合振动系统或纵 - 弯模式振动系统的优化设计出发，首先提出了分布参数系统集中参数化的概念，根据一个分布参数系统的动能和势能与另一个具有集中参数系统的对应动能和势能相等的原则，得出了三种边界条件即自由边界、固定边界和简支边界薄圆盘弯曲振动的集中等效参数——等效质量和等效弹性系数。然后从辐射声功率角度求得了圆盘的辐射声阻抗，画出了薄圆盘弯曲振动时的集中参数等效电路图，并得出了其共振频率方程。最后给出了一系列不同尺寸薄圆盘在三种边界条件下的前三阶共振频率，可以发现，对于相同尺寸且振动在相同阶数的薄圆盘而言，自由边界条件下的共振频率大于简支边界条件下的共振频率，但小于固定边界条件下的共振频率，不过三种边界条件下计算的理论值与模拟值都比较吻合。因此，圆盘的集中参数等效电路对弯曲振动系统的设计提供了理论参考，期望能够用于振动系统的机电等效电路中，大大简化其求解过程，方便实现设计最佳工作状态。

对矩形薄板，可忽略板中的剪切和扭转形变，则矩形薄板的振动为小振幅弯曲振动。通过引入耦合系数和等效杨氏模量，将薄板的振动等效为两个方形截面细棒弯曲振动，根据细棒弯曲振动理论给出了薄板振动的频率方程。利用矩形辐射板丰富的谐振频率，可为复频及宽频换能器的研究和设计提供一条可行的途径。同时，由于该换能器具有辐射面积大，辐射阻抗低，易于与空气介质相匹配等优点，有望在超声设备的开发中获得大量的应用。

第四章　环状柱体三维耦合振动的研究

第一节　引言

近年来，随着超声技术在各行各业中应用的拓展，以及计算机技术、信号处理技术、生物技术、雷达技术、电子技术及材料科学的快速发展，使得功率超声的应用获得了更为广泛的关注，例如大容积超声清洗、生物提取、污水处理、超声加工、超声悬浮、超声乳化、石油的二次开采及中草药提取等。这些应用对超声振动系统提出了一系列更高的要求，如大辐射面积、大输出功率及高效率等。因此，许多研究者及公司对大功率超声振动系统做了大量的研究：西班牙学者 J.A.Gallego-Juarez 提出了纵向激励的阶梯形圆盘及矩形板超声振动系统，已经用于食品加工等工业应用领域 [4]；周光平教授等人提出了管形纵径耦合模式超声辐射器，并对其进行了大量分析 [94]；俄罗斯学者也提出了一种多头激励的新型大功率超声振动系统等。

环状弹性柱体作为结构的基本部件，在航天、船舶、超声液体处理及检测骨疲劳等领域，其振动特性受到了广泛的关注 [94-98]。早期，国外学者 Gladwell 等人 [99] 和 Thambiratnam 等人 [100] 主要基于有限元法对实体圆柱或环状柱体进行了研究；Gladwell 和 Vijay 进一步研究了有限长环状柱体自由振动时三维振动的一些常见问题 [101]；Hutchinson 和 El-Azhari 通过级数变换获得了空心弹性圆柱耦合振动的共振频率 [102]；Singal 和 Williams 基于三维弹性理论通过能量法得到了厚壁环状柱体的振动模态 [103]。近年来，对薄壁圆柱壳的研究越来越多，基于基尔霍夫基本假设或弹性力学的薄壳理论给出了长管、粗管及径长尺寸可比的圆柱壳的振动特性 [104-108]，文献 [108] 利用等效的机电耦合系数把薄壳柱体的振动分解成径向和轴向两个方向上的独立振动，联合求得耦合振动的近似解。在其他一些文献中，实体圆柱的振动响应也有了精确的理论分析 [109-113]，例如在文献 [112] 中，利用 3-D Ritz 分析得到了大量且精确的频率数据。然而，对于半径、厚度及长度任意变化的环状弹性柱体，都没有给出关于三维纵径耦合振动的振动频率与相应尺寸的关系。

在功率超声领域，广泛利用了各种各样的弹性振动体，例如换能器的前后盖板、变幅杆、传振杆等。通常这些单独杆件在纵向振动系统的设计与计算中都利用一维振动理论，即假设杆件的横向尺寸远小于其纵波波长。然而，如绪论中所述，随着换能器应用范围的不断扩大，在其设计中出现了一维理论无法解决的问题，如在高频换能器设计中，频率升高导致与此对应的声波波长以及换能器纵向尺寸减小，从而降低了换能器的机械强度和功率容量。为满足一定的功率要求和处理效果，则必须加大其横向尺寸。此时换能器的振动模式实际上将是各方向上等效纵振动通过相互耦合构成弹性体的耦合振动，由一维理论产生的结果将出现较大误差。因此，超声振动体的耦合振动无论在理论还是工程应用中都是一个十分重要的课题。在诸多研究耦合振动的理论中，日本学者森荣・司提出的表观弹性法的物理意义明显且计算简单，其基本思想可概括为在只考虑伸缩应变而不计剪切应变时，各向同性匀质弹性体的振动可以看作是由相互垂直的纵振动耦合而成，不同方向的振动具有不同的表观弹性系数，此时弹性体的耦合振动可由各方向上的一维纵振动来表示，整体上各方向的等效纵振动通过耦合系数构成弹性体的耦合振动。

为了后续章节中可以更方便地设计大辐射面积的功率超声换能器，本章主要对以下几个方面进行分析：一是基于表观弹性法，分析大尺寸环状金属柱体的等效电路，为采用整体法（机电等效电路法）设计超声振动系统提供方便[114]；二是基于弹性动力学方程，根据环状柱体两端及内、外两侧的自由边界条件，推导出半径、厚度及长度任意变化的环状弹性柱体的共振频率方程，给出前两阶共振频率，同时利用 ANSYS 软件模拟其振动分布情况，可以看出解析结果与数值结果趋于一致，为超声振动系统各部分单独设计奠定了基础[115]；三是在环状弹性柱体分析的基础上，运用相似的分析方法，简单地对大尺寸压电陶瓷柱体进行理论分析和数值模拟。

第二节　环状金属柱体耦合近似振动理论及等效电路

图 4-1 为圆柱形匀质弹性振动体，环状弹性柱体的长度为 l，内、外半径分别为 b 和 a。对于纵径尺寸可比（所谓的大尺寸）的环状弹性金属柱体，当在轴向方向上激励时，由于存在泊松效应，除了轴向振动，外径方向也会产生振动，所以此时环状弹性柱体的振动是一个复杂的三维纵径耦合振动，很难求得振动频率方程的解析解。根据表观弹性法，当引入等效弹性常数和等效机械耦合系数时，复杂的三维耦合振动可以简化为两个垂直方向上的一维伸缩振动：一个是平面径向振动，另一个是轴向伸缩振动。然而，这两个方向上的等效振动并不是独立的，而是通过等效机械耦合系数相互作用。环状金属柱体的径向及轴向等效弹性常数（E_r 和 E_z）分别为[116]

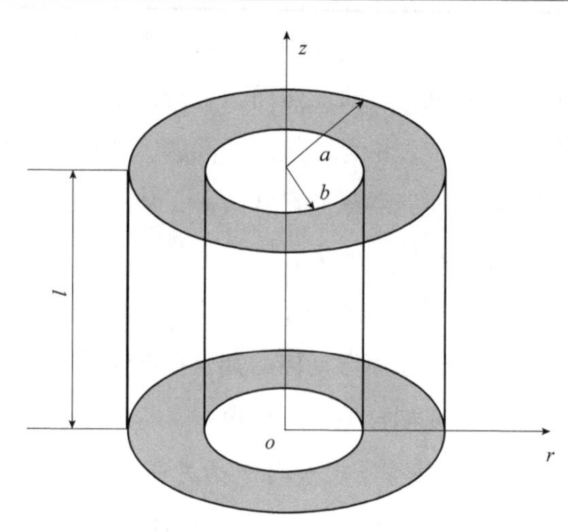

图 4-1 环状金属柱体纵径耦合振动示意图

$$E_r = \frac{E_m(1-\nu n')}{(1+\nu n')(1-\nu-2\nu n')} \tag{4-1}$$

$$E_z = \frac{E_m}{1-\nu / n'} \tag{4-2}$$

式中：ν 和 E_m 分别是环状柱体的泊松比和杨氏模量；$n' = \frac{T_z}{T_r + T_\theta}$ 是振动体内纵向振动和径向振动之间的等效机械耦合系数，它是一个与坐标无关的值，其中 T_r，T_z 和 T_θ 分别是其所受的径向、轴向和周向应力。

环状柱体的轴对称耦合振动可以看作是由两个分振动组成：由正应力 T_r 产生的弹性系数为 E_r 的环状柱体纯径向振动和由正应力 T_z 产生的弹性系数为 E_z 的环状柱体纯纵向振动。这两个分振动并不相互独立，而是通过耦合系数 n 相联系，n 的大小决定了两者的耦合程度。由式（4-1）和式（4-2）可以看出，在考虑不同方向振动之间的耦合作用后，影响振动频率的参数发生了改变，从而使一维情况下得出的频率方程不能再精确描述振动体的振动特性。基于以上考虑，环状柱体的径向和轴向共振频率方程可写为 [116]

$$\frac{k_r a J_0(k_r a) - (1-\nu-2\nu n')/(1-\nu n') J_1(k_r a)}{k_r b J_0(k_r b) - (1-\nu-2\nu n')/(1-\nu n') J_1(k_r b)} = \frac{k_r a Y_0(k_r a) - (1-\nu-2\nu n')/(1-\nu n') Y_1(k_r a)}{k_r b Y_0(k_r b) - (1-\nu-2\nu n')/(1-\nu n') Y_1(k_r b)} \tag{4-3}$$

$$\sin(k_z l) = 0 \tag{4-4}$$

式中：$k_z = \omega / v_z$，$v_z = \sqrt{E_z / \rho_m}$，$k_r = \omega / v_r$，$v_r = \sqrt{E_r / \rho_m}$，$\omega = 2\pi f$，$\rho_m$ 是柱体的体密度，v_z 和 v_r 分别是周向和径向的等效声速，k_r 和 k_z 是径向和轴向的等效波数，J_0、J_1 和 Y_0、Y_1 分别是第一类和第二类贝塞尔函数。

式（4-3）和式（4-4）描述了环状柱体的材料参数、几何尺寸与谐振频率之间的相互关系。当材料参数及几何尺寸给定时，两式联立即可求出方程组的解，分别对应于环状柱体耦合振动的谐振频率 f_r 和等效机械耦合系数 n'。值得注意的是，谐振频率 f_r 不同于一维理论获得的径向或轴向频率。

基于一维轴向和径向振动理论，金属细长管和薄圆环的等效电路能够从文献 [1] 和 [117] 中获得。图 4-2 是薄圆环一维径向振动的等效电路，阻抗 $Z_{1\mathrm{m}}$，$Z_{2\mathrm{m}}$ 和 $Z_{3\mathrm{m}}$ 可分别表达为

$$Z_{1\mathrm{m}}=\mathrm{j}\frac{2Z_{rb}}{\pi k_r b[J_1(k_r a)Y_1(k_r b)-J_1(k_r b)Y_1(k_r a)]}\cdot \frac{J_1(k_r a)Y_0(k_r b)-J_0(k_r b)Y_1(k_r a)-J_1(k_r b)Y_0(k_r b)+J_0(k_r b)Y_1(k_r b)}{J_1(k_r b)Y_0(k_r b)-J_0(k_r b)Y_1(k_r b)}-\mathrm{j}\frac{2Z_{rb}(1-\nu)}{\pi(k_r b)^2[J_1(k_r b)Y_0(k_r b)-J_0(k_r b)Y_1(k_r b)]} \tag{4-5}$$

$$Z_{2\mathrm{m}}=\mathrm{j}\frac{2Z_{ra}}{\pi k_r a[J_1(k_r a)Y_1(k_r b)-J_1(k_r b)Y_1(k_r a)]}\cdot \frac{J_1(k_r b)Y_0(k_r a)-J_0(k_r a)Y_1(k_r b)-J_1(k_r a)Y_0(k_r a)+J_0(k_r a)Y_1(k_r a)}{J_1(k_r a)Y_0(k_r a)-J_0(k_r a)Y_1(k_r a)}-\mathrm{j}\frac{2Z_{ra}(1-\nu)}{\pi(k_r a)^2[J_1(k_r a)Y_0(k_r a)-J_0(k_r a)Y_1(k_r a)]} \tag{4-6}$$

$$Z_{3\mathrm{m}}=\mathrm{j}\frac{2Z_{rb}}{\pi k_r b[J_1(k_r a)Y_1(k_r b)-J_1(k_r b)Y_1(k_r a)]}=\mathrm{j}\frac{2Z_{ra}}{\pi k_r a[J_1(k_r a)Y_1(k_r b)-J_1(k_r b)Y_1(k_r a)]} \tag{4-7}$$

式中：$Z_{ra}=\rho_{\mathrm{m}}v_r S_{ra}$，$Z_{rb}=\rho_{\mathrm{m}}v_r S_{rb}$，$k_r=\omega/v_r$，$v_r=\sqrt{E_r/\rho_{\mathrm{m}}}$，$S_{ra}=2\pi al$，$S_{rb}=2\pi bl$，$S_{ra}$ 和 S_{rb} 分别是金属环的外半径和内半径。

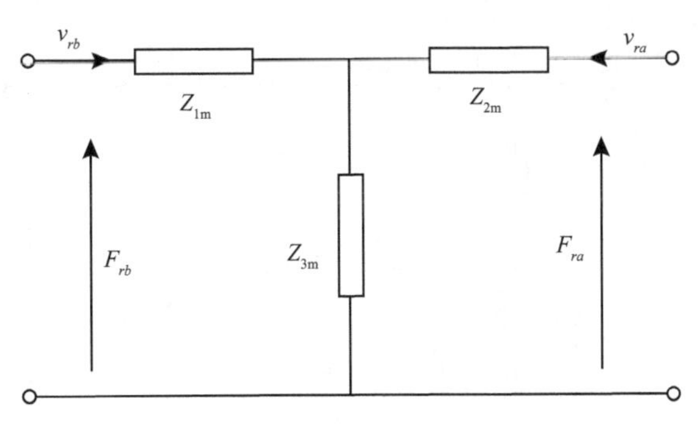

图 4-2　薄圆环径向振动的等效电路

金属细长管轴向振动的等效电路如图 4-3 所示，阻抗 $Z_{1\mathrm{n}}$ 和 $Z_{2\mathrm{n}}$ 可分别表示为

$$Z_{1\mathrm{n}}=\mathrm{j}\rho_{\mathrm{m}}v_z S_{zh}\tan(k_z l/2) \tag{4-8}$$

$$Z_{2\mathrm{n}}=\frac{\rho_{\mathrm{m}}v_z S_{zl}}{\mathrm{j}\sin k_z l} \tag{4-9}$$

式中：$k_z=\omega/v_z$，$v_z=\sqrt{E_z/\rho_{\mathrm{m}}}$，$S_{zl}=\pi(a^2-b^2)$，$S_{zl}$ 是金属管的横截面面积。

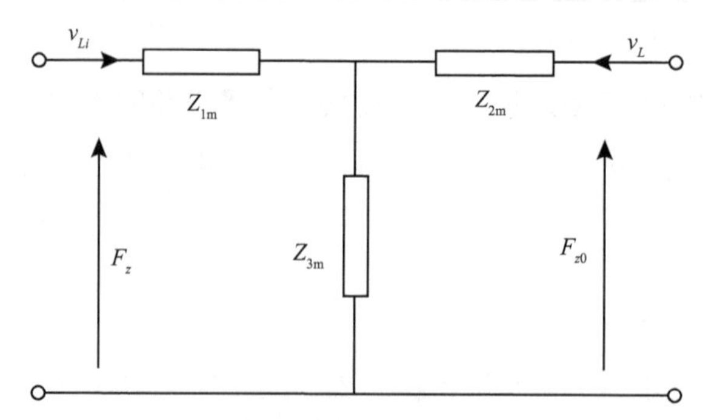

图 4-3 细长管轴向振动的等效电路

根据表观弹性法理论，在准静态近似下，环状弹性体的周向应力 T_θ 等于其径向应力 T_r，因此等效机械耦合系数能够简化为 $n'=\dfrac{T_z}{T_r+T_\theta}=\dfrac{T_z}{2T_r}$。

根据 $F_z=S_{zl}T_z$，$F_{ra}=S_{ra}T_r$，$S_{zl}=\pi(a^2-b^2)$ 和 $S_{ra}=2\pi al$，轴向力 F_z 能够表示为

$$F_z=F_{ra}\cdot\frac{a^2-b^2}{al}\cdot n' \tag{4-10}$$

从图 4-2 和图 4-3 中，我们可以得到：

$$F_{ra}=v_{ra}Z_{2m}+(v_{ra}+v_{rb})Z_{3m} \tag{4-11}$$

$$F_{rb}=v_{rb}Z_{1m}+(v_{ra}+v_{rb})Z_{3m} \tag{4-12}$$

$$F_z=v_{Li}Z_{1n}+(v_{Li}+v_L)Z_{2n} \tag{4-13}$$

$$F_{z0}=v_LZ_{1n}+(v_{Li}+v_L)Z_{2n} \tag{4-14}$$

利用式（4-5）至式（4-14），根据表观弹性法理论 [118]，可得纵径耦合振动环状弹性柱体的机械等效电路，如图 4-4 所示。

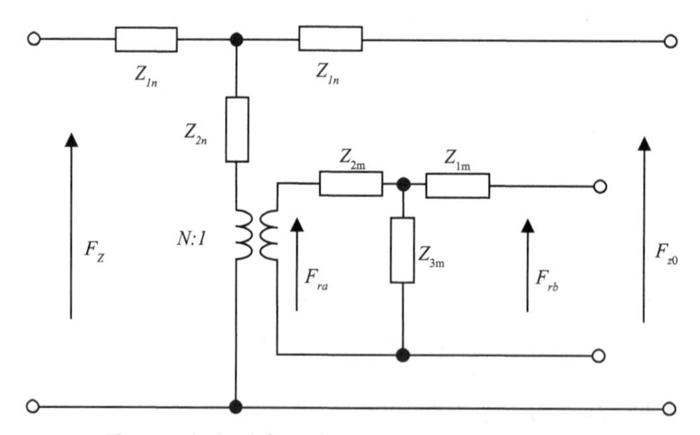

图 4-4 纵径耦合振动环状弹性柱体的机械等效电路

图 4-4 中，$N=\dfrac{a^2-b^2}{al}\cdot n'$，是环状弹性柱体径向振动与轴向振动之间的力转换系数，n' 由式（4-3）和式（4-4）联合决定。

根据图 4-4，可得到环状弹性柱体的输入机械阻抗：

$$Z_1 = Z_{1n} + \frac{Z_{1n} \cdot (Z_{2n} + N^2 \cdot Z_m)}{Z_{1n} + Z_{2n} + N^2 \cdot Z_m} \tag{4-15}$$

式中：$Z_m = Z_{2m} + \dfrac{Z_{1m} \cdot Z_{3m}}{Z_{1m} + Z_{3m}}$，$Z_1$ 和 Z_m 分别是环状弹性柱体的总输入机械阻抗和径向输入阻抗。

根据式（4-15），环状弹性柱体的共振频率方程可写为

$$Z_1 = 0 \tag{4-16}$$

根据频率方程（4-16），可以设计一些纵径尺寸可比的环状柱体，其材料为45号钢，几何尺寸和所求得的共振频率见表4-1。表中，f_r 和 f_{nr} 分别是来自频率方程（4-16）的解析解和有限元软件ATILA模拟的数值解。另外，f_{1r} 是根据一维理论求得的径向共振频率，$\varDelta_r = |f_r - f_{nr}| / f_{nr}$，$\varDelta_{1r} = |f_{1r} - f_{nr}| / f_{nr}$，能够看出，相比于一维理论，基于耦合振动分析理论求得的解析解能够更好地与数值模拟结果相吻合。

表4-1　纵径耦合振动环状柱体的共振频率

l /mm	a /mm	b /mm	n'	f_{1r} /kHz	f_r /kHz	f_{nr} /kHz	$\varDelta_r$ /%	$\varDelta_{1r}$ /%
80	40	36	−0.210	21.804	21.190	21.141	0.23	3.14
80	40	28	−0.312	24.528	23.653	23.500	0.65	4.37
80	50	36	−0.026 5	19.559	19.062	19.016 2	0.24	2.85

第三节　环状金属柱体精确耦合振动理论及共振频率

如图4-1所示，现取 r,θ,z 为柱坐标的径向、周向和轴向变量，u_r,u_θ,u_z 分别是环状弹性柱体上某点位移矢量 $\boldsymbol{u}$ 在 r,θ,z 方向的相应分量。那么，其弹性动力学方程为[113]

$$\rho \frac{\partial^2 \boldsymbol{u}}{\partial t^2} = \mu \nabla \boldsymbol{u} + (\lambda + \mu) \nabla (\nabla \cdot \boldsymbol{u}) \tag{4-17}$$

其中

$$\begin{cases} \nabla = \dfrac{\partial}{\partial r}\boldsymbol{e}_r + \dfrac{1}{r}\dfrac{\partial}{\partial \theta}\boldsymbol{e}_\theta + \dfrac{\partial}{\partial z}\boldsymbol{e}_z \\ \nabla \cdot \boldsymbol{u} = \dfrac{1}{r}\dfrac{\partial (r u_r)}{\partial r} + \dfrac{1}{r}\dfrac{\partial u_\theta}{\partial \theta} + \dfrac{\partial u_z}{\partial z} \\ \nabla^2 = \dfrac{1}{r}\dfrac{\partial}{\partial r}\left(r\dfrac{\partial}{\partial r}\right) + \dfrac{1}{r^2}\dfrac{\partial^2}{\partial \theta^2} + \dfrac{\partial^2}{\partial z^2} \end{cases} \tag{4-18}$$

式中：ρ 是环状弹性柱体的密度；λ 和 μ 分别是环状弹性柱体拉梅第一参数和拉梅第二参数，$\lambda = \nu E / [(1+\nu)(1-2\nu)]$，$\mu = E / [2(1+\nu)]$，$E$ 和 ν 分别是环状弹性柱体的杨氏模量和泊松比。

设 $T_r,T_\theta,T_z,T_{r\theta},T_{rz},T_{\theta z}$ 和 $S_r,S_\theta,S_z,S_{r\theta},S_{rz},S_{\theta z}$ 分别是环状弹性柱体应力和应变分量，则在圆柱坐标中，应变与位移及应力与应变的关系如下：

$$\begin{cases} \begin{bmatrix} S_r & S_\theta & S_z & S_{rz} \end{bmatrix} = \begin{bmatrix} \dfrac{\partial u_r}{\partial r} & \dfrac{u_r}{r} & \dfrac{\partial u_z}{\partial z} & \dfrac{\partial u_r}{\partial z}+\dfrac{\partial u_z}{\partial r} \end{bmatrix} \\ \begin{Bmatrix} T_r \\ T_\theta \\ T_z \\ T_{rz} \end{Bmatrix} = \begin{bmatrix} \lambda+2\mu & \lambda & \lambda & 0 \\ \lambda & \lambda+2\mu & \lambda & 0 \\ \lambda & \lambda & \lambda+2\mu & 0 \\ 0 & 0 & 0 & \mu \end{bmatrix} \begin{Bmatrix} S_r \\ S_\theta \\ S_z \\ S_{rz} \end{Bmatrix} \end{cases} \tag{4-19}$$

当 $z=(0,l)$ 时，环状弹性柱体在两端自由边界条件下 $T_z=0$，式（4-17）的解为坐标 z 及时间 t 的谐和函数，可设为

$$\begin{cases} u_r = \bar{u}(r)\sin(k_z z)\mathrm{e}^{\mathrm{j}\omega t} \\ u_z = \bar{w}(r)\cos(k_z z)\mathrm{e}^{\mathrm{j}\omega t} \end{cases} \tag{4-20}$$

式中：ω 为角频率，k_z 为纵波沿 z 轴传播的波数，$k_z = n\pi/l$，n 为正整数。

将式（4-20）代入式（4-17），可求得 $\bar{u}(r)$ 和 $\bar{w}(r)$ 的解为

$$\begin{cases} \bar{u}(r) = -k_\mathrm{e}\left[C_1J_1(k_\mathrm{e}r)+C_2Y_1(k_\mathrm{e}r)\right]+k_z\left[C_3J_1(k_\mathrm{e}r)+C_4Y_1(k_\mathrm{e}r)\right] \\ \bar{w}(r) = k_z\left[C_1J_0(k_\mathrm{e}r)+C_2Y_0(k_\mathrm{e}r)\right]+k_\mathrm{s}\left[C_3J_0(k_\mathrm{e}r)+C_4Y_0(k_\mathrm{e}r)\right] \end{cases} \tag{4-21}$$

其中

$$k_\mathrm{e} = \sqrt{\frac{\omega^2\rho}{\lambda+2\mu}-k_z^2},\quad k_\mathrm{s} = \sqrt{\frac{\omega^2\rho}{\mu}-k_z^2}$$

环状弹性柱体自由振动时，应满足内、外表面的边界条件，正应力 T_r 及剪切应力 T_{rz} 为零，即

$$\begin{cases} T_r\big|_{r=a} = 0 \\ T_r\big|_{r=b} = 0 \\ T_{rz}\big|_{r=a} = 0 \\ T_{rz}\big|_{r=b} = 0 \end{cases} \tag{4-22}$$

根据式（4-20）和式（4-21），将式（4-19）代入到式（4-22）可以得到环状弹性柱体的共振频率方程为

$$Eqs1\cdot Eqs4 - Eqs2\cdot Eqs3 = 0 \tag{4-23}$$

其中，

$$\begin{aligned} Eqs1 = {} & DJ_0(k_\mathrm{e}a)+FJ_1(k_\mathrm{e}a)/(k_\mathrm{e}a) - \\ & B\left[J_0(k_\mathrm{s}a)-J_1(k_\mathrm{s}a)/(k_\mathrm{s}a)\right]P_3 - B\left[Y_0(k_\mathrm{s}a)-Y_1(k_\mathrm{s}a)/(k_\mathrm{s}a)\right]P_4 \\ Eqs2 = {} & DY_0(k_\mathrm{e}a)+FY_1(k_\mathrm{e}a)/(k_\mathrm{e}a) - \\ & B\left[J_0(k_\mathrm{s}a)-J_1(k_\mathrm{s}a)/(k_\mathrm{s}a)\right]Q_3 - B\left[Y_0(k_\mathrm{s}a)-Y_1(k_\mathrm{s}a)/(k_\mathrm{s}a)\right]Q_4 \\ Eqs3 = {} & DJ_0(k_\mathrm{e}a)+FJ_1(k_\mathrm{e}b)/(k_\mathrm{e}b) - \\ & B\left[J_0(k_\mathrm{s}b)-J_1(k_\mathrm{s}b)/(k_\mathrm{s}b)\right]P_3 - B\left[Y_0(k_\mathrm{s}b)-Y_1(k_\mathrm{s}b)/(k_\mathrm{s}b)\right]P_4 \end{aligned}$$

$$Eqs4 = DY_0(k_e b) + FY_1(k_e b)/(k_e b) - B\left[J_0(k_s b) - J_1(k_s b)/(k_s b)\right]Q_3 - B\left[Y_0(k_s b) - Y_1(k_s b)/(k_s b)\right]Q_4$$

$$P_3 = -A_1\left[J_1(k_e a)\cdot Y_1(k_s b) - J_1(k_e b)\cdot Y_1(k_s a)\right]/A_2\left[J_1(k_s a)\cdot Y_1(k_s b) - J_1(k_s b)\cdot Y_1(k_s a)\right]$$

$$Q_3 = -A_1\left[Y_1(k_e a)\cdot Y_1(k_s b) - Y_1(k_e b)\cdot Y_1(k_s a)\right]/A_2\left[J_1(k_s a)\cdot Y_1(k_s b) - J_1(k_s b)\cdot Y_1(k_s a)\right]$$

$$P_4 = -A_1\left[J_1(k_e a)\cdot J_1(k_s b) - J_1(k_e b)\cdot J_1(k_s a)\right]/A_2\left[Y_1(k_s a)\cdot J_1(k_s b) - Y_1(k_s b)\cdot J_1(k_s a)\right]$$

$$Q_4 = -A_1\left[Y_1(k_e a)\cdot J_1(k_s b) - Y_1(k_e b)\cdot J_1(k_s a)\right]/A_2\left[Y_1(k_s a)\cdot J_1(k_s b) - Y_1(k_s b)\cdot J_1(k_s a)\right]$$

$$A_1 = -2\mu k_e k_z, A_2 = -\mu(k_s^2 - k_z^2), B = -2\mu k_s k_z$$

$$D = -\left[(\lambda + 2\mu)k_e^2 + \lambda k_z^2\right], F = 2\mu k_e^2$$

由式（4-23）可以看出，共振频率不仅依赖于环状弹性柱体的材料参数，而且与其几何尺寸也有关系。

图 4-5、图 4-6、图 4-7 分别给出了环状弹性柱体的一阶共振频率随其长度 l、外半径 a 及内半径 b 变化的关系曲线。从图 4-5 可以看出，当内、外半径一定时，一阶共振频率随着长度的增加而减小，且当 $2a < l$ 时，长度 l 越大，三条曲线几乎趋于一致，因为长度远大于半径时，环状弹性柱体一阶振动以纵向振动为主，主要取决于长度 l；由图 4-6 可知，当内半径和长度固定时，随着外半径的增加，即环状弹性柱体的壁厚增加，频率逐渐降低，当 $2a > l$ 时，半径越大，长度相同的柱体曲线趋于一致，此时环状弹性柱体一阶振动以径向振动为主，主要取决于外半径的大小；由图 4-7 可知，当外半径和长度固定时，随着内半径的增大，即壁厚变薄，一阶共振频率逐渐减小，当 $b \to 0$ 时，为实体圆柱的一阶振动频率，且当 $2a < l$ 时，内半径的变化对其共振频率的影响不大，因为一阶振动主要以纵向振动为主，其频率大小主要取决于环状弹性柱体的长度。

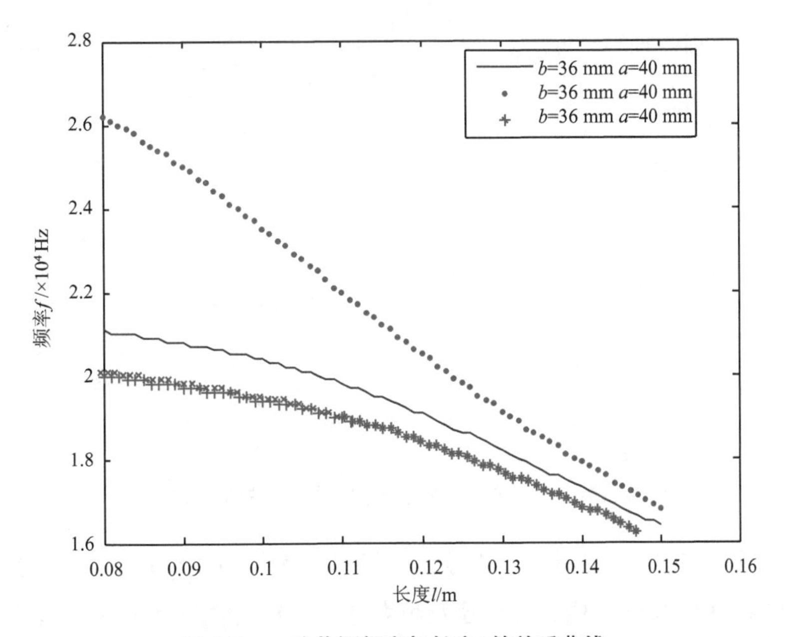

图 4-5　一阶共振频率与长度 l 的关系曲线

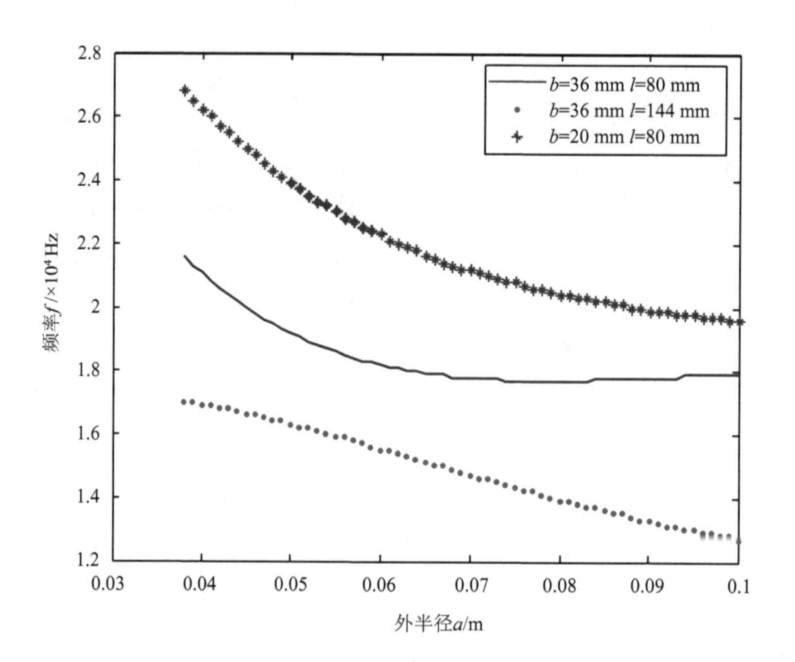

图 4-6 一阶共振频率与外半径 a 的关系曲线

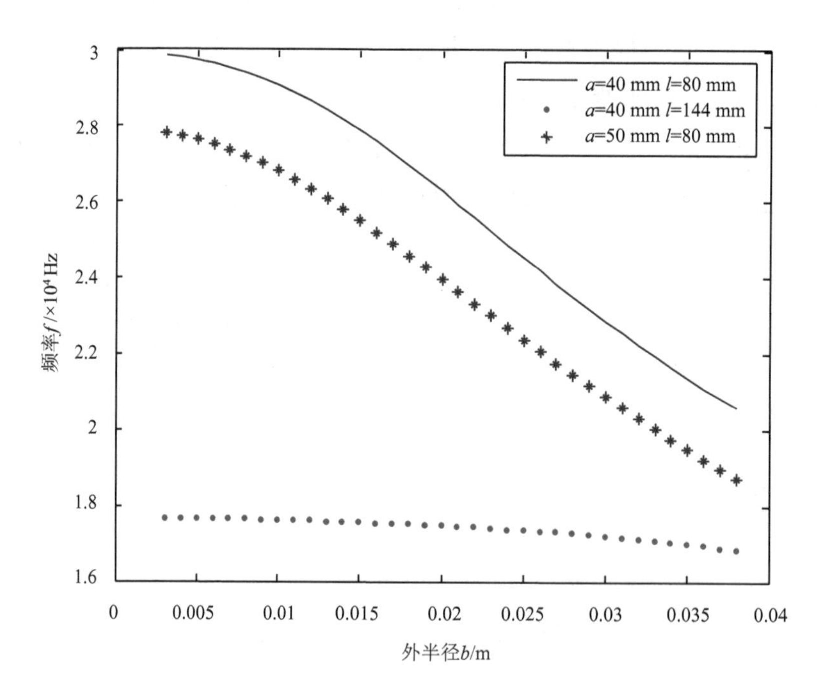

图 4-7 一阶共振频率与内半径 b 的关系曲线

取环状弹性金属柱体的材料为 45 号钢，其密度 ρ =7 800 kg/m³，泊松比 σ =0.28，杨氏模量 E =2.09 × 10¹¹ N/m³，内、外半径及长度见表 4-2，利用环状弹性柱体共振频率方程

（4-23）和有限元软件 ANSYS，给出自由边界条件下环状弹性柱体的耦合振动的前两阶共振频率，其中f_m表示理论计算得到的频率，f_n表示有限元模拟得到的频率。理论阶数是在理论分析也就是共振频率方程中n的大小；而对应的振型是实际振动过程中以什么振动为主。

表 4-2 中，$\Delta_r = |f_n - f_m| / f_n$，可以看出，理论分析结果与数值模拟结果趋于一致。误差产生原因如下：式（4-23）是一个超越方程，没有解析解，其解的精度与其求解过程中所取的步长大小有一定的关系；当相同尺寸的环状弹性柱体振动阶数增加时，可能存在其他一些振动，而该理论仅适合于纵径耦合振动。从表 4-2 可以看出，当$2a \geqslant l$时，一阶振动方式是以径向振动为主，而理论计算的二阶共振频率为纵向振动的一阶频率；当$2a < l$时，一阶振动方式是以纵向振动为主，而理论计算的二阶共振频率为径向振动的一阶频率。所以在图 4-5、图 4-6 和图 4-7 中给出的曲线反映的是几何参数在某个范围内一阶径向振动或纵向振动的共振频率随其几何尺寸的变化曲线。图 4-6 中，当$b = 36\ \text{mm}, l = 80\ \text{mm}$时，该曲线反映的是随着外半径的增大，一阶径向共振频率逐渐减小；当$b = 36\ \text{mm}, l = 144\ \text{mm}$时，该曲线反映的是随着外半径的增大，一阶纵向共振频率逐渐减小。从图 4-7 及表 4-2 可以看出，该理论也适用于实体圆柱，即$b \to 0$，且当$2a \leqslant l$时，其一阶振动以纵向振动为主。

表 4-2　环状弹性柱体共振频率计算结果

a /mm	b /mm	l /mm	理论阶数	f_m /kHz	f_n /kHz	对应振型	Δ_r /%
40	36	80	1	21.113	21.171	径向一阶振动	0.27
			2	34.774	34.904	纵向一阶振动	0.37
40	36	144	1	16.957	16.998	纵向一阶振动	0.24
			2	23.956	24.021	径向一阶振动	0.27
40	36	50	1	21.770	21.588	径向一阶振动	0.84
			2	54.346	54.458	纵向一阶振动	0.21
50	36	144	1	16.363	16.444	纵向一阶振动	0.49
			2	22.086	22.225	径向一阶振动	0.63
40	4	80	1	29.850	30.099	纵向一阶振动	0.83
			2	45.530	48.214	径向一阶振动	5.57

以$a = 40\ \text{mm}, b = 36\ \text{mm}, l = 80\ \text{mm}$和$a = 40\ \text{mm}, b = 36\ \text{mm}, l = 144\ \text{mm}$的环状弹性柱体为例，用有限元软件 ANSYS 模拟其三维振动情况如图 4-8 和图 4-9 所示，网格是变形前，黑色部分是变形后。从图中可以看出，当$2a \geqslant l$时，一阶振动以径向振动为主；当$2a < l$时，一阶振动则是以纵向振动为主。

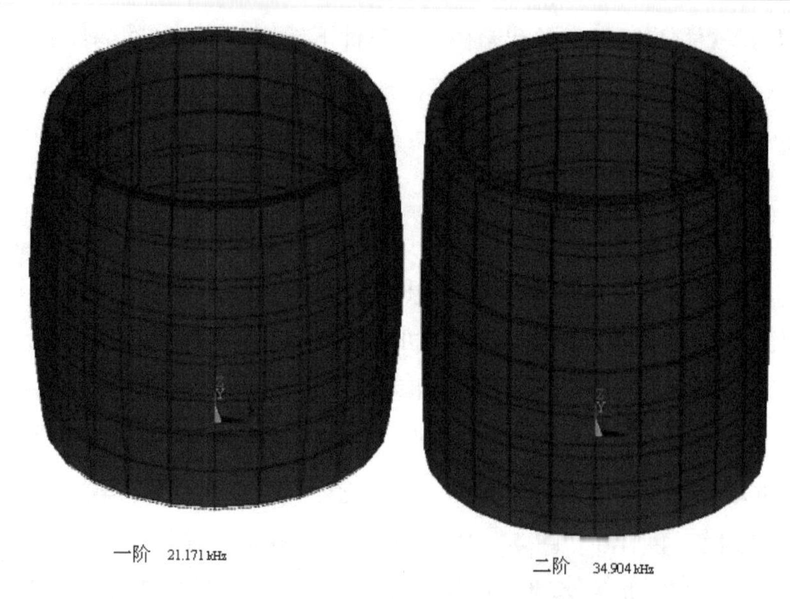

图 4-8　$a = 40\ \mathrm{mm}, b = 36\ \mathrm{mm}, l = 80\ \mathrm{mm}$ 的环状弹性柱体前两阶振动模态

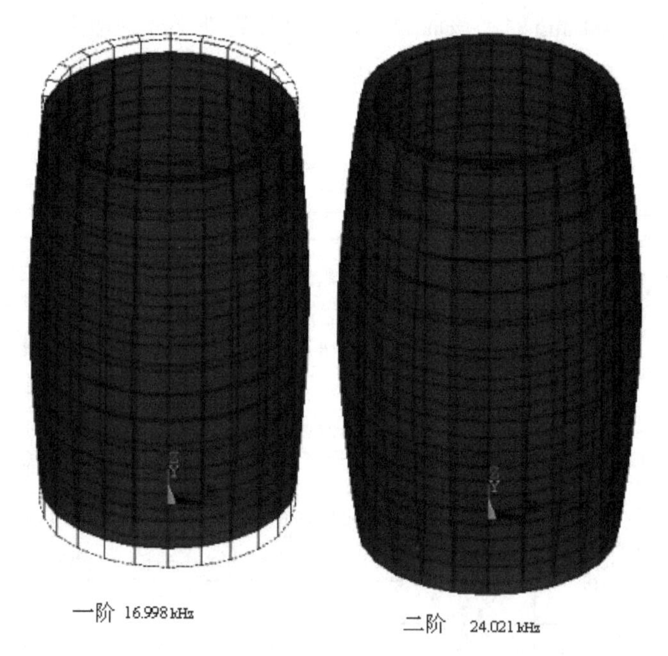

图 4-9　$a = 40\ \mathrm{mm}, b = 36\ \mathrm{mm}, l = 144\ \mathrm{mm}$ 的环状弹性柱体前两阶振动模态

为了与已经公开发表文献中的求解理论进行对比，一些环状弹性柱体的几何尺寸及求解结果见表 4-3，f_{r} 是从频率方程（4-23）中求解的结果，f_{rRef} 是文献 [108] 或文献 [111] 获得的共振频率，f_{n} 是文献 [108] 中获得的数值结果，f_{e} 是文献 [111] 中测得的试验结果。基于上述理论分析，同时与文献 [108] 和 [111] 的解析结果、数值或试验结果比较，从表 4-3 可以看出，该部分的理论不仅适合于环状弹性柱体，也适合于实体圆柱。

表 4-3　实体或环状弹性柱体的共振频率

文献	a/mm	b/mm	l/mm	理论阶数	f_r /kHz	f_{rRef} /kHz	f_n or f_e /kHz
[15]	44.5	38.5	120	1	18.193	18.193	18.303
				2	24.553	24.570	24.667
	54	48	120	1	15.534	15.528	15.567
				2	23.397	23.407	23.440
	56	52.5	120	1	14.702	14.699	14.756
				2	23.219	23.221	23.248
	57	51	120	1	14.777	14.768	14.902
				2	23.232	23.240	23.348
[18]	24.95	0	159.68	1	15.657	15.651	15.550
				2	30.709	30.729	30.510

第四节　大尺寸环状压电陶瓷柱体耦合振动理论及共振频率

结合第三节环状弹性柱体的耦合振动理论，本节简单分析一下大尺寸环状压电陶瓷柱体的耦合振动情况，其结构示意图如图 4-1 所示。环状压电陶瓷柱体极化方向沿柱体的周向方向，在柱坐标中，其应力和应变可以分别用四个独立的变量来表示[91]，即 $T_r,T_\theta,T_z,T_{rz}(T_{r\theta}=T_{\theta z}=0)$ 和 $S_r,S_\theta,S_z,S_{rz}(S_{r\theta}=S_{\theta z}=0)$。纵径耦合振动环状压电陶瓷柱体的运动方程可表示为

$$\begin{cases}\rho\dfrac{\partial^2\xi_r}{\partial t^2}=\dfrac{\partial T_r}{\partial r}+\dfrac{\partial T_{rz}}{\partial z}+\dfrac{T_r-T_\theta}{r}\\ \rho\dfrac{\partial^2\xi_z}{\partial t^2}=\dfrac{\partial T_{rz}}{\partial r}+\dfrac{\partial T_z}{\partial z}+\dfrac{T_{rz}}{r}\\ \dfrac{\partial D_r}{\partial r}+\dfrac{1}{r}\cdot\dfrac{\partial D_\theta}{\partial\theta}+\dfrac{\partial D_z}{\partial z}+\dfrac{D_r}{r}=0\end{cases}\tag{4-24}$$

式中：ρ是压电陶瓷的密度；ξ_r，ξ_θ和ξ_z是柱体在r，θ和z方向上的位移分量；D_r，D_θ和D_z是柱体在r，θ和z方向上的电位移分量。其应力与应变的关系可以简化为

$$\begin{bmatrix}S_r & S_\theta & S_z & S_{rz}\end{bmatrix}=\begin{bmatrix}\dfrac{\partial\xi_r}{\partial r} & \dfrac{\xi_r}{r} & \dfrac{\partial\xi_z}{\partial z} & \dfrac{\partial\xi_r}{\partial z}+\dfrac{\partial\xi_z}{\partial r}\end{bmatrix}\tag{4-25}$$

在柱坐标中，当电场的边缘效应忽略不计时，有$E_r=E_\theta=0$，$E_z\neq0$。轴向极化的环状压电陶瓷柱体的压电本构方程可写为

$$
\begin{cases}
T_r = c_{11}^E S_r + c_{12}^E S_\theta + c_{13}^E S_z - e_{31} E_z \\
T_\theta = c_{12}^E S_r + c_{11}^E S_\theta + c_{13}^E S_z - e_{31} E_z \\
T_z = c_{13}^E S_r + c_{13}^E S_\theta + c_{33}^E S_z - e_{33} E_z \\
T_{rz} = c_{44}^E S_{rz} \\
D_r = e_{15} S_{rz} \\
D_\theta = 0 \\
D_z = e_{31} S_r + e_{31} S_\theta + e_{31} S_z + \varepsilon_{33}^S E_z
\end{cases}
\tag{4-26}
$$

式中：c_{ij}^E是恒定电场时的弹性刚度常数；e_{ij}是压电常数；ε_{33}^S是恒定应变时的介电常数。

在柱体两端面，根据自由边界条件$T_z = 0$，式（4-24）是坐标轴z和时间t的调和函数，其解的表达式可写为

$$
\begin{cases}
\xi_r = u_r \sin(k_z z) \mathrm{e}^{\mathrm{j}\omega t} \\
\xi_z = u_z \sin(k_z z) \mathrm{e}^{\mathrm{j}\omega t}
\end{cases}
\tag{4-27}
$$

式中：$j = \sqrt{-1}$，ω是角频率，k_z是轴向波数，$k_z = n\pi / l$，且n是一个整数。

将式（4-25）、式（4-26）和式（4-27）代入式（4-24），并消去电场变量E_z，则式（4-24）可写为

$$
\begin{cases}
\dfrac{\partial^2 u_r}{\partial r^2} + \dfrac{1}{r} \cdot \dfrac{\partial u_r}{\partial r} - \dfrac{u_r}{r^2} + \left(\dfrac{\rho\omega^2}{c_{11}^E} - \dfrac{c_{44}^E}{c_{11}^E} \cdot k_z^2 \right) \cdot u_r - \dfrac{\left(c_{13}^E + c_{44}^E\right) \cdot k_z}{c_{11}^E} \cdot \dfrac{\partial u_z}{\partial r} = 0 \\
\dfrac{\partial^2 u_z}{\partial r^2} + \dfrac{1}{r} \cdot \dfrac{\partial u_z}{\partial r} + \dfrac{\varepsilon_{33}^S \rho\omega^2 - \left(c_{33}^E \varepsilon_{33}^S + e_{33}^2\right) k_z^2}{\left(c_{44}^E \varepsilon_{33}^S + e_{33} e_{15}\right)} \cdot u_z + \\
\dfrac{\left[\varepsilon_{33}^S (c_{13}^E + c_{44}^E) + e_{33}\left(e_{15} + e_{31}\right)\right] k_z}{c_{44}^E \varepsilon_{33}^S + e_{33} e_{15}} \left(\dfrac{\partial u_r}{\partial r} + \dfrac{u_r}{r} \right) = 0
\end{cases}
\tag{4-28}
$$

对于u_r和u_z的解可写为[119]

$$
\begin{cases}
u_r = -k_\mathrm{e} \left[C_1 J_1(k_\mathrm{e} r) + C_2 Y_1(k_\mathrm{e} r) \right] + k_z \left[C_3 J_1(k_\mathrm{e} r) + C_4 Y_1(k_\mathrm{e} r) \right] \\
u_z = k_z \left[C_1 J_0(k_\mathrm{e} r) + C_2 Y_0(k_\mathrm{e} r) \right] + k_\mathrm{s} \left[C_3 J_0(k_\mathrm{e} r) + C_4 Y_0(k_\mathrm{e} r) \right]
\end{cases}
\tag{4-29}
$$

式中：J_0、J_1和Y_0、Y_1分别是一阶和二阶贝塞尔函数，且有

$$
\begin{cases}
k_\mathrm{e} = \sqrt{\dfrac{k_1^2 + k_2^2 + B_r B_z k_z^2 + \sqrt{(k_1^2 + k_2^2 + B_r B_z k_z^2)^2 - 4k_1^2 k_2^2}}{2}} \\
k_\mathrm{s} = \sqrt{\dfrac{k_1^2 + k_2^2 + B_r B_z k_z^2 - \sqrt{(k_1^2 + k_2^2 + B_r B_z k_z^2)^2 - 4k_1^2 k_2^2}}{2}}
\end{cases}
$$

其中

$$
k_1 = \sqrt{\frac{\rho\omega^2 - c_{44}^E k_z^2}{c_{11}^E}}, \quad k_2 = \sqrt{\frac{\varepsilon_{33}^S \rho\omega^2 - \left(c_{33}^E \varepsilon_{33}^S + e_{33}^2\right) k_z^2}{c_{44}^E \varepsilon_{33}^S + e_{33} e_{15}}}
$$

$$
B_r = \frac{c_{13}^E + c_{44}^E}{c_{11}^E}, \quad B_z = \frac{\varepsilon_{33}^S \left(c_{13}^E + c_{44}^E\right) + e_{33}(e_{15} + e_{31})}{c_{44}^E \varepsilon_{33}^S + e_{33} e_{15}}
$$

对于大尺寸的压电陶瓷柱体自由振动时，其内、外边界条件可写为

$$\begin{cases} T_r\big|_{r=a}=0 \\ T_r\big|_{r=b}=0 \\ T_{rz}\big|_{r=a}=0 \\ T_{rz}\big|_{r=b}=0 \end{cases} \tag{4-30}$$

其中存在如下关系式：

$$\begin{cases} T_r=\dfrac{e_{15}e_{31}}{\varepsilon_{33}^S}\cdot\dfrac{1}{k_z}\cdot\dfrac{\partial^2 u_z}{\partial r^2}+\dfrac{e_{15}e_{31}}{\varepsilon_{33}^S}\dfrac{1}{k_z r}\cdot\dfrac{\partial u_z}{\partial r}+\left(c_{11}^E+\dfrac{(e_{15}+e_{31})e_{31}}{\varepsilon_{33}^S}\right)\dfrac{\partial u_r}{\partial r}+ \\ \qquad\left(c_{13}^E+\dfrac{(e_{15}+e_{31})e_{31}}{\varepsilon_{33}^S}\right)\dfrac{u_r}{r}-\left(c_{13}^E+\dfrac{e_{33}e_{31}}{\varepsilon_{33}^S}\right)k_z\cdot u_z=0 \\ T_{rz}=c_{44}^E k_z\cdot u_r+c_{44}^E\dfrac{\partial u_z}{\partial r} \end{cases}$$

将式（4-29）代入式（4-30）可得到压电陶瓷柱体的共振频率方程：

$$Eqs1\cdot Eqs4-Eqs2\cdot Eqs3=0 \tag{4-31}$$

式中

$$Eqs1=2c_{44}^E k_e k_z\cdot J_1(k_e a)\cdot\frac{P\cdot eq1Y(a)+eq2J(a)}{eq1J(a)}-$$
$$2c_{44}^E k_e k_z\cdot Y_1(k_e a)\cdot P+c_{44}^E(k_z^2-k_e k_s)\cdot J_1(k_e a)$$

$$Eqs2=2c_{44}^E k_e k_z\cdot J_1(k_e a)\cdot\frac{Q\cdot eq1Y(a)+eq2Y(a)}{eq1J(a)}-$$
$$2c_{44}^E k_e k_z\cdot Y_1(k_e a)\cdot Q+c_{44}^E(k_z^2-k_e k_s)\cdot J_1(k_e a)$$

$$Eqs3=2c_{44}^E k_e k_z\cdot J_1(k_e b)\cdot\frac{P\cdot eq1Y(a)+eq2J(a)}{eq1J(a)}-$$
$$2c_{44}^E k_e k_z\cdot Y_1(k_e b)\cdot P+c_{44}^E(k_z^2-k_e k_s)\cdot J_1(k_e b)$$

$$Eqs4=2c_{44}^E k_e k_z\cdot J_1(k_e b)\cdot\frac{Q\cdot eq1Y(a)+eq2Y(a)}{eq1J(a)}-$$
$$2c_{44}^E k_e k_z\cdot Y_1(k_e b)\cdot Q+c_{44}^E(k_z^2-k_e k_s)\cdot J_1(k_e b)$$

$$eq1J(r)=\left(c_{11}^E-c_{12}^E\right)\cdot\frac{k_e}{r}\cdot J_1(k_e r)-\left(c_{11}^E+\frac{(2e_{15}+e_{31})e_{31}}{\varepsilon_{33}^S}\right)\cdot k_e^2\cdot J_0(k_e r)-$$
$$\left(c_{13}^E+\frac{e_{33}e_{31}}{\varepsilon_{33}^S}\right)\cdot k_z^2\cdot J_0(k_e r)$$

$$eq1Y(r)=\left(c_{11}^E-c_{12}^E\right)\cdot\frac{k_e}{r}\cdot Y_1(k_e r)-\left(c_{11}^E+\frac{(2e_{15}+e_{31})e_{31}}{\varepsilon_{33}^S}\right)\cdot k_e^2\cdot Y_0(k_e r)-$$
$$\left(c_{13}^E+\frac{e_{33}e_{31}}{\varepsilon_{33}^S}\right)\cdot k_z^2\cdot Y_0(k_e r)$$

$$eq2J(r)=\left(c_{11}^E-c_{12}^E\right)\cdot\frac{k_z}{r}\cdot J_1(k_e r)-\frac{e_{15}e_{31}}{\varepsilon_{33}^S}\frac{1}{k_z}\cdot k_s\cdot k_e^2\cdot J_0(k_e r)+$$
$$\left(c_{13}^E+\frac{(e_{15}+e_{31})e_{31}}{\varepsilon_{33}^S}\right)\cdot k_z\cdot k_e\cdot J_0(k_e r)-\left(c_{13}^E+\frac{e_{33}e_{31}}{\varepsilon_{33}^S}\right)\cdot k_z\cdot k_s\cdot J_0(k_e r)$$

$$eq2Y(r)=\left(c_{11}^E-c_{12}^E\right)\cdot\frac{k_z}{r}\cdot Y_1(k_e r)-\frac{e_{15}e_{31}}{\varepsilon_{33}^S}\frac{1}{k_z}\cdot k_s\cdot k_e^2\cdot Y_0(k_e r)+$$

$$\left(c_{13}^E+\frac{(e_{15}+e_{31})e_{31}}{\varepsilon_{33}^S}\right)\cdot k_z\cdot k_e\cdot Y_0(k_e r)-\left(c_{13}^E+\frac{e_{33}e_{31}}{\varepsilon_{33}^S}\right)\cdot k_z\cdot k_s\cdot Y_0(k_e r)$$

$$P=\frac{eq2J(a)\cdot eq1J(b)-eq2J(b)\cdot eq1J(a)}{eq1Y(b)\cdot eq1J(a)-eq1Y(a)\cdot eq1J(b)}$$

$$Q=\frac{eq2Y(a)\cdot eq1J(b)-eq2Y(b)\cdot eq1J(a)}{eq1Y(b)\cdot eq1J(a)-eq1Y(a)\cdot eq1J(b)}$$

其中，$eq1J(a)$ 和 $eq1J(b)$ 分别是当 $r=a$ 和 $r=b$ 时 $eq1J(r)$ 的值；$eq1Y(a)$ 和 $eq1Y(b)$ 分别是当 $r=a$ 和 $r=b$ 时 $eq1Y(r)$ 的值。

可以看出，式（4-31）依赖于压电陶瓷柱体材料参数、几何尺寸及频率，也就是说，共振频率随柱体的几何尺寸和材料参数变化而变化 。

作为一种证明理论分析结果的方式，有限元软件 ANSYS 可用来模拟压电陶瓷柱体的振动情况。取压电材料 PZT-4，其材料参数为 $\rho_0=7\,500$ kg/m³，$c_{11}^E=13.9\times10^{10}$ m²/N，$c_{12}^E=7.78\times10^{10}$ m²/N，$c_{13}^E=7.43\times10^{10}$ m²/N，$c_{33}^E=11.5\times10^{10}$ m²/N，$c_{44}^E=2.56\times10^{10}$ m²/N，$\varepsilon_0=8.842\times10^{-12}$ C/m，$\varepsilon_{33}^S/\varepsilon_0=635$，$e_{15}=12.7$ N/（V・m），$e_{31}=-5.2$ N/（V・m）和 $e_{33}=15.1$ N/（V・m）。图 4-10 给出了共振频率随内半径变化的关系曲线。从图 4-10（a）可以看出，当外半径固定时，随着内半径的增大，也就是壁厚的减小，共振频率逐渐降低；对于大尺寸的压电陶瓷柱体，在一定的长度范围内（与是以纵向振动为主或是以径向振动为主有关），随着频率的增大，共振频率逐渐减小。从图 4-10（b）可以看出，理论分析结果与有限元数值模拟结果有很好的一致性。

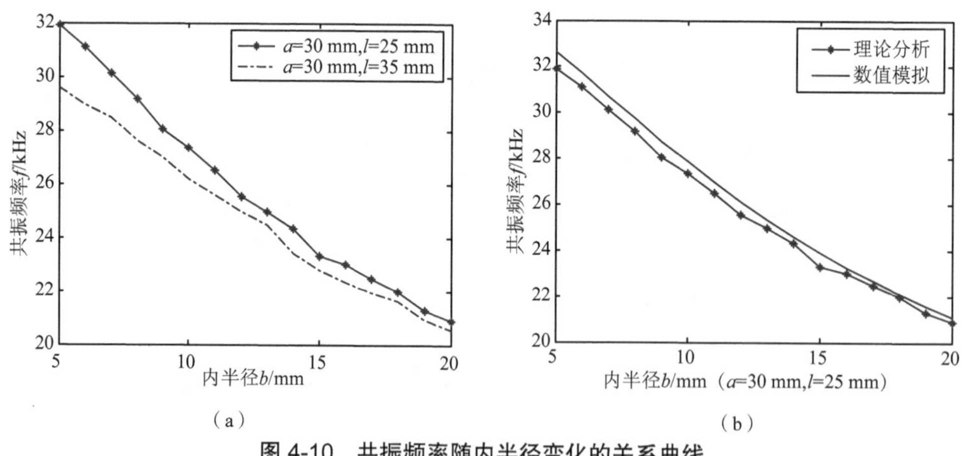

图 4-10　共振频率随内半径变化的关系曲线

（a）不同尺寸　（b）不同方法

同时，分析了一些压电陶瓷柱体，其几何尺寸及共振频率见表 4-4。其中，f 是用频率方程（4-31）求得的解析解，f_n 是有限元软件 ANSYS 模拟的数值结果，$\varDelta_r=|f_n-f|/f_n$。

能够看出，理论分析结果与数值模拟结果一致。误差产生的主要原因：式（4-31）是超越方程，没有解析解，其解的精度主要取决于求解时所取步长的大小；当柱体处于高阶振动模式时会存在其他一些振动模态，而本文的理论只适用于纵径耦合振动。

表 4-4　大尺寸轴向极化压电陶瓷柱体的共振频率

a/mm	b/mm	l/mm	f/kHz	f_n /kHz	Δ_r /%
30	10	25	27.364	27.864	1.79
30	15	30	23.286	23.733	1.61
30	20	35	20.538	20.831	1.41
15	5	15	53.611	54.865	2.29

基于有限元软件 ANSYS，分析了尺寸为 $a=30\,\text{mm}, b=20\,\text{mm}, l=35\,\text{mm}$ 的压电陶瓷柱体，建立了二维有限元模型，为了便于观察其振动位移分布，也给出了其二维扩展模型。其振动位移分布如图 4-11 所示，网格是变形前的模型，黑色实体部分是变形后的模型。从图 4-11 可以看出，大尺寸的压电陶瓷柱体不但在纵向产生振动，而且在径向也有振动，是一种纵径耦合振动。

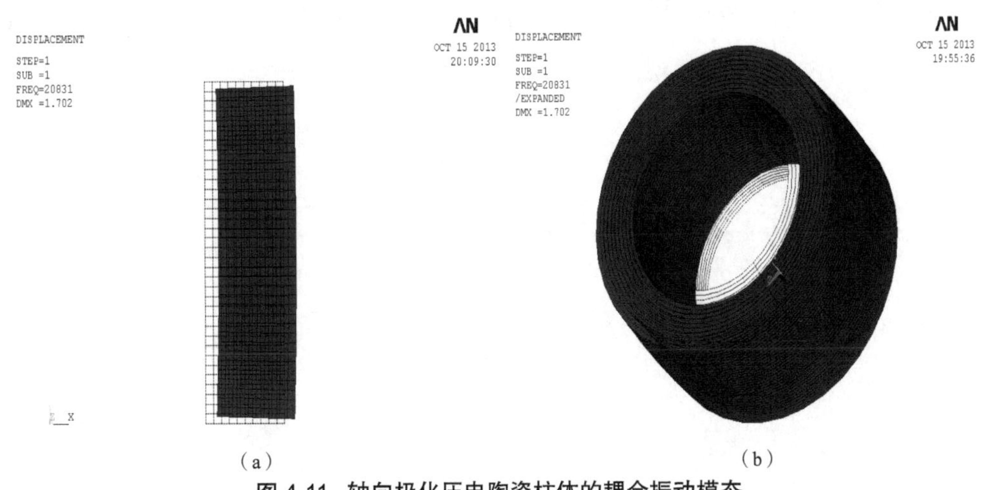

（a）　（b）

图 4-11　轴向极化压电陶瓷柱体的耦合振动模态

（a）二维模型　（b）二维扩展模型

第五节　本章小结

本章主要对大尺寸的弹性金属柱体及压电陶瓷柱体进行了分析，得出了它们的等效电路或频率方程。综合以上的分析内容，得出以下结论。

（1）基于表观弹性法，分析了大尺寸环状金属柱体的等效电路，为用机电等效电路法设计超声振动系统提供了方便。不过这种情况主要适用于薄壁柱体，即壁厚远小于外半径的柱体。

（2）基于弹性动力学方程，根据环状柱体两端及内、外两侧的自由边界条件，推导出了半径、厚度及长度任意变化的环状弹性柱体共振频率方程。当内、外半径一定时，一阶共振频率随着长度的增加而减小，且当$2a < l$时，长度l越大，三条曲线几乎趋于一致，环状弹性柱体一阶振动以纵向振动为主；当内半径和长度固定时，随着外半径的增加，即环状弹性柱体的壁厚增加，频率逐渐降低，且当$2a > l$时，半径越大，长度相同的柱体曲线趋于一致，环状弹性柱体一阶振动以径向振动为主；当外半径和长度固定时，随着内半径的增大，即壁厚变薄，一阶共振频率逐渐减小，且当$b \to 0$时，为实体圆柱的一阶振动频率，且当$2a < l$时，内半径的变化对其共振频率影响不大，一阶振动主要以纵向振动为主。该理论适用于所有弹性金属柱体。

（3）在环状弹性柱体分析的基础上，运用相似的分析方法，简单地对大尺寸压电陶瓷柱体进行了理论分析，当外半径固定时，随着内半径的增大，也就是壁厚减小，共振频率逐渐降低；对于大尺寸的压电陶瓷柱体，在一定的长度范围内（与是以纵向振动为主或是以径向振动为主有关），随着频率的增大，共振频率逐渐减小。

第五章　纵弯模式转换压电超声换能器的研究

第一节　引言

近些年来，随着科学技术的飞速发展，超声技术在各行各业的应用领域不断扩大，与之密切相关的超声换能器技术也得到了非常迅速的发展[120-123]。超声换能器是超声设备中极其重要的部件之一，针对不同的应用范围，换能器的种类也有很多。根据换能器的工作信号和输入功率不同，有功率超声换能器、脉冲信号换能器及检测超声换能器等；根据其振动模式不同，有纵向振动换能器、径向振动换能器、扭转振动换能器、剪切振动换能器、弯曲振动换能器、纵弯及纵扭复合模式换能器等；根据其所利用的材料和能量转换机理不同，有压电换能器、静电换能器及磁致伸缩换能器等；根据其工作介质不同，有固体换能器、气介换能器和液体换能器等[1]。在众多超声换能器制作材料中，压电陶瓷材料和磁致伸缩材料是应用最为广泛的两种，但是传统的压电陶瓷换能器和磁致伸缩换能器并不适合在气体介质中使用，因为它们的声阻抗与气体声阻抗相差甚远，所以存在严重的阻抗失配问题，会造成声波不易辐射出去。为了改善声匹配、提高气介式超声换能器的辐射声功率及效率，采用能够与空气介质实现更好声匹配的弯曲振动换能器是一个有效的解决办法。目前，产生弯曲振动的方式主要有三种：

（1）叠片式，即利用压电陶瓷片或压电陶瓷片与金属片组成的复合双叠片与三叠片，这类换能器主要用作中等功率的超声波发射器；

（2）夹心式，结构类似于夹心式纵向和扭转振动超声换能器，这类换能器结构简单，并且能承受较大功率，但由于问题本身的复杂性，其理论分析尚不完善；

（3）纵 - 弯振动模式转换式，即在纵向振动换能器的输出端连接一个与其振动方向垂直的振动体，通过合理选择振动体的形状及尺寸，使振动体产生弯曲振动，实际操作中常用夹心式纵向振动换能器来激发圆盘、板或棒而产生弯曲振动。由于研制的传感器功率较高，所以采用由夹心式纵向振动换能器与弯曲振动薄圆盘组成的复合弯曲振动换能器，指向性好，且具有纵向振动换能器的高效、大功率以及弯曲振动薄圆盘的低辐射阻抗、大辐射面积等优点，在超声空气探测及大功率气介超声领域获得了广泛的应用。

气介式纵向换能器与圆盘组成模式转换弯曲振动超声换能器，其中的变幅杆起聚能和使换能器与声负载更好匹配耦合的作用。纵向换能器对圆盘的支撑方式有三种：固定式、简支式和自由式。支撑方式不同，即边界条件不同，将导致弯曲振动圆盘共振频率、振动模式及声场分布不同。超声在气体中的应用主要有两个方面：一是气体中的超声无损检测，如测距、报警、测厚以及料位监控等；二是功率超声在气体中的应用，如除尘、干燥、声悬浮以及超声凝聚等。对于气介式大功率超声换能器，由于换能器声阻抗与气体声阻抗相差甚远，因而存在严重的阻抗失配问题。

超声液体处理技术是功率超声技术的重要应用之一，已经广泛用于国防、机械、电子、医疗器械等领域[4, 124]。对于传统的超声清洗设备，夹心式压电超声换能器通过清洗槽底向槽内液体直接辐射超声，此类应用存在以下问题：①夹心式压电超声换能器的辐射面积比较小，声匹配程度差；②单位面积辐射声功率较大，容易产生局部空化腐蚀，而使换能器脱落；③如果将几个相同的换能器用于槽底清洗，它们的性能很难调节一致，因此清洗声场的均匀程度差。针对上述问题，提出了一种由夹心式换能器、变幅杆与弯曲圆盘组成的超声振动辐射器，通过夹心式换能器的纵向振动激发圆盘弯曲振动而直接向槽内辐射声波，因其具有纵向振动换能器的高效、大功率以及弯曲振动圆盘的大辐射面积、声场均匀等特点，在超声清洗领域可以获得更为广泛的应用[88]。

由于变幅杆比较细，夹心式换能器、变幅杆与弯曲圆盘组成的超声振动辐射器抗振动能力相对较弱，因此本章提出了一种新型的纵弯模式转换压电超声换能器，包含后盖板、纵（轴）向极化的压电陶瓷片及弯曲振动金属圆盘。一般情况下，半波长换能器能够分为两个四分之一波长的振子来分析，通过两个四分之一波长振子的共振频率方程求得整个换能器的共振频率。然而，对于该纵弯模式转换压电超声换能器而言，其前盖板和后盖板不是等截面弹性体，因此单独分析每个振子非常复杂[1]。

由于一维结构弯曲振动压电陶瓷换能器具有结构简单、质量轻、频率低、频率范围宽等特点，近年来在实践中已得到了越来越多的应用，如超声焊接、超声手术刀、超声振动车削以及超声马达等。但单一振动模式换能器的使用具有局限性，因而复合模式振动系统的研究越来越受到人们的重视。其中，压电换能器的纵振动及扭转振动模式等已有较成熟的理论。把纵振动引进弯曲振动形成复合振动模式，国外已有报道，但其设计复杂，因此有必要从理论上寻求更系统的设计方法。

由于弯曲振动圆盘是由夹心式纵向振动换能器激励，因此可以用在较大功率的超声应用中。如果将夹心式纵向振动换能器换为径向振动的压电陶瓷薄圆盘，则主要应用在小信号的超声测量及检测中。弯曲振动的圆盘向空气中辐射声波，从而实现不同的应用。圆盘的支撑方式不同，即边界条件不同，弯曲振动圆盘的共振频率、振动模式及声场分布将不同。机电等效电路法是一种解析法，被广泛用于分析机电振动系统的振动特性[11]，即利用换能器的机电等效电路，探讨换能器输入阻抗及导纳的频率特性，得出换能器的共振频率方程。在此基础上，对换能器的振动模态进行深入分析，以便为换能器工作模态的选择及控制奠定理论基础。在下面的分析中，首先结合第三章薄圆盘弯曲振动的分析，推导出纵弯振动模式转换压电超声换能器的机电等效电路；其次利用共振频率方程分析该换能器的共振频率，并用数值法模拟模式转换换能器的振动模态及频率特性；最后给出该类换能器的结构及工艺设计，并得出一系列试验结果，与理论分析结果及数值模拟结果进行分析比较。

第二节 纵弯振动模式转换压电超声换能器的理论分析

图 5-1 是纵弯振动模式转换压电超声换能器的结构示意图，其由纵向激励单元和辐射金属圆盘两部分组成。纵向激励单元由后金属盖板和纵（轴）向极化压电陶瓷片组成，驱动金属圆盘产生弯曲振动，同时金属圆盘向液体介质中辐射超声波。

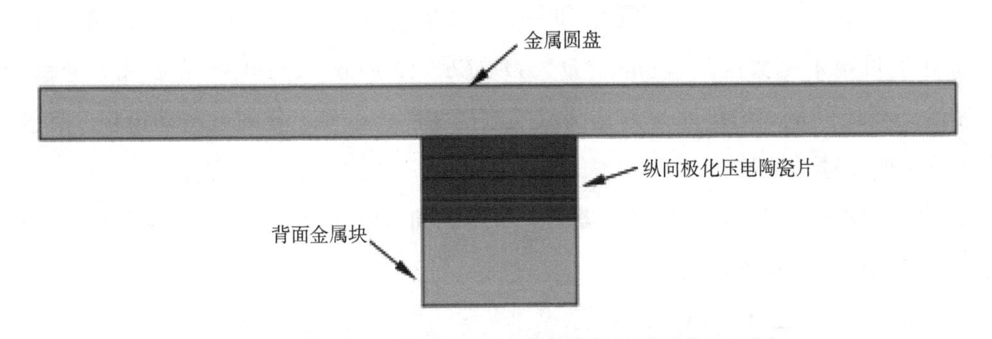

图 5-1 纵弯振动模式转换压电超声换能器结构示意图

设 h 和 a 分别是薄圆盘的厚度和半径；纵向激励单元中有 p 片相同的环形压电陶瓷片，一般情况下，p 为偶数；l_0，r_1 和 r_2 分别是压电陶瓷片的厚度、外半径及内半径；l_b 和 R_b 分别是后盖板的厚度和半径。

基于第三章弯曲振动圆盘集中等效参数的研究分析，忽略弯曲振动圆盘的辐射阻抗和机械损耗，根据传输线理论和梅森机电等效模型，利用纵向激励单元与圆盘边界上力和速度连续的特性，可以得到纵弯振动模式转换压电超声换能器的机电等效电路，如图 5-2 所示。图中，虚线 a 和 b 把模式转换压电超声换能器的等效电路分为三部分，I、II 和 III 分别表示换能器的后盖板、纵向极化压电陶瓷片和弯曲振动圆盘的等效电路。

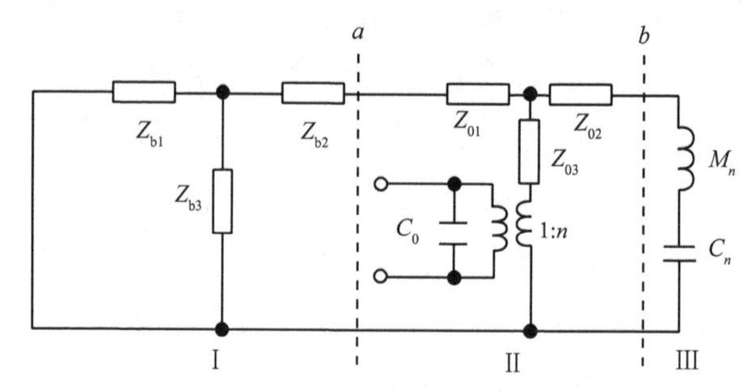

图 5-2 模式转换压电超声换能器机电等效电路

图 5-2 中，根据第二章分析，K_n 是自由边界条件下弯曲振动圆盘第 n 阶振动的等效弹性系数；C_n 是其弹性柔顺系数，$C_n = 1/K_n$；M_n 是弯曲振动圆盘的等效质量。它们可以具体表示为

$$M_n = m\frac{\left[J_0^{\ 2}(k_na)+\dfrac{J_1^{\ 2}(k_na)I_0^{\ 2}(k_na)}{I_1^{\ 2}(k_na)}-\dfrac{4J_1^{\ 2}(k_na)(1-\sigma)}{(k_na)^2}\right]I_1^{\ 2}(k_na)}{\left[I_1(k_na)-J_1(k_na)\right]^2} \tag{5-1}$$

$$K_n = \frac{E\pi h^3 k_n^{\ 2}}{6(1-\sigma^2)}[(k_na)^2J_0^{\ 2}(k_na)-2(1-\sigma)(k_na)J_0(k_na)J_1(k_na)- \\ 2(1-\sigma)\cdot\sigma J_1^{\ 2}(k_na)]I_1^{\ 2}(k_na)/\left[I_1(k_na)-J_1(k_na)\right]^2 \tag{5-2}$$

式中：$J_0(k_na)$ 和 $J_1(k_na)$ 是第一类零阶和一阶贝塞尔函数；$I_0(k_na)$ 和 $I_1(k_na)$ 是第一类零阶和一阶修正贝塞尔函数；$k^4=\rho h\omega^2/D$，$D=Eh^3/12(1-\sigma^2)$，其中 ρ、E 和 σ 分别为圆盘的密度、杨氏模量和泊松比，D 是圆盘的刚度常数，ω 和 k 分别是振动角频率和波数；k_n 是其第 n 阶振动的波数。

根据第二章纵向夹心式压电换能器的分析，纵向激励单元包含金属后盖板和纵向极电陶瓷片，它们的阻抗具体表达式为

$$Z_{01}=Z_{02}=\mathrm{j}Z_0\tan(pk_0l_0/2) \tag{5-3}$$

$$Z_{03}=Z_0/\left[\mathrm{j}\sin(pk_0l_0)\right] \tag{5-4}$$

$$Z_{b1}=Z_{b2}=\mathrm{j}Z_b\tan(k_bl_b/2) \tag{5-5}$$

$$Z_{b3}=Z_b/\left[\mathrm{j}\sin(k_bl_b)\right] \tag{5-6}$$

式中：$Z_0=\rho_0v_0S_0$，$v_0=\sqrt{1/\left(S_{33}^E\rho_0\right)}$，$S_0=\pi(r_1^2-r_2^2)$；$Z_b=\rho_bv_bS_b$，$v_b=\sqrt{E_b/\rho_b}$，$S_b=\pi R_b^2$；$\rho_0$、$S_{33}^E$、$v_0$ 和 S_0 分别是压电陶瓷片的体密度、弹性柔顺常数、纵向振动声速和横截面面积；$C_0=p\varepsilon_{33}^T\left(1-K_{33}^{\ 2}\right)S_0/l_0$，$n=d_{33}S_0/\left(S_{33}^El_0\right)$，$C_0$ 和 n 分别是压电陶瓷片的嵌定电容和机电转换系数；ε_{33}^T、K_{33} 和 d_{33} 分别是其自由介电常数、机电耦合系数和压电常数；ρ_b、

E_b、V_b和S_b分别是金属后盖板的体密度、杨氏模量、纵向振动声速和横截面面积。

设Z_{bi}和Z_{pi}分别是金属后盖板和弯曲振动金属圆盘的输入机械阻抗，可推导出其具体表达式为

$$Z_{bi} = Z_{b2} + \frac{Z_{b1} \cdot Z_{b3}}{Z_{b1} + Z_{b3}}$$

$$Z_{pi} = j\omega M + \frac{1}{j\omega C_n}$$

式中：$\omega = 2\pi f$。

Z_{mi}是该模式转换压电超声换能器的输入机械阻抗，其表达式可写为

$$Z_{mi} = Z_{03} + \frac{(Z_{01} + Z_{bi})(Z_{02} + Z_{pi})}{Z_{01} + Z_{bi} + Z_{02} + Z_{pi}} \tag{5-7}$$

从图 5-2 可以得出模式转换压电超声换能器的输入电阻抗为

$$Z_e = \frac{Z_{mi}}{n^2 + j\omega C_0 Z_{mi}} \tag{5-8}$$

根据式（5-8），可以得到纵弯模式转换压电超声换能器的共振频率方程为

$$Z_{mi} = 0 \tag{5-9}$$

反共振频率方程为

$$n^2 + j\omega C_0 Z_{mi} = 0 \tag{5-10}$$

从式（5-9）和式（5-10）及上述相关的表达式可以看出，该换能器的共振频率及反共振频率随其材料参数和几何尺寸的变化而变化。

第三节　纵弯振动模式转换压电超声换能器的数值模拟

前面用解析法研究了纵弯振动模式转换压电超声换能器的共振频率特性，并推导出了其机电等效电路及共振、反共振频率方程。作为一种验证解析结果的补充方式，下面利用有限元软件 ATILA[125-126] 数值模拟纵弯振动模式转换压电超声换能器的位移振动模态分布及频率特性。

该类换能器中金属后盖板和薄圆盘的材料是铝，其材料参数为$\rho_b = \rho_f = 2\,700$ kg/m³，$\sigma_b = \sigma_f = 0.34$ 和 $E_b = E_f = 7.48 \times 10^{10}$ N/m²；压电单元材料为 PZT-4，其材料参数为 $\rho_0 = 7\,500$ kg/m³，$S_{33}^E = 15.5 \times 10^{-12}$ m²/N，$K_{33} = 0.7$，$\varepsilon_{33}^T / \varepsilon_0 = 1\,300$，$\varepsilon_0 = 8.842 \times 10^{-12}$ F/m 和 $d_{33} = 496 \times 10^{-12}$ C/N。利用有限元软件 ATILA 模拟两个不同尺寸的纵弯振动模式转换压电超声换能器，其几何尺寸详见表 5-1。由于该模式转换换能器是轴对称图形，为了简化计算，在“Problem Data”选项中，“GEOMETRY”和“CLASS”被分别设置为“2D”和“AXISYMMETRYIC”，也就是说在利用有限元软件 ATILA 分析时采用了二维振动模

型，即轴截面的一半模型。

表 5-1 纵弯振动模式转换压电超声换能器的几何尺寸

序号	r_1 /mm	r_2 /mm	l_0 /mm	p	l_b /mm	R_b /mm	a /mm	h /mm
I	25	10	6	4	52	26	130	21
II	25	10	6	4	72	26	100	22

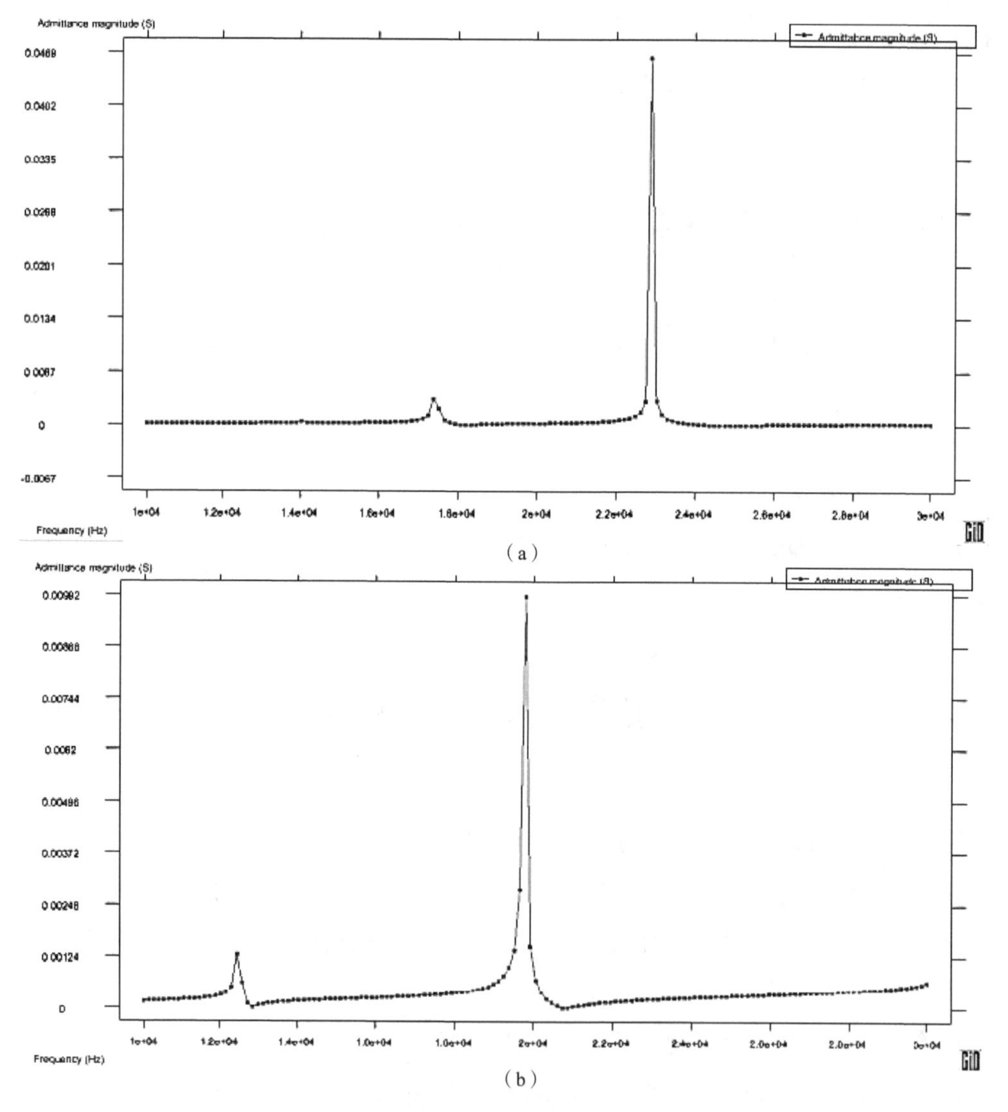

图 5-3 模式转换换能器数值模拟导纳曲线

（a）换能器 I （b）换能器 II

谐响应分析用来描述换能器导纳和频率的关系，从其中提取共振频率时模态的振动位移分布。纵弯振动模式转换压电超声换能器 I 和 II 的导纳曲线及振动模态如图 5-3 和图 5-4 所示。在 ATILA 软件 2D 模态分析中，因为模型默认关于 x 轴对称，所以为了便于查看该换能器的振动位移分布，分别使其关于对称轴 x 轴做镜像对称，并旋转了 90°。图 5-3（a）和（b）分别是该模式转换换能器 I 和 II 的频率和导纳的关系曲线。从图 5-3 可以看出，纵弯振动模式转换压电超声换能器的振动模态是复杂的，在 10~30 kHz 的频率范围内有多个振动模态。同时，分别从换能器 I 和换能器 II 的导纳曲线中提取最大峰值的振动模态，如图 5-4 所示。图 5-4（a）是换能器 I 的振动模态，共振频率是 22.886 kHz，圆盘处于第三阶弯曲振动模式；图 5-4（b）是换能器 II 的振动模态，共振频率是 19.396 kHz，圆盘处于第二阶弯曲振动模态。从图 5-4 可以看出，该类换能器类似于半波振子，纵向激励单元与弯曲振动圆盘的连接处位于圆盘对称弯曲振动模式的中心波腹处。对于其他振动模态，由于纵向激励单元和金属圆盘不是处于同一共振状态，此时理论计算和设计比较复杂，也不适合于工业应用，因此本文在以下部分没做讨论。

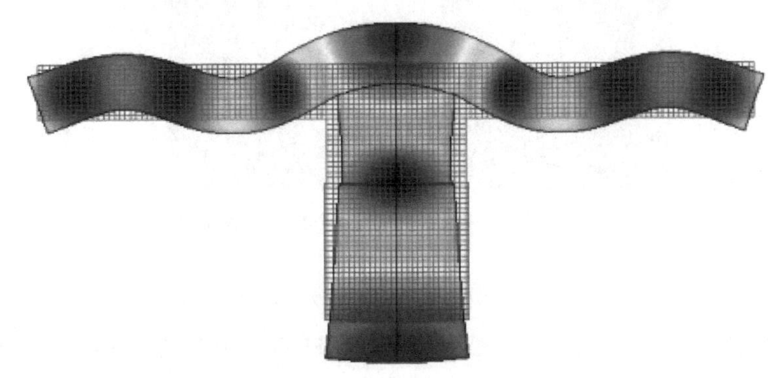

（a）

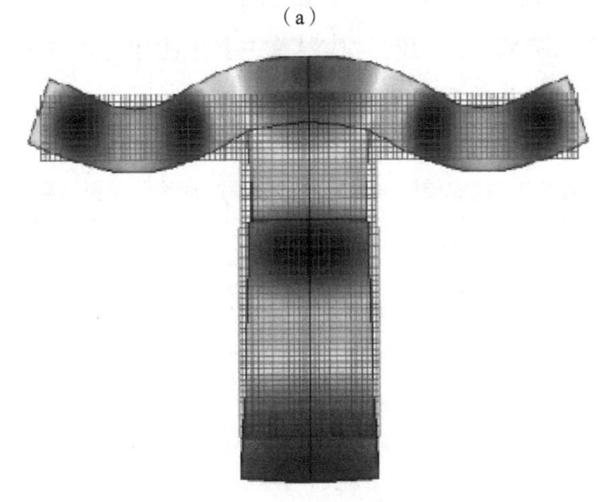

（b）

图 5-4　模式转换换能器的模态振型

（a）换能器 I，n=3　（b）换能器 II，n=2

第四节　纵弯振动模式转换压电超声换能器的试验验证

根据理论分析和数值模拟，设计出了与上述分析相同材料参数及几何尺寸的纵弯振动模式转换换能器，实物照片如图 5-5 所示。与上述分析相对应，图中大圆盘是换能器 I，小圆盘是换能器 II。

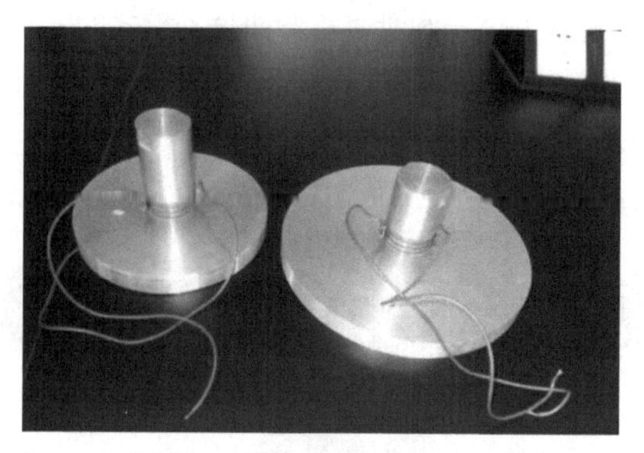

图 5-5　纵弯振动模式转换压电超声换能器实物

利用阻抗分析仪 WAYNE KERR6500B 测量两个模式转换换能器的频率特性，其测量结果见表 5-2。表中，f_r，f_{nr} 和 f_{mr} 分别是纵弯振动模式转换压电超声换能器共振频率的解析频率、数值模拟频率和试验结果，$\Delta_n = |f_r - f_{nr}| / f_r$，$\Delta_m = |f_r - f_{mr}| / f_r$，可以看出，理论分析所得结果与试验结果趋于一致。图 5-6 是对两个模式转换换能器试验测量的导纳响应曲线，与图 5-3 数值模拟结果大致相同。其误差主要来源于标准材料参数与实际材料参数的不同，以及模拟损耗因子与实际机械损耗产生的误差。

表 5-2　模式转换换能器共振频率的理论和测量结果

序号	l_b /mm	a /mm	h /mm	f_r /kHz	f_{nr} /kHz	f_{mr} /kHz	Δ_n /%	Δ_m /%
I	52	130	21	22.747	22.886	23.266	0.61	2.28
II	72	100	22	18.520	19.396	19.246	4.52	3.77

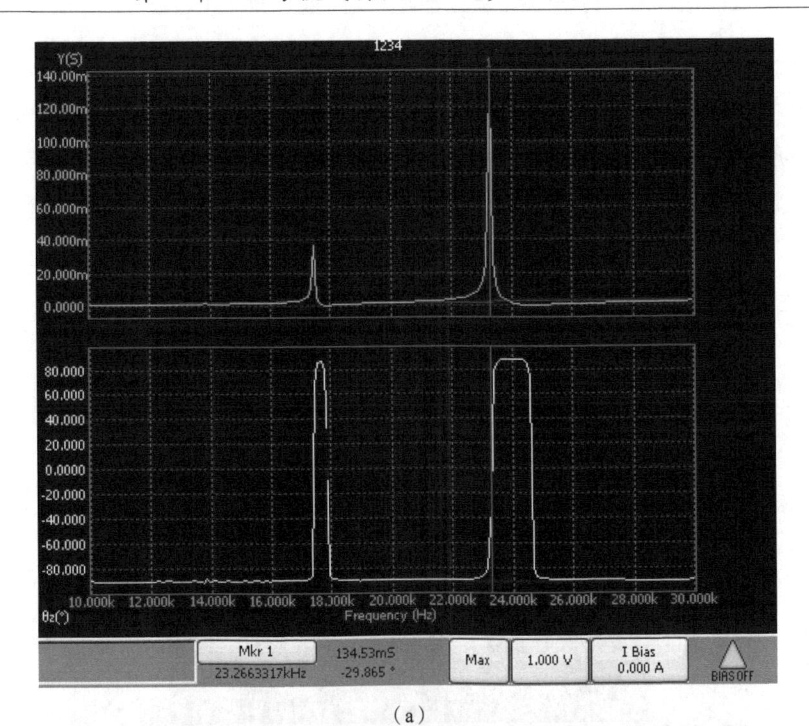

（a）

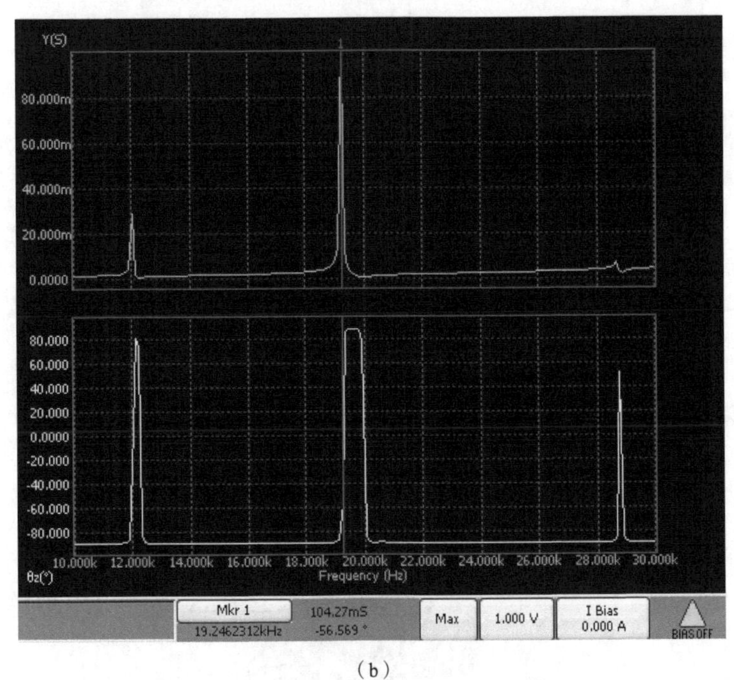

（b）

图 5-6　模式转换换能器试验测得的导纳曲线

（a）换能器 I　（b）换能器 II

除此之外，还利用全场扫描式激光振动测量系统 Polytec PSV-400-M2（图 5-7），在 10~35 kHz 频率范围内，对纵弯振动模式转换压电超声换能器的端面振动位移进行了扫描。图 5-8 是纵弯振动模式转换压电超声换能器 I 在共振频率为 23.656 kHz 时不同时刻的端面振动位移分布；图 5-9 是纵向振动模式转换压电超声换能器 II 在共振频率为 19.406 kHz 时不同时刻的端面振动位移分布。从图 5-8 和图 5-9 可以看出，换能器 I 的圆盘处于第三阶弯曲振动模式，换能器 II 的圆盘处于第二阶弯曲振动模式，与上述利用有限元软件模拟结果一致。

图 5-7　全场扫描式激光振动测量系统 Polytec PSV-400-M2

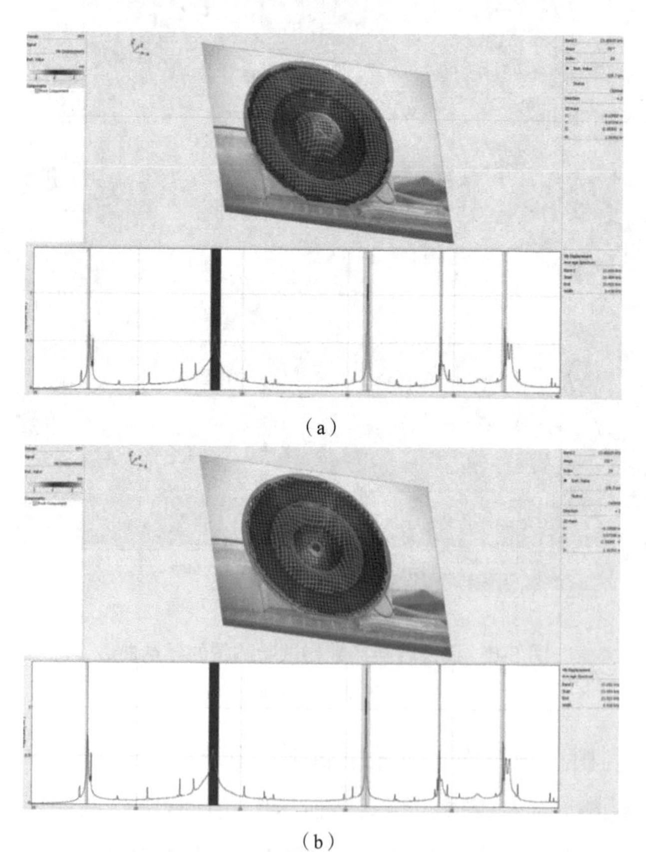

（a）

（b）

图 5-8　换能器 I 在共振频率为 23.656 kHz 时不同时刻的端面振动位移分布

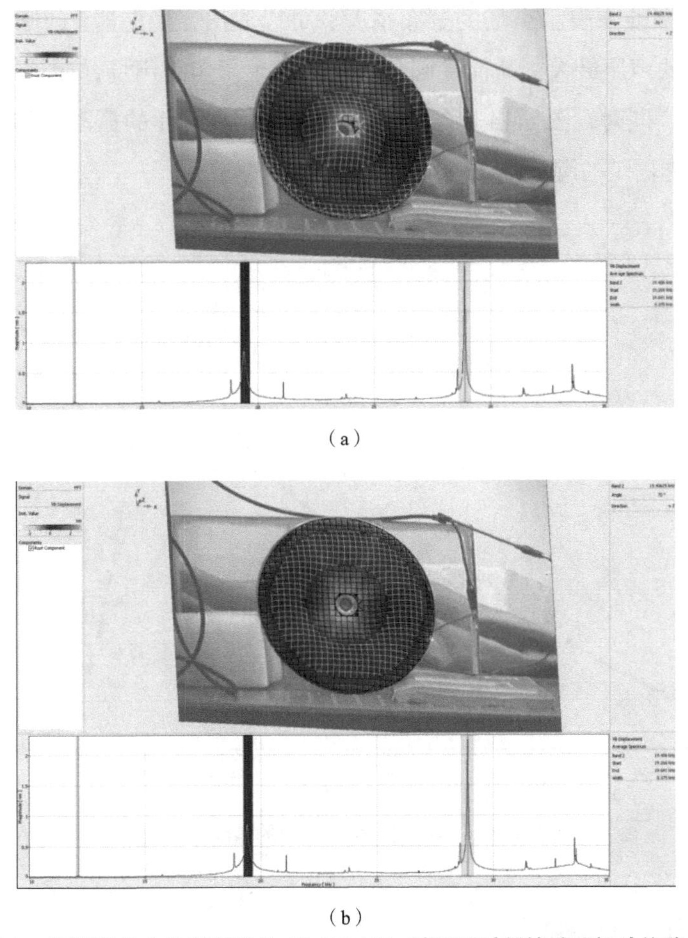

（a）

（b）

图 5-9 换能器 II 在共振频率为 19.406 kHz 时不同时刻的端面振动位移分布

第五节 纵弯振动模式转换压电超声换能器的声场分析

基于第三节纵弯振动模式转换压电超声换能器的振动位移分布和谐响应分析，下面利用有限元软件 ATILA 对其声场情况进行模拟和分析。在 2D 换能器模型的基础上，创建半径为 250 mm 的流体区域大圆弧，并选择辐射边界，所有底边施加 *y*、*z* 方向的机械约束。其中，流体是水，体积弹性杨氏模量为 2.22×10^9 Pa，密度为 1 000 kg/m³。同样选取 2D HARMONIC 分析类型进行谐响应分析，并从中提取其辐射声场的分布情况。

图 5-10 是纵弯振动模式转换压电超声换能器 I 的谐响应曲线，描绘了频率和导纳的关系。从中提取当频率为 23.166 kHz 时的声场中辐射声压的分布，如图 5-11、图 5-12 和图 5-13 所示。图 5-11 和图 5-12 分别是模拟辐射声场声压的虚部和实部。一般来讲，由于近场中有复杂的相位分布，因此仅靠虚部或实部来反映辐射声场还不够全面。图 5-13 提

取了此时声压的幅值来表示声场的分布情况，可以看出，换能器 I 的圆盘做三阶弯曲振动，且其中心处的声压最大，从而在圆盘中心处产生了焦距声场，而且近场处声压较大，远场处声压较小。同时，图 5-14 也给出了该频率下换能器 I 的振动位移分布，同样也可以发现，此时换能器工的圆盘处于三阶弯曲振动状态。

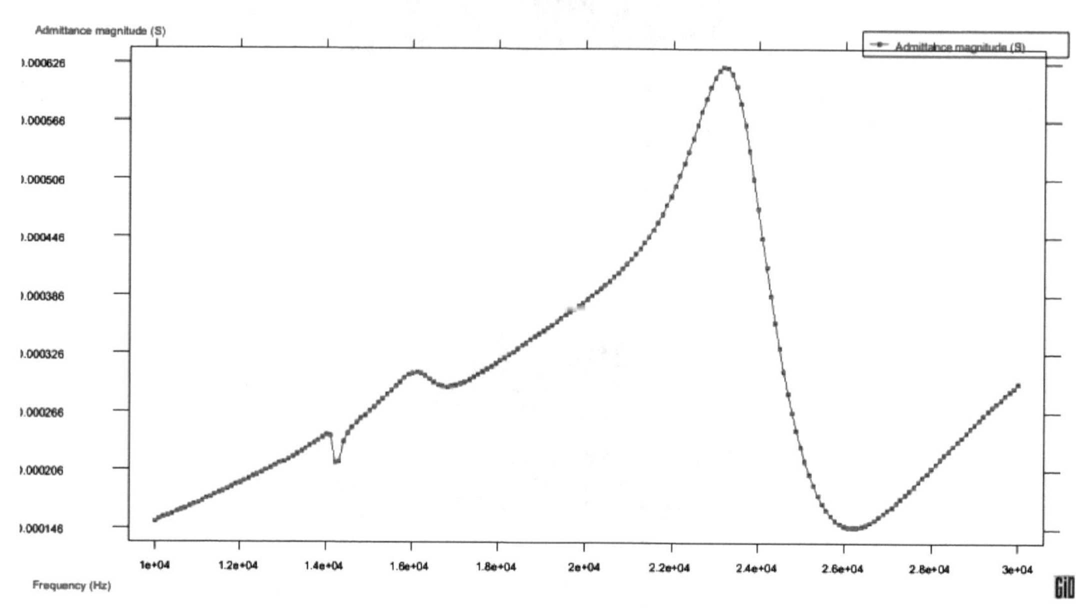

图 5-10　换能器 I 在声场中的谐响应曲线

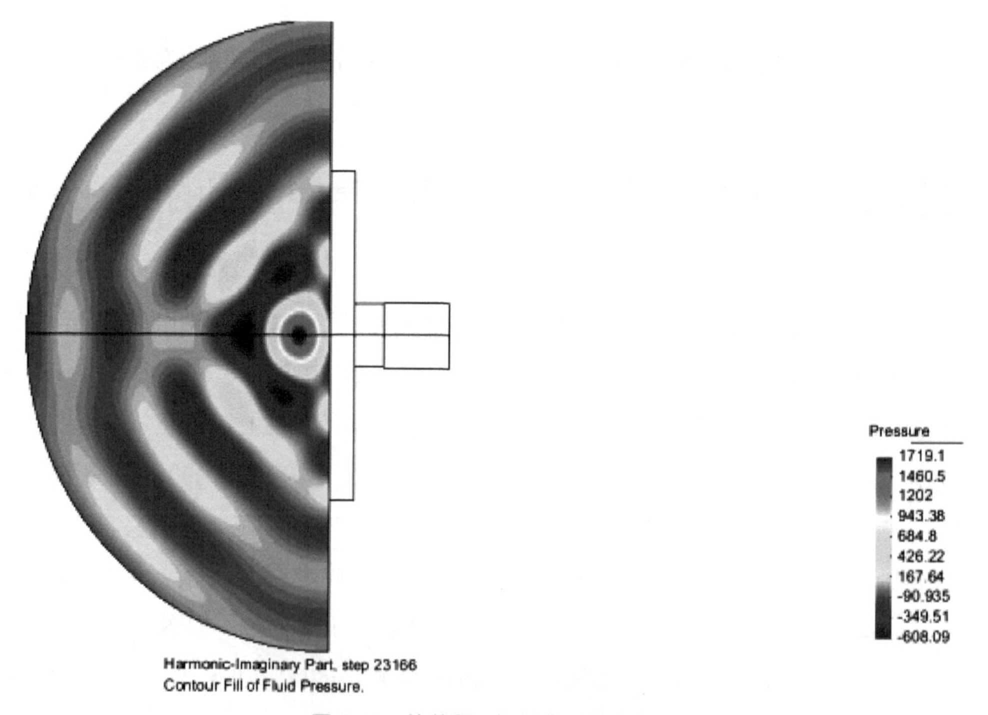

图 5-11　换能器 I 辐射声压的虚部

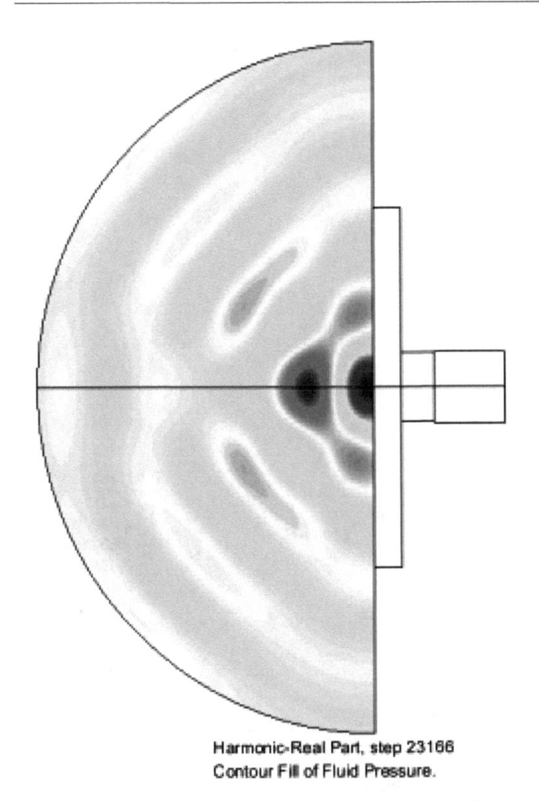

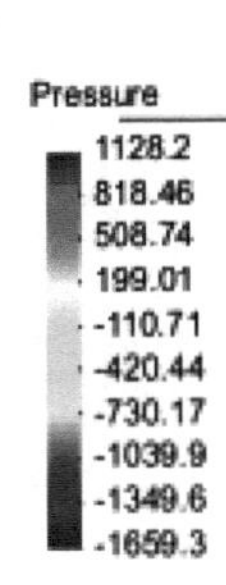

图 5-12　换能器 I 辐射声压的实部

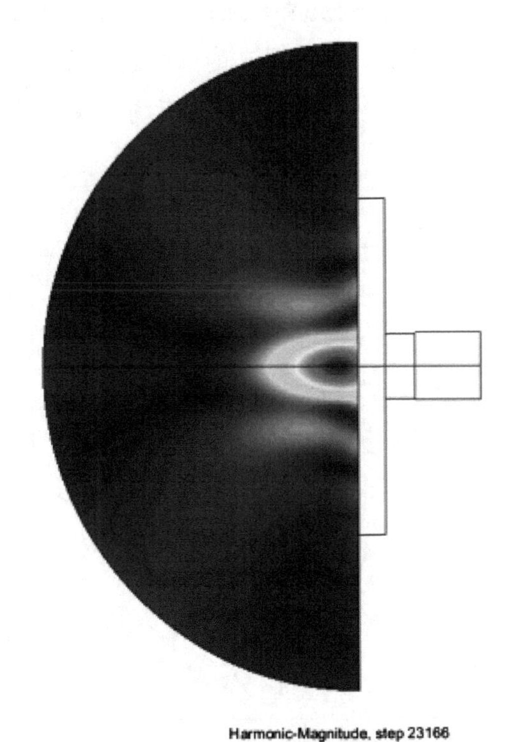

Pressure
1850.7
1645.3
1440
1234.7
1029.4
824.02
618.7
413.37
208.04
2.7141

图 5-13　换能器 I 辐射声压的幅值

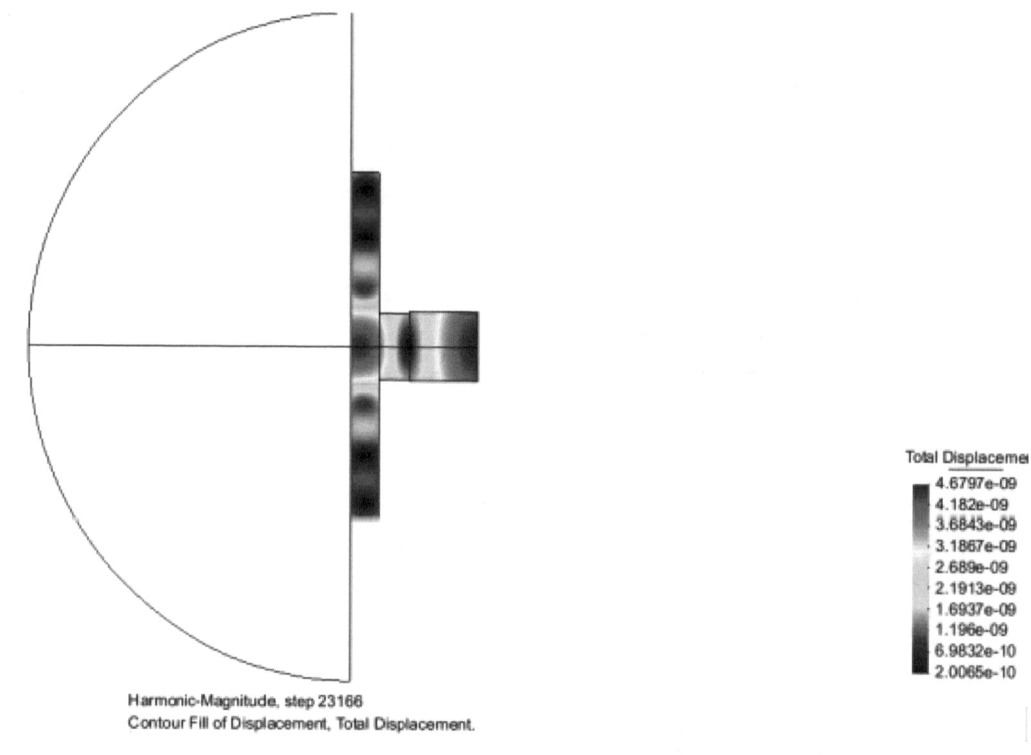

图 5-14　换能器 I 声场中的振动位移分布

除此之外，还模拟了换能器 II 在声场中的谐响应曲线及频率为 19.121 kHz 时声压的分布情况，如图 5-15 和图 5-16 所示。同样也可以看出，换能器 II 的圆盘做二阶弯曲振动，且其中心处的声压最大，从而在圆盘中心处产生了焦距声场，而且近场处声压较大，远场处声压较小。

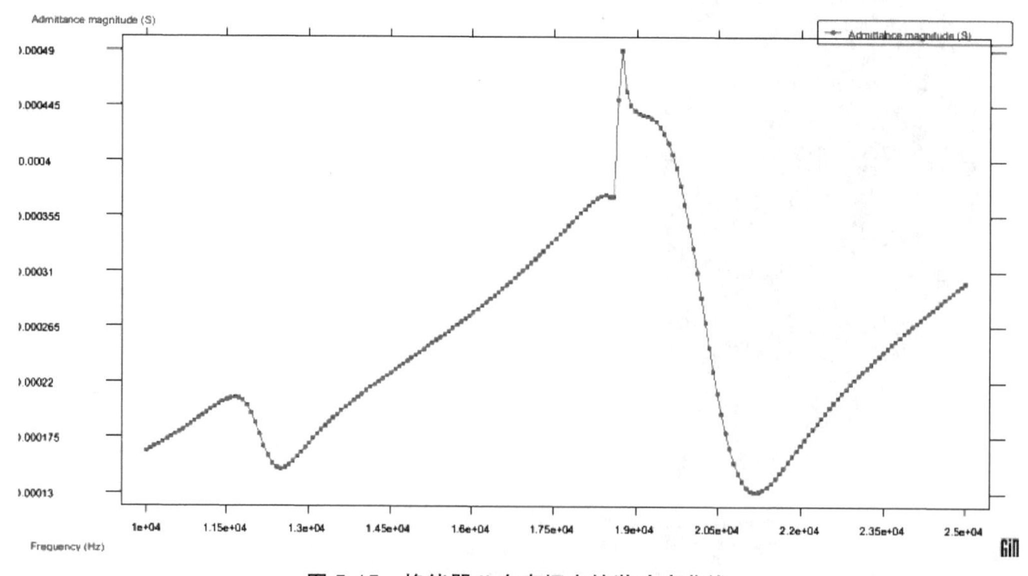

图 5-15　换能器 II 在声场中的谐响应曲线

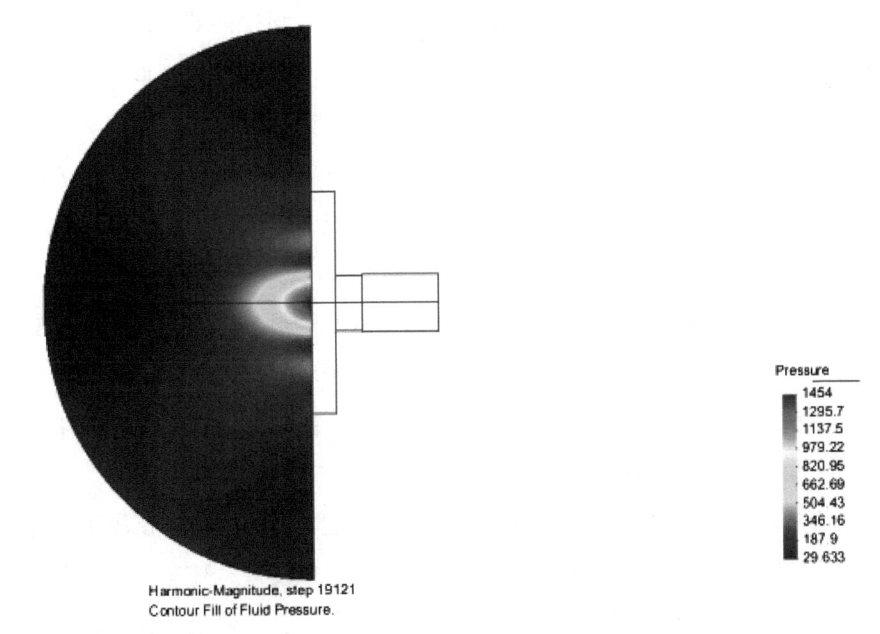

图 5-16　换能器 II 辐射声压的幅值

通过上述分析，与单个换能器在空气中自由振动时的谐响应曲线或模态分析相比，可以发现，纵弯振动模式转换压电超声换能器在水中的共振频率比在空气中的小，其实也就相当于振动时换能器的辐射端面加了一个负载，从而降低了换能器的共振频率。

第六节　本章小结

本章提出了一种新型的纵弯振动模式转换压电超声换能器，包含后盖板、轴向极化压电陶瓷片及弯曲振动金属圆盘。首先，根据第三章弯曲振动薄圆盘集中等效参数的分析，推导出了该换能器纵弯振动模式的机电等效电路，并得出了其共振频率方程。其次，利用有限元软件 ATILA 分析了整个换能器的振动性能（频率特性和振动位移分布）及辐射声场的分布情况。最后，设计并加工了相应的模式转换换能器，用精密阻抗分析仪 Agilent Hp4294 测试了该系统的频率变化特性曲线，用全场扫描式激光测振仪 Polytec PSV-400 测试了换能器的端面位移振幅分布。综合以上的分析内容，得出以下结论。

（1）通过该类换能器频率方程可以看出，其共振频率及反共振频率随其材料参数和几何尺寸的变化而变化。也就是说，当换能器的材料参数和几何尺寸确定时，可以求得其共振频率和反共振频率；反之亦然。因此，可以根据此方程确定频率或几何尺寸等，为设计该类换能器提供了方便。

（2）通过有限元软件模拟及试验测试结果可以看出，该换能器通过纵向激励单元的纵向振动带动辐射端面产生弯曲振动，并使其整体处于同一共振模式，即纵弯振动模式。此时，换能器 I 的共振频率是 22.886 kHz，圆盘处于第三阶弯曲振动模式；换能器 II 的共振频率是 19.396 kHz，圆盘处于第二阶弯曲振动模态。从图 5-4 可以看出，该类换能器类似于半波振子，纵向激励单元与弯曲圆盘的连接处位于圆盘对称弯曲振动模式的中心波腹处。

（3）通过提取换能器纵弯振动时声压的幅值来表示声场的分布情况，可以看出，换能器中心处的声压最大，从而在圆盘中心处产生了焦距声场，而且近场处声压较大，远场处声压较小，在水中的共振频率比在空气中的小，相当于振动时换能器的辐射端面加了一个负载，从而降低了换能器的共振频率。

虽然本章所设计的纵弯振动模式转换压电超声换能器的理论已从试验上验证了其合理性和可行性。然而，通过变化此类换能器的几何尺寸可以发现，随着圆盘厚度的增加，该理论误差越来越大，因为此时振动也变得比较复杂。因此，为使该类换能器更好地应用在实践中，今后的工作中还需要对厚盘的振动情况做进一步的研究。

第六章　纵径耦合振动模式柱状压电超声换能器的研究

第一节　引言

在水声和功率超声领域，对效率高且输出功率大的换能器的需求越来越大，且应用范围越来越广 [127-129]。现在，纵向夹心式压电换能器是应用最广泛的大功率压电换能器。根据传统的一维理论，纵向夹心式换能器的振动是一维纵向振动，这就要求夹心式换能器的横向尺寸应该小于四分之一波长。在这种情况下，夹心式换能器的振动以纵向振动为主，其声场辐射基本是沿纵向方向，因此换能器的输出功率和辐射面积会受到限制。

然而，随着计算机技术、信号处理技术、生物技术、电子技术和材料科学技术的发展，超声技术应用领域越来越广泛，如生物提取、污水处理、石油二次开采、中草药提取、超声清洗、超声化学及超声液体处理等，而一维纵向夹心式换能器通常不能满足大功率及高输出的要求。为了增大辐射面积、提高输出功率，超声换能器的横向尺寸应该随之增大，或者研制一些新型的换能器或辐射器等。为此许多研究者及公司对大功率超声振动系统做了大量的研究：西班牙学者 J.A. Gallego-Juarez 提出了纵向激励的阶梯形圆盘及矩形板超声振动系统，并已经用于加工及食品等工业应用领域 [4]；俄罗斯学者也提出了一种多头激励的新型大功率超声振动系统等；Peshkovsky 等人也研制出了一种新型的超声换能器，能够产生大的辐射面积和高的增益。目前，对管状或柱状换能器也有不少研究，利用其纵径耦合振动可增大辐射面积和输出功率。周光平教授等人提出了管状纵径耦合模式超声辐射器，并对其进行了大量分析 [94]；林书玉教授等人提出了一种新型的大功率超声复合换能器 [130]，包含纵向夹心式压电换能器、金属管及前后金属辐射盖板，不过该复合换能器纵向尺寸比较大，主要还是采用一维纵向振动理论，类似长管的纵向振动。

在超声清洗、超声处理等功率超声的应用中，换能器是以实现向介质辐射大功率声能为目的。通常功率超声换能器大都采用纵向振动形式的夹心式压电陶瓷超声换能器，该类换能器利用压电陶瓷片的厚度振动，其结构简单，机电耦合系数及机电转换效率高、且易于优化设计。但传统的纵向振动夹心式换能器存在许多不足之处：首先，纵向夹心式换能器的设计是基于一维纵向振动理论，即换能器的横向尺寸要小于辐射声波波长的四分之一，因此换能器的声波辐射面积受到限制，在很大程度上限制了此类换能器的声波辐射功率；其次，纵向夹心式超声换能器的辐射能量基本上是沿换能器的纵轴方向辐射，不能实现超声能量的空间辐射，这使得超声波作用范围受到了限制。为了提高换能器的功率容量，国内外学者采取了很多办法：有学者将换能器的压电材料改为应力大、能量密度高的稀土超磁致伸缩材料 Terfenol-D，研制出了一些性能较好的声呐与水声对抗换能器，但由于该种材料存在材料脆、机械加工困难、高频涡流损耗大、价格贵等原因，因此，没有被广泛地应用于功率超声领域；还有学者设计了一种棒式及管式超声换能器，对其辐射性能等进行了研究分析，并将其应用到了超声清洗、超声处理以及超声中草药提取中，但从该类换能器的振动模式来看，基本上仍然是基于传统的纵向振动，而对能产生全方位、大功率辐射的声源本身的研究，当前还未有突破进展。

径向振动也是压电陶瓷的一种主要振动形式。径向振动的圆柱形换能器在水声领域已经得到广泛应用，但其主要用于小信号收发。而压电陶瓷做径向振动时，大多都采用圆管形压电陶瓷作为声源，其机电转换系数很高，可以满足功率超声的需要，设计出满足功率要求的换能器。传统的圆柱形大功率超声换能器主要有充油及灌注两种结构方式，充油方式虽可实现大功率辐射但效率比较低，而灌注方式的圆柱形换能器因其表面的聚氨酯易被腐蚀，故不能采用大功率辐射。为了实现大功率超声辐射，克服各种弊端，需要设计一种新型的柱形大功率超声换能器。

在传统的超声换能器的设计过程中，换能器基本上工作于谐振模态，其共振频率是单一的。但是随着水声及超声技术的发展，传统换能器的应用暴露出了另一些需要解决的问题：传统换能器的共振频率难以调整，而为了适用于不同的场合需要不同频率的超声换能器，故必须重新设计并加工，这将造成人力、物力及财力的浪费；在超声清洗、超声液体处理以及声化学反应等应用技术中，传统的单频换能器产生的声场是一个驻波场，会造成超声清洗、超声处理及声化学反应不均匀，从而影响应用的效果，若采用多频或宽频超声换能器则可以克服这些问题。对多频或宽频换能器的研究也是近年来国内外声学工作者重点研究的课题，例如由纵向振动夹心式振子和弯曲振动薄圆板复合换能器，以及利用多组压电陶瓷片的夹心式换能器等，可使换能器产生复频超声波，但这些在换能器结构和设计上都比较复杂；另外，为了增加换能器的频带宽，当前多采用多模振动来实现，如利用辐射头弯曲振动的纵振换能器，利用匹配层技术的宽带换能器，利用不同直径圆环重叠和充液圆环的多模宽带换能器，以及利用在辐射盖板上穿孔来拓宽换能器频带宽等，但诸如这些换能器大都应用于水声，由于水声信号的无失真收发要求一般处于稳定的工作状态，避免产生非线性失真和空化，因而换能器的功率密度比较小，不适合应用于功率超声领域。

因此，基于以上原因，为了适应功率超声新技术的要求，有必要研制新型大功率换能器，以克服传统换能器存在的一些弊端。首先，本章基于近似解析理论，也就是表观弹性法（其内容为对于材料均匀的弹性体，在不考虑剪切变形只考虑伸缩变形的条件下，其振动可以看成由两个互相垂直的纵向振动和径向振动耦合而成，不同方向的振动可以看作有不同的表观弹性常数，即等效杨氏模量。在这种条件下，该耦合振动可由两个方向的一维振动来表示，而从整体来看，这两个方向的等效振动是通过耦合系数构成的整个弹性体的耦合振动），结合第四章分析的大尺寸圆柱体纵径耦合振动理论，在文献 [130] 的基础上，利用传输线理论推导出了大尺寸柱状压电超声换能器纵径耦合振动时的机电等效电路，并得到了其共振频率方程；其次，利用共振频率方程分析了该换能器的共振频率，并用数值法模拟了其换能器的振动模态及频率特性；最后，对该类纵径耦合振动模式柱状换能器进行了优化分析，并给出了声场中声压的分布情况，结果表明夹心式换能器的纵向振动与圆管的纵径耦合振动转换模式合理。希望本文的研究结果能在生物柴油制备、超声污水降解处理、超声清洗及中草药提取等领域获得应用。该换能器结构简单，对传统换能器是一种创新，对于发展新型的超声换能器、改善现有超声技术的应用效果、开发新的超声技术及应用领域具有理论指导意义和实际应用价值。

第二节　纵径耦合振动模式柱状压电超声换能器的理论分析

图 6-1 是纵径耦合振动模式柱状压电超声换能器的基本结构示意图，它包含一个夹心式纵向压电换能器、大尺寸柱状金属管及前后金属辐射盖板。当激励内部夹心式换能器纵向振动时，带动前后盖板也做纵向振动，从而导致柱状金属管也产生振动。由于柱状金属管的径向尺寸比较大，基于泊松效应，金属管主体将产生纵向和径向的耦合振动。该换能器由径向极化的压电陶瓷圆管和内外金属圆管在径向复合而成，且其径向与纵向的尺寸接近。通过内外金属圆管给压电陶瓷圆管内外表面径向施加预应力，可以大大提高压电陶瓷圆管的输入功率。该换能器辐射面积较大，可以实现二维辐射，可以提高换能器的辐射声功率；该换能器采用夹心式径向复合结构，压电陶瓷圆管内外表面与金属管紧密接触，其导热性能大大提高，使换能器的机电转换效率大大提高；由于径向与纵向的几何尺寸接近，换能器将在径向与纵向产生强烈的耦合振动，使其振动模式增加，换能器能够在不同的谐振频率下振动，从而实现换能器的大功率辐射。因此，该柱状压电超声换能器不但能

在纵向产生超声波，而且在径向也能辐射超声波。

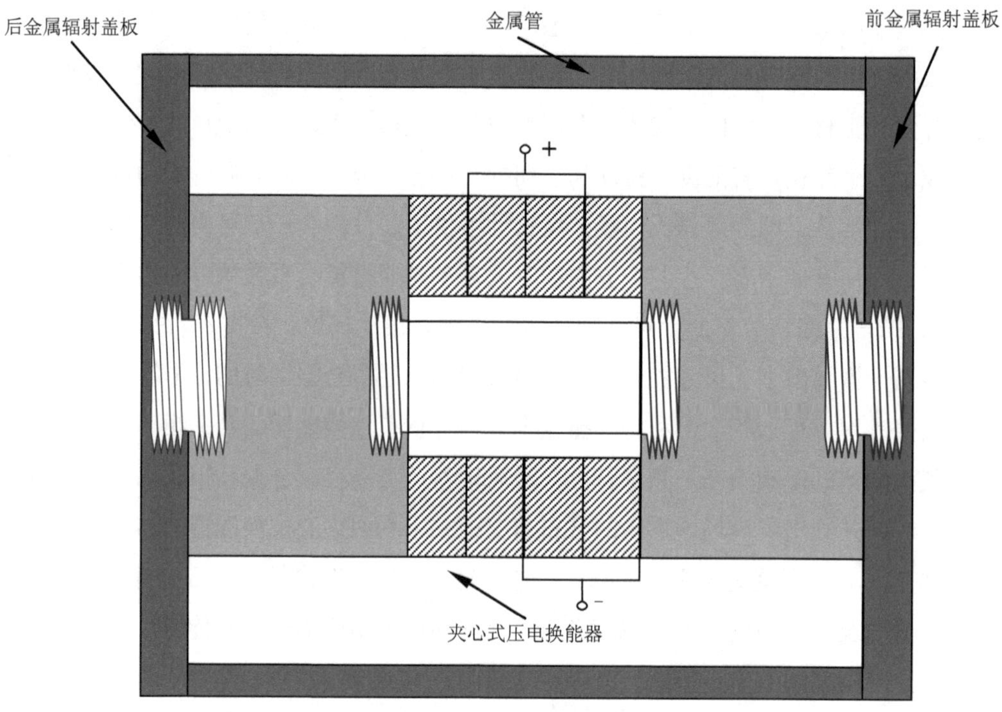

图 6-1 纵径耦合振动模式柱状压电超声换能器的结构示意图

图 6-2 是纵径耦合振动模式柱状压电超声换能器的几何结构示意图。其中，l_f 和 l_b 是前后金属辐射盖板的厚度，它们的半径均是 R_0；柱状金属管的长度为 h，其内、外半径分别为 b 和 a；l_2 和 l_1 分别是夹心式换能器中前、后金属质量块的长度，它们的半径分别是 R_2 和 R_1；夹心式换能器中有 p 片相同的压电陶瓷片，钙片的厚度为 l_0，外半径和内半径分别为 r_1 和 r_2，一般情况下，压电陶瓷片数 p 是偶数。由于柱状压电超声换能器的长度和半径之比趋近于 1，换句话说，其径向尺寸和纵向尺寸可以相互比较，因此该柱状压电超声换能器的三维纵径耦合振动应该被考虑。

基于第四章环状柱体纵径耦合振动的研究，根据传输线理论和梅森机电等效模型，利用柱状换能器各部分连接处边界上力和速度连续的特性，可以得到纵径耦合振动模式柱状压电超声换能器的机电等效电路，如图 6-3 所示。其中，虚线分别把内部夹心式换能器、柱状金属管、金属前盖板和后盖板四部分等效电路区分开。

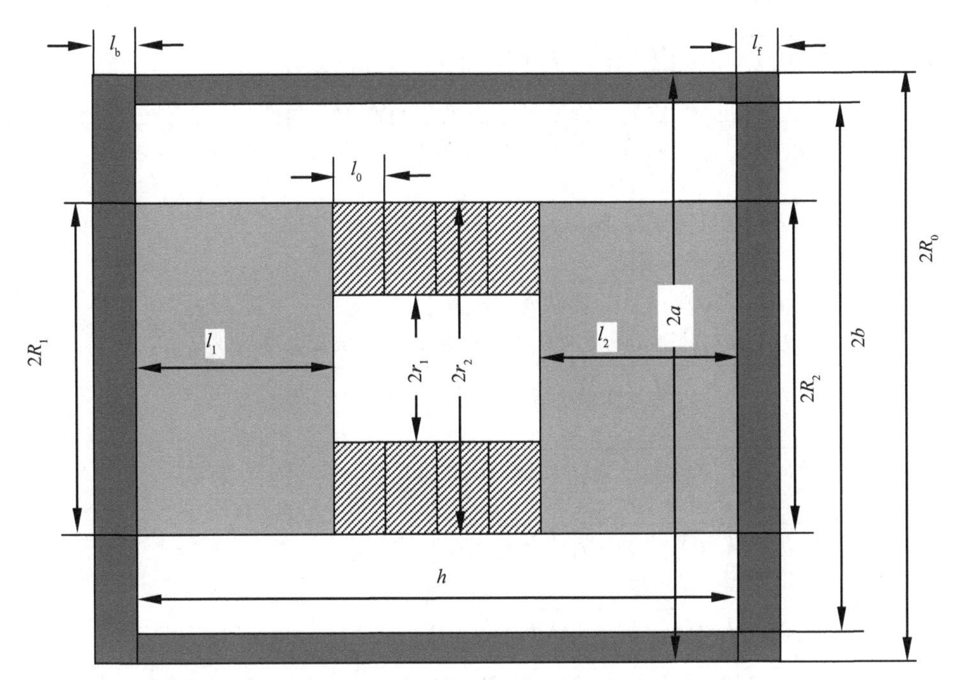

图 6-2 纵径耦合振动模式柱状压电超声换能器的几何结构示意图

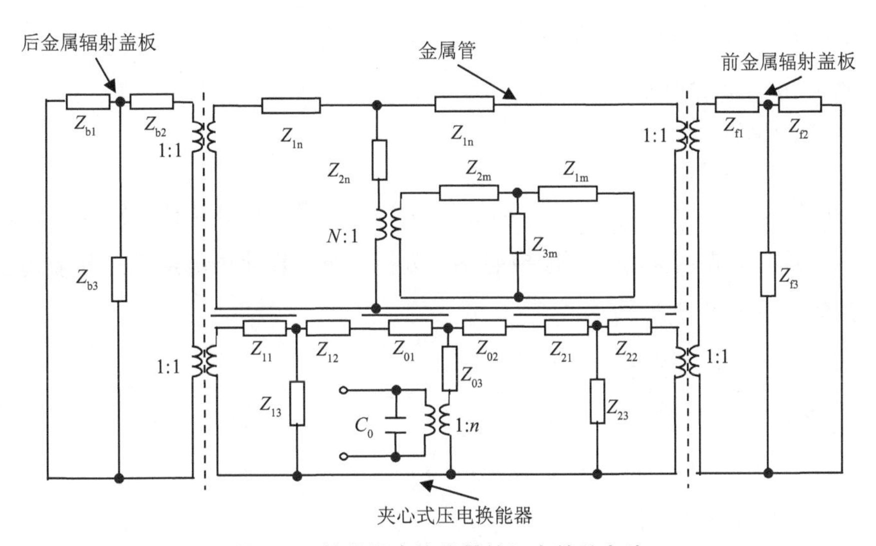

图 6-3 柱状超声换能器的机电等效电路

根据第四章第二节环状金属柱体耦合近似振动理论及等效电路的分析，金属柱体径向和纵向等效弹性常数分别为 $E_r = \dfrac{E_m(1-\nu n')}{(1+\nu n')(1-\nu-2\nu n')}$ 和 $E_z = \dfrac{E_m}{1-\nu/n'}$，$E_m$ 和 ν 分别是金属柱体的杨氏模量和泊松比，n' 是等效机电耦合系数。图 6-3 中，$N = \dfrac{a^2-b^2}{ah}\cdot n'$，是该换能器径向振动和纵向振动的力转换系数。径向阻抗 Z_{1m}、Z_{2m} 和 Z_{3m} 可分别表示为

$$Z_{1\mathrm{m}}=\mathrm{j}\frac{2Z_{rb}}{\pi k_r b\left[J_1(k_r a)Y_1(k_r b)-J_1(k_r b)Y_1(k_r a)\right]}\cdot\frac{J_1(k_r a)Y_0(k_r b)-J_0(k_r b)Y_1(k_r a)-J_1(k_r b)Y_0(k_r b)+J_0(k_r b)Y_1(k_r b)}{J_1(k_r b)Y_0(k_r b)-J_0(k_r b)Y_1(k_r b)}-\mathrm{j}\frac{2Z_{rb}(1-v)}{\pi(k_r b)^2\left[J_1(k_r b)Y_0(k_r b)-J_0(k_r b)Y_1(k_r b)\right]} \quad (6\text{-}1)$$

$$Z_{2\mathrm{m}}=\mathrm{j}\frac{2Z_{ra}}{\pi k_r a\left[J_1(k_r a)Y_1(k_r b)-J_1(k_r b)Y_1(k_r a)\right]}\cdot\frac{J_1(k_r b)Y_0(k_r a)-J_0(k_r a)Y_1(k_r b)-J_1(k_r a)Y_0(k_r a)+J_0(k_r a)Y_1(k_r a)}{J_1(k_r a)Y_0(k_r a)-J_0(k_r a)Y_1(k_r a)}-\mathrm{j}\frac{2Z_{ra}(1-v)}{\pi(k_r a)^2\left[J_1(k_r a)Y_0(k_r a)-J_0(k_r a)Y_1(k_r a)\right]} \quad (6\text{-}2)$$

$$Z_{3\mathrm{m}}=\mathrm{j}\frac{2Z_{rb}}{\pi k_r b\left[J_1(k_r a)Y_1(k_r b)-J_1(k_r b)Y_1(k_r a)\right]}=\mathrm{j}\frac{2Z_{ra}}{\pi k_r a\left[J_1(k_r a)Y_1(k_r b)-J_1(k_r b)Y_1(k_r a)\right]} \quad (6\text{-}3)$$

式中：$Z_{ra}=\rho_{\mathrm{m}}v_r S_{ra}$，$Z_{rb}=\rho_{\mathrm{m}}v_r S_{rb}$，$k_r=\omega/v_r$，$v_r=\sqrt{E_r/\rho_{\mathrm{m}}}$，$S_{ra}=2\pi ah$，$S_{rb}=2\pi bh$，$S_{ra}$和$S_{rb}$分别是柱状金属管的外表面面积和内表面面积。

柱状金属管纵向振动的等效阻抗Z_{1n}和Z_{2n}可分别表示为

$$Z_{1n}=\mathrm{j}\rho_{\mathrm{m}}v_z S_{zh}\tan(k_z h/2) \quad (6\text{-}4)$$

$$Z_{2n}=\frac{\rho_{\mathrm{m}}v_z S_{zh}}{\mathrm{j}\sin(k_z h)} \quad (6\text{-}5)$$

式中：$k_z=\omega/v_z$，$v_z=\sqrt{E_z/\rho_{\mathrm{m}}}$，$S_{zh}=\pi(a^2-b^2)$，$S_{zh}$是弹性金属柱体的横截面面积。

根据第二章纵向振动夹心式压电换能器的分析，纵向极化压电陶瓷片和金属前、后盖板的阻抗具体表达式分别为

$$Z_{01}=Z_{02}=\mathrm{j}Z_0\tan(pk_0 l_0/2) \quad (6\text{-}6)$$

$$Z_{03}=Z_0/\left[\mathrm{j}\sin(pk_0 l_0)\right] \quad (6\text{-}7)$$

$$Z_{11}=Z_{12}=\mathrm{j}Z_1\tan(k_1 l_1/2) \quad (6\text{-}8)$$

$$Z_{13}=Z_1/\left[\mathrm{j}\sin(k_1 l_1)\right] \quad (6\text{-}9)$$

$$Z_{21}=Z_{22}=\mathrm{j}Z_2\tan(k_2 l_2/2) \quad (6\text{-}10)$$

$$Z_{23}=Z_2/\left[\mathrm{j}\sin(k_2 l_2)\right] \quad (6\text{-}11)$$

式中：Z_{01}、Z_{02}、Z_{03}，Z_{11}、Z_{12}、Z_{13}和Z_{21}、Z_{22}、Z_{23}分别是内部夹心式换能器的压电陶瓷片、金属前盖板和金属后盖板的机械阻抗；$Z_0=\rho_0 v_0 S_0$，$v_0=\sqrt{1/\left(S_{33}^E\rho_0\right)}$，$S_0=\pi(r_2^2-r_1^2)$；$Z_1=\rho_1 v_1 S_1$，$v_1=\sqrt{E_1/\rho_1}$，$S_1=\pi R_1^2$；$v_2=\sqrt{E_2/\rho_2}$，$S_2=\pi R_2^2$，$Z_2=\rho_2 v_2 S_2$；$\rho_1$、$E_1$、$v_1$、$S_1$和$\rho_2$、$E_2$、$v_2$、$S_2$分别是夹心式换能器后质量块和前质量块的体密度、杨氏模量、纵向振动声速度和横截面面积；ρ_0、S_{33}^E、v_0和S_0分别是压电陶

瓷片的体密度、弹性顺度系数、纵向振动声速和横截面面积；$C_0 = p\varepsilon_{33}^T(1-K_{33}{}^2)S_0/l_0$，$n = d_{33}S_0/(S_{33}^E l_0)$，$C_0$ 和 n 分别是夹心式换能器的嵌定电容和机电转换系数，ε_{33}^T、K_{33} 和 d_{33} 分别是自由介电常数、机电耦合系数和压电常数。

做纵向振动的前、后金属辐射盖板的机械阻抗具体可分别表示为

$$Z_{b1} = Z_{b2} = jZ_b \tan(k_b l_b/2) \tag{6-12}$$

$$Z_{b3} = Z_b/[j\sin(k_b l_b)] \tag{6-13}$$

$$Z_{f1} = Z_{f2} = jZ_f \tan(k_f l_f/2) \tag{6-14}$$

$$Z_{f3} = Z_f/[j\sin(k_f l_f)] \tag{6-15}$$

式中：Z_{b1}、Z_{b2}、Z_{b3} 和 Z_{f1}、Z_{f2}、Z_{f3} 分别是金属辐射前盖板和后盖板的机械阻抗；$Z_b = \rho_b v_b S_b$，$v_b = \sqrt{E_b/\rho_b}$，$S_b = \pi R_0{}^2$；$Z_f = \rho_f v_f S_f$，$v_f = \sqrt{E_f/\rho_f}$，$S_f = \pi R_0^2$；ρ_b、E_b、v_b、S_b 和 ρ_f、E_f、v_f、S_f 分别是在柱状换能器后辐射盖板和前辐射盖板的体密度、杨氏模量、纵向振动声速和横截面面积。

当柱状换能器在基频振动模式共振时，它能够被看成是半波振子，也就是说，由两个四分之一波长的振子组成，即在它的纵向几何中心有一个纵向位移节点，因此图 6-3 所示的机电等效电路可简化为图 6-4。

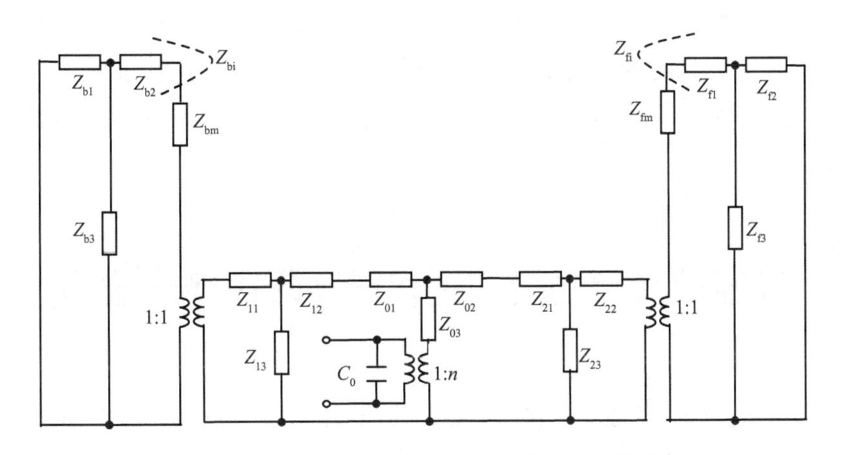

图 6-4 简化后的柱状压电超声换能器的机电等效电路

图中，Z_{bm} 和 Z_{fm} 分别是长度为 $h/2$ 的金属圆管的等效输入阻抗，它们的具体表达式分别为

$$Z_{bm} = Z_{fm} = Z_{1n} + 2\left\{Z_{2n} + N^2\left[Z_{2m} + Z_{1m}\cdot Z_{3m}/(Z_{1m}+Z_{3m})\right]\right\} \tag{6-16}$$

假设柱状压电超声换能器的金属辐射后盖板和前盖板的机械输入阻抗分别用 Z_{bi} 和 Z_{fi} 表示，则它们可分别表示为

$$Z_{bi} = Z_{b2} + \frac{Z_{b1}\cdot Z_{b3}}{Z_{b1}+Z_{b3}} \tag{6-17}$$

$$Z_{fi} = Z_{f1} + \frac{Z_{f2} \cdot Z_{f3}}{Z_{f2} + Z_{f3}} \tag{6-18}$$

基于图 6-4，结合式（6-1）至式（6-18），纵径耦合振动模式压电超声换能器的输入电阻抗可表示为

$$Z_e = \frac{Z_{mi}}{n^2 + j\omega C_0 Z_{mi}} \tag{6-19}$$

式中：$\omega = 2\pi f$，Z_{mi} 是该柱状压电超声换能器的总输入机械阻抗，具体表达式可写为

$$Z_{mi} = Z_{03} + \frac{(Z_{01} + Z_{bi})(Z_{02} + Z_{pi})}{Z_{01} + Z_{bi} + Z_{02} + Z_{pi}} \tag{6-20}$$

从图 6-4 可以得出柱状压电超声换能器的输入电阻抗为

$$Z_e = \frac{Z_{mi}}{n^2 + j\omega C_0 Z_{mi}} \tag{6-21}$$

根据式（6-21），可以得到纵径耦合振动模式压电超声换能器的共振频率方程为

$$Z_{mi} = 0 \tag{6-22}$$

反共振频率方程为

$$n^2 + j\omega C_0 Z_{mi} = 0 \tag{6-23}$$

从式（6-22）和式（6-23）及上述相关的表达式可以看出，该换能器的共振频率及反共振频率随其材料参数和几何尺寸的变化而变化。利用 MATLAB 软件，当柱状压电超声换能器的几何尺寸和材料参数给定时，n' 能够从第四章的式（4-3）和式（4-4）中求得，再结合式（6-22）和式（6-23）就可求出纵径耦合振动模式压电超声换能器的共振频率和反共振频率。

第三节　纵径耦合振动模式柱状压电超声换能器的数值模拟

前面采用解析法研究了该类柱状压电超声换能器的共振频率特性，并推导出了其机电等效电路及共振、反共振频率方程。作为一种验证解析结果的补充方式，下面利用有限元软件 ATILA 数值模拟该类柱状压电超声换能器的位移振动模态分布及频率特性。

由于该柱状压电超声换能器是轴对称图形，为了简化计算，在“Problem Data”选项中，“GEOMETRY”和“CLASS”被设置为“2D”和“AXISYMMETRYIC”，也就是说在利用 ATILA 软件分析时采用二维振动模型，即轴截面的一半模型。换能器的金属辐射前、后盖板及柱状金属圆管采用 45 号钢，其材料参数为 $\rho_b = \rho_f = 7\,800$ kg/m³，$\sigma_b = \sigma_f = 0.28$ 和 $E_b = E_f = 2.09 \times 10^{11}$ N/m²；压电陶瓷材料为 PZT-4，其材料参数为 $\rho_0 = 7\,500$ kg/m³，$S_{33}^E = 15.5 \times 10^{-12}$ m²/N，$K_{33} = 0.7$，$\varepsilon_{33}^T / \varepsilon_0 = 1300$，$\varepsilon_0 = 8.842 \times 10^{-12}$ F/m

和 $d_{33}=496\times10^{-12}$ C/N；柱状换能器中纵向夹心式换能器的前、后盖板的材料是铝，其材料参数为 $\rho_b=\rho_f=2\,700$ kg/m³，$\sigma_b=\sigma_f=0.34$ 和 $E_b=E_f=7.48\times10^{10}$ N/m²。利用 ATILA 软件模拟几个不同尺寸的纵径耦合振动模式压电超声换能器，其几何尺寸详见表 6-1。

表 6-1 柱状压电超声换能器的几何尺寸（单位：mm）

序号	h	l_b	l_f	l_1	l_2	l_0	$R_1=R_2$	$R_b=R_f$	a	b	r_1	r_2
I	80	5	5	28	28	6	25.5	40	40	36	25	10
II	80	5	5	28	28	6	25.5	40	40	36	25	10
III	80	5	5	28	28	6	25.5	40	40	40	25	10
IV	144	20	20	60	28	6	25.5	40	40	36	25	10

基于上述分析，纵径耦合振动模式压电超声换能器的共振频率和反共振频率能够从式（6-22）和式（6-23）求得；同时，利用有限元软件 ATILA 对其共振频率和反共振频率进行计算，其结果见表 6-2。表中，f_r 和 f_a 分别是根据频率方程式（6-22）和式（6-23）求得的共振频率和反共振频率；f_{nr} 和 f_{na} 是来自 ATILA 软件数值模拟的结果；$\varDelta_r=|f_r-f_{nr}|/f_{nr}$，$\varDelta_a=|f_a-f_{na}|/f_{na}$，由此能够看出，其解析结果与数值模拟结果有很好的一致性。

表 6-2 柱状压电超声换能器的共振频率和反共振频率

序号	f_r /kHz	f_a /kHz	f_{nr} /kHz	f_{na} /kHz	$\varDelta_r$ /%	$\varDelta_a$ /%
I	19.777	21.108	19.467	20.647	1.60	2.23
II	18.573	20.121	19.396	19.856	4.24	1.33
III	17.867	19.369	18.322	18.765	2.48	3.22
IV	9.807	10.283	9.876	10.210	0.70	0.71

利用有限元软件 ATLIA 进行数值模拟，纵径耦合振动模式压电超声换能器 I 和换能器 IV 的输入电导纳曲线能够画出，如图 6-5 和图 6-6 所示，反映了其导纳随频率的变化关系。图 6-7 和图 6-8 分别是从换能器 I 和换能器 IV 的导纳曲线中提取的一阶纵径耦合振动模态，可以看出它们的振动位移分布。从图 6-7 和图 6-8 可以看出，柱状压电超声换能器的两端面振动位移分布基本均匀，同时在柱状压电超声换能器的侧面产生径向振动；且随着换能器的径向尺寸与纵向尺寸比值的增加，径向振动位移逐渐增大。因此，若尺寸选择合适，该类柱状压电超声换能器不但能够在纵向产生振动，而且也能够在径向产生振动，期望该类换能器能够被用作三维超声辐射器。

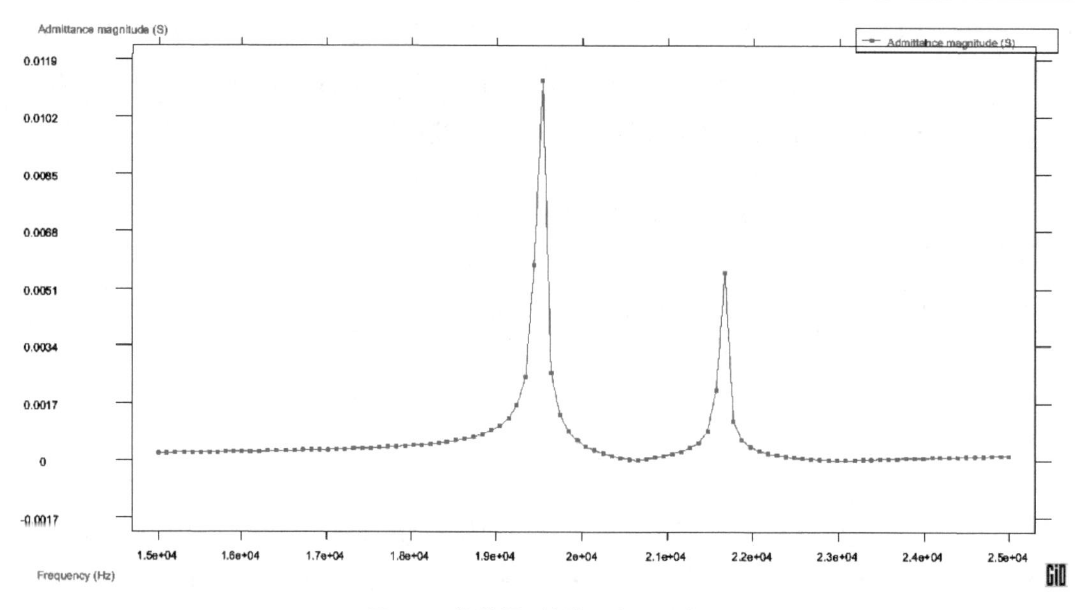

图 6-5 换能器 I 的输入电导纳曲线

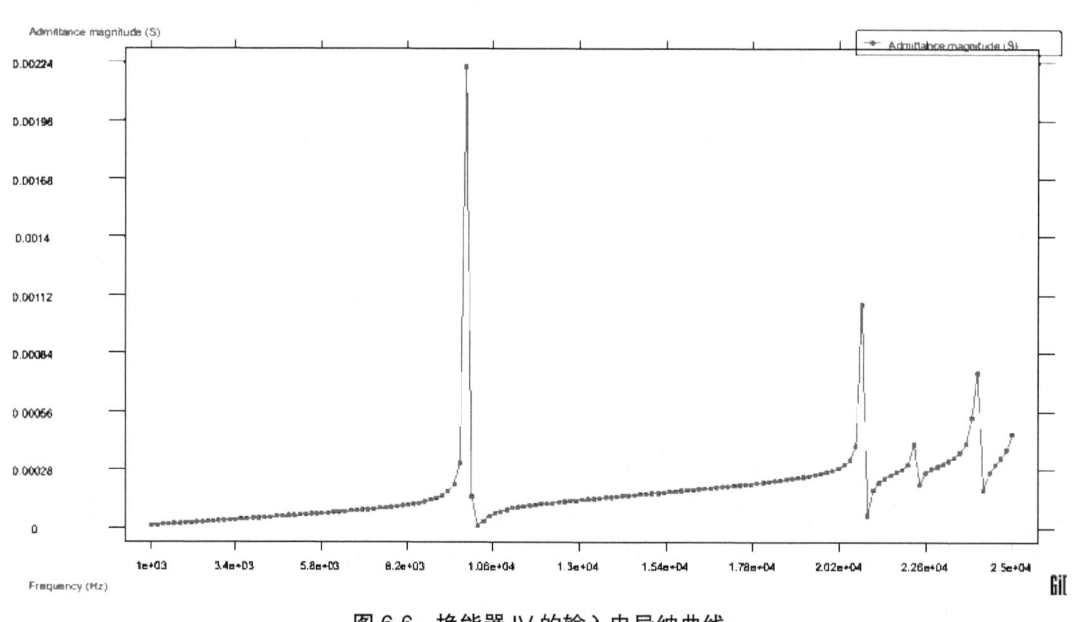

图 6-6 换能器 IV 的输入电导纳曲线

由于柱状压电超声换能器 I 的径向尺寸比四分之一波长大得多，因此根据泊松效应，其振动也相对比较复杂。从换能器 I 的导纳曲线（图 6-5）可以看出，在频率为 21.667 kHz 处还存在另一振动模式，其振动位移分布如图 6-9 所示，可以看出换能器在径向方向做二阶振动，同样在第二阶振动模式下可以产生纵向和径向的耦合振动。由于两个振动模态频率间隔比较小，因此希望该类换能器也能够被用作多频辐射器。

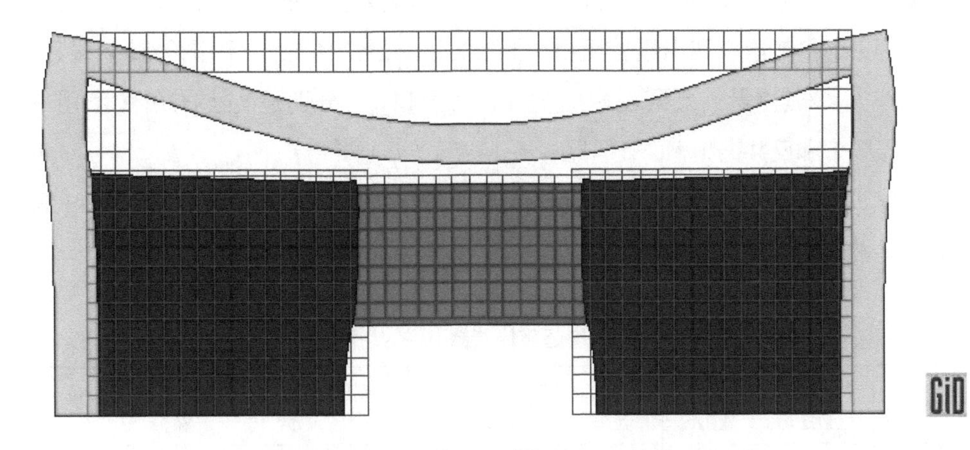

图 6-7 共振频率为 19.467 kHz 时换能器 I 的振动模态

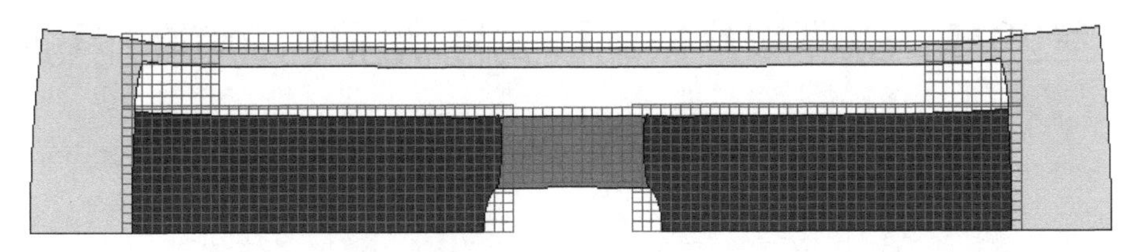

图 6-8 共振频率为 9.807 kHz 时换能器 IV 的振动模态

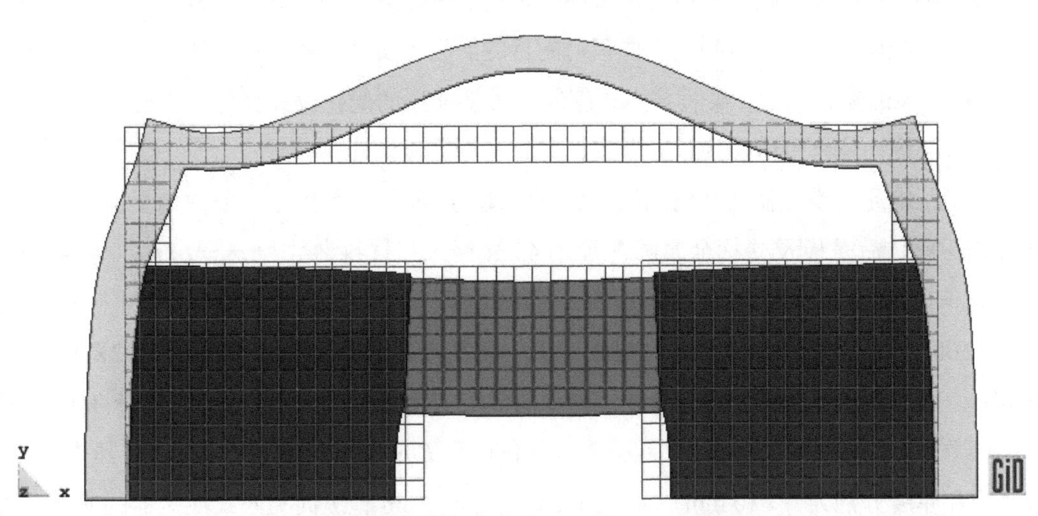

图 6-9 柱状压电超声换能器 I 的第二阶振动模态

基于上述分析的解析法和数值模拟法，根据表 6-1 中的几何尺寸，柱状压电超声换能器 IV 被设计和制造。利用精密阻抗分析仪 Agilent 4294 A，可以测得其共振频率f_{mr}和反共振频率f_{ma}，其测量结果见表 6-3。其中，$f_{Ref\,r}$和$f_{Ref\,a}$分别是文献 [130] 中利用一维理论求得的共振频率和反共振频率，$\varDelta_{r}=|f_{r}-f_{mr}|/f_{mr}$，$\varDelta_{a}=|f_{a}-f_{ma}|/f_{ma}$，$\varDelta_{Ref\,r}=|f_{Ref\,r}-f_{mr}|/f_{mr}$，$\varDelta_{Ref\,a}=|f_{Ref\,a}-f_{mr}|/f_{mr}$。与一维理论比较可以看出，试验测得的结果能够更好地与本文的耦合理论相吻合。

表 6-3 柱状压电超声换能器 IV 的共振频率和反共振频率

f_{r} /kHz	f_{a} /kHz	$f_{Ref\,r}$ /kHz	$f_{Ref\,a}$ /kHz	f_{mr} /kHz	f_{ma} /kHz	$\varDelta_{r}$ /%	$\varDelta_{a}$ /%	$\varDelta_{Ref\,r}$ /%	$\varDelta_{Ref\,a}$ /%
9.807	10.283	10.182	10.658	9.757	9.947	0.51	3.38	4.36	7.15

第四节 纵径耦合振动模式柱状压电超声换能器的优化设计及声场分析

一、柱状超声换能器的优化设计及振动性能分析

纵径耦合振动模式柱状压电超声换能器，主要是合理地利用其尺寸的变化，不但产生纵向还产生径向的振动，达到全方位辐射的目的。为了实现这种设计，该部分基于有限元软件 ANSYS 的参数化优化编程技术，编制该类换能器的优化设计程序，以柱状换能器的径向位移与纵向位移差值作为目标函数，对其进行优化设计。

柱状压电超声换能器的几何结构示意图如图 6-2 所示，其给定的条件如下：换能器的金属辐射前、后盖板及柱状金属圆管采用 45 号钢，其材料参数为$\rho_{b}=\rho_{f}=7\,800\ \text{kg/m}^{3}$，$\sigma_{b}=\sigma_{f}=0.28$和$E_{b}=E_{f}=2.09\times10^{11}\ \text{N/m}^{2}$；压电陶瓷材料采用 PZT-4，其材料参数为$\rho_{0}=7\,500\ \text{kg/m}^{3}$，$S_{33}^{E}=15.5\times10^{-12}\ \text{m}^{2}/\text{N}$，$K_{33}=0.7$，$\varepsilon_{33}^{T}/\varepsilon_{0}=1\,300$，$\varepsilon_{0}=8.842\times10^{-12}\ \text{F/m}$和$d_{33}=496\times10^{-12}\ \text{C/N}$；柱状换能器中纵向夹心式换能器的前、后盖板的材料是铝，其材料参数为$\rho_{b}=\rho_{f}=2\,700\ \text{kg/m}^{3}$，$\sigma_{b}=\sigma_{f}=0.34$和$E_{b}=E_{f}=7.48\times10^{10}\ \text{N/m}^{2}$；压电环内、外半径和厚度分别为$r_{2}=10\ \text{mm}$、$r_{1}=25\ \text{mm}$和$l_{0}=6\ \text{mm}$；纵向夹心式换能器的前、后盖板的半径为$R_{1}=R_{2}=25.5\ \text{mm}$；金属辐射前、后盖板的半径为$R_{b}=R_{f}=40\ \text{mm}$；柱状金属圆管的内半径为$b=36\ \text{mm}$。对该换能器优化设计的思路：在给定的条件下，通过改变纵

向夹心式换能器的前后盖板的长度 L_{12}、金属辐射前后盖板的厚度 L_{BF} 及柱状金属圆管的外半径 A，在一定的频率范围内使该柱状换能器的径向位移与纵向位移差值最小。

根据第二章第三节换能器的优化设计介绍，对于该柱状换能器，设计变量为夹心式换能器的前后盖板的长度 L_{12}、金属辐射前后盖板的厚度 L_{BF} 及柱状金属圆管的外半径 A，其变化范围为 $25\ \text{mm} \leqslant L_{12} \leqslant 30\ \text{mm}$、$3\ \text{mm} \leqslant L_{BF} \leqslant 8\ \text{mm}$、$38\ \text{mm} \leqslant A \leqslant 45\ \text{mm}$；状态变量为换能器的谐振频率 F，其变化范围为 $19\,800\ \text{Hz} \leqslant F \leqslant 20\,800\ \text{Hz}$；目标函数为柱状换能器的径向位移与纵向位移差值 OBJ_MIN。对该换能器进行优化计算，即可得到如下优化设计序列的结果：共 18 个优化设计序列，FEASIBLE 为合理的序列，INFEASIBLE 为不合理的序列，* 标出的是最佳设计序列。

LIST OPTIMIZATION SETS FROM SET 1 TO SET 18 AND SHOW
ONLY OPTIMIZATION PARAMETERS.（A "*" SYMBOL IS USED TO
INDICATE THE BEST LISTED SET）

		SET 1 （FEASIBLE）	SET 2 （FEASIBLE）	SET 3 （INFEASIBLE）	SET 4 （FEASIBLE）
F	（SV）	20 307.	20 025.	> 19 790.	20 204.
A	（DV）	0.400 00E-01	0.439 30E-01	0.428 47E-01	0.439 35E-01
L12	（DV）	0.280 00E-01	0.272 86E-01	0.276 88E-01	0.250 17E-01
LBF	（DV）	0.500 00E-02	0.494 00E-02	0.608 96E-02	0.534 55E-02
OBJ_MIN	（OBJ）	0.117 48	0.354 57	0.697 03E-01	0.399 04

		SET 5 （INFEASIBLE）	SET 6 （INFEASIBLE）	SET 7 （FEASIBLE）	SET 8 （FEASIBLE）
F	（SV）	> 19 579.	> 22 887.	20 172.	19 797.
A	（DV）	0.402 42E-01	0.385 66E-01	0.393 12E-01	0.402 42E-01
L12	（DV）	0.289 64E-01	0.256 29E-01	0.275 59E-01	0.265 02E-01
LBF	（DV）	0.591 06E-02	0.728 71E-02	0.535 86E-02	0.648 74E-02
OBJ_MIN	（OBJ）	0.266 98	0.666 63	0.110 29E-01	0.195 79

	SET 9 （FEASIBLE）	SET 10 （FEASIBLE）	SET 11 （FEASIBLE）	SET 12 （FEASIBLE）
F（SV）	20 259.	19 942.	20 775.	19 847.

A	（DV）	0.407 57E-01	0.385 33E-01	0.383 67E-01	0.401 90E-01
L12	（DV）	0.269 28E-01	0.283 82E-01	0.269 14E-01	0.274 45E-01
LBF	（DV）	0.551 89E-02	0.525 97E-02	0.449 48E-02	0.603 30E-02
OBJ_MIN	（OBJ）	0.711 56E-01	0.460 51E-01	0.457 64	0.151 46

		SET 13 （FEASIBLE）	*SET 14 （FEASIBLE）	*SET 15 （FEASIBLE）	SET 16 （FEASIBLE）
F	（SV）	20 187.	20 014.	19 931.	19 967.
A	（DV）	0.383 83E-01	0.383 75E-01	0.381 08E-01	0.380 89E-01
L12	（DV）	0.256 01E-01	0.282 21E-01	0.283 71E-01	0.280 55E-01
LBF	（DV）	0.584 62E-02	0.515 89E-02	0.512 87E-02	0.518 12E-022WA
OBJ_MIN	（OBJ）	0.107 58	0.214 03E-02	0.422 46E-02	0.261 16E-01

		SET 17 （FEASIBLE）	SET 18 （FEASIBLE）
F	（SV）	19 946.	19 955.
A	（DV）	0.380 88E-01	0.381 12E-01
L12	（DV）	0.284 74E-01	0.284 44E-01
LBF	（DV）	0.507 00E-02	0.507 69E-02
OBJ_MIN	（OBJ）	0.760 23E-02	0.404 55E-02

根据以上计算结果可知，最佳设计序列为序列 14，优化后换能器以上几部分的尺寸分别为 L_{12}=28.221 mm、L_{BF}=5.158 9 mm、A=38.375 mm、F=20 014 Hz。最佳设计序列对应的柱状压电超声换能器的振动位移分布如图 6-10 所示。可以看出，此时换能器不但产生纵向的位移且径向位移也比较大，因此属于纵径耦合振动模式。

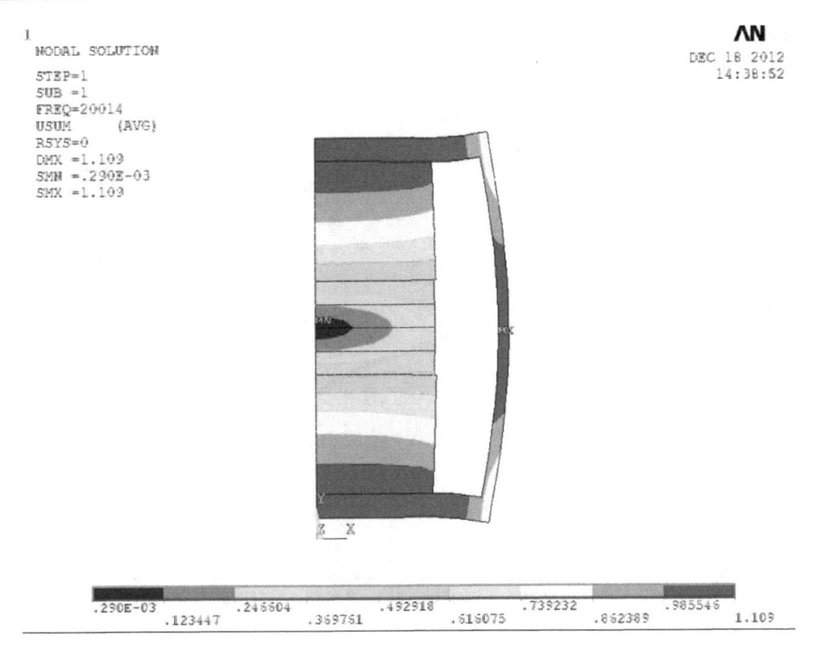

图 6-10　最佳序列对应柱状压电超声换能器的振动位移分布

二、柱状超声换能器的声场辐射特性分析

基于背面纵径耦合振动模式柱状压电超声换能器的振动位移分布和谐响应分析，下面利用有限元软件 ATILA 对其声场中的声压情况进行模拟和分析。在二维柱状压电超声换能器模型的基础上，创建半径为 250 mm 的流体区域大圆弧，并选择辐射边界条件，所有底边施加 y、z 方向的机械约束。其中，流体是水，体积弹性杨氏模量为 2.22×10^9 Pa，密度为 1 000 kg/m^3。同样选取 2D HARMONIC 分析类型进行谐响应分析，并从中提取其一阶和二阶辐射声场的分布情况。

为了能够选择尺寸更合适的柱状压电超声换能器，对换能器在空气中及水中的谐振频率、空气中的振动位移及水中的声压进行了详细的分析。

（一）当外半径固定时

当外半径 $a=40$mm 时，图 6-11 给出了一阶谐振频率与二阶谐振频率随内半径与外半径之比变化分别在空气中和水中的关系曲线。可以看出，无论是在空气中还是在水中，不管是一阶谐振频率还是二阶谐振频率，都是随着内半径与外半径比值的增大而减小，也就是说，当外半径固定时，随着壁厚的减小，其谐振频率也逐渐减小，且水中的谐振频率比空气中的谐振频率减小得快。

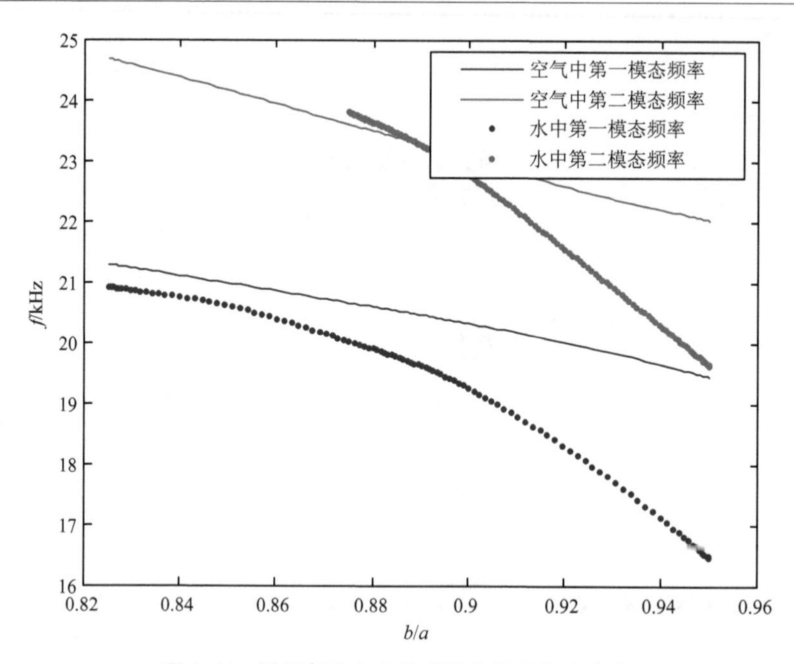

图 6-11 谐振频率与内外半径之比的关系曲线

当在空气中自由振动时，第一阶和第二阶径向振动的最大位移随内外半径之比变化的关系曲线如图 6-12 所示；当在水中自由振动时，第一阶和第二阶径向最大声压与内外半径之比变化的关系曲线如图 6-13 所示。可以看出，随着内外半径之比的增大，即壁厚的减小，自由振动时的径向位移逐渐增大，而水中声场的声压则逐渐减小。

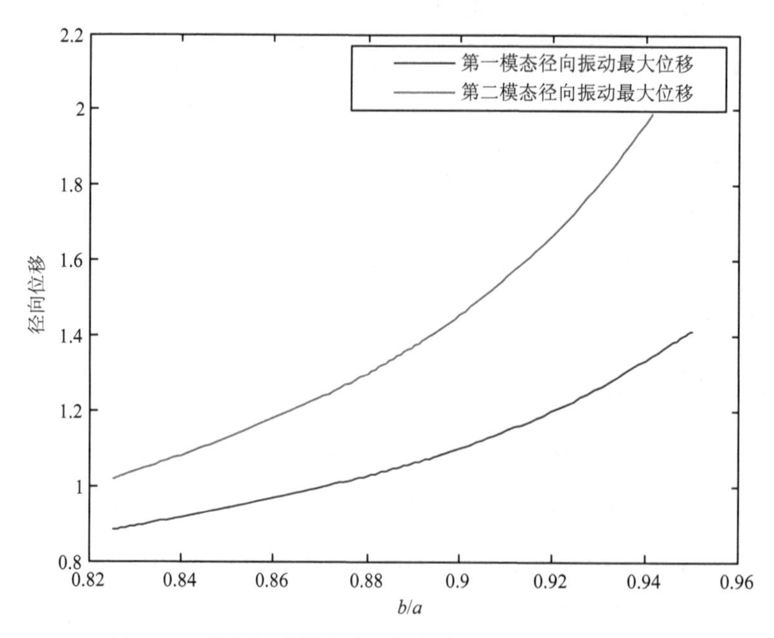

图 6-12 径向振动最大位移与内外半径之比的关系曲线

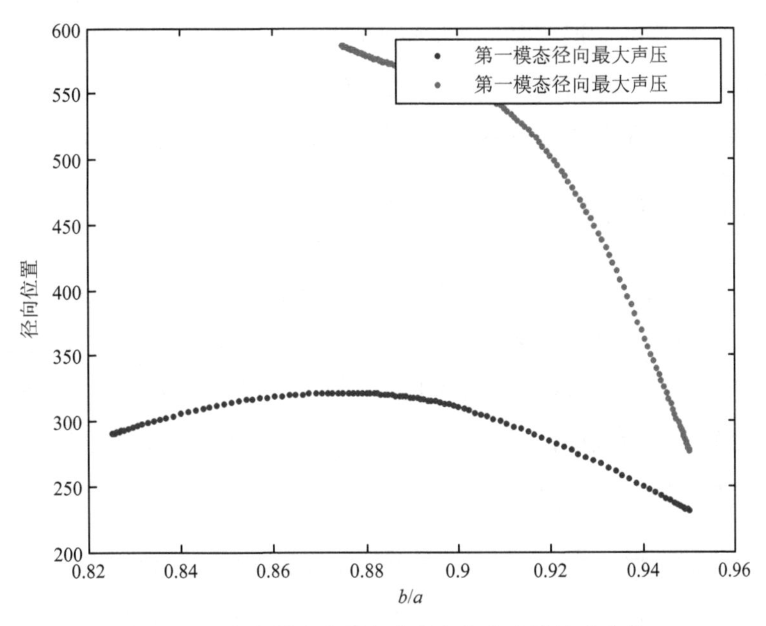

图 6-13 径向最大声压与内外半径之比的关系曲线

同时，当外半径固定时，给定换能器的几个内半径尺寸，表 6-4 列出了其他参数的值。其中，Air_f1 和 Air_f2 分别是换能器在空气中的第一阶和第二阶谐振频率；Water_f1 和 Water_f2 分别是换能器在水中的第一阶和第二阶谐振频率；f1_radial_DMX 和 f2_radial_DMX 分别是换能器在空气中自由振动时第一阶和第二阶径向振动的最大位移；f1_radial_pressure 和 f2_radial_pressure 分别是换能器在水中自由振动时第一阶和第二阶径向最大声压。

表 6-4 外半径固定时柱状换能器的几个参数

内半径 b /mm	38	37	36	35	34	33
Air_f1/kHz	19.439	19.947	20.322	20.660	20.978	21.288
Air_f2/kHz	22.020	22.459	23.037	23.598	24.159	24.675
Water_f1/kHz	16.457	18.065	19.272	20.025	20.648	20.905
Water_f2/kHz	19.623	21.231	22.789	23.794	—	—
f1_radial_DMX	1.416	1.221	1.099	1.011	0.941	0.883
f2_radial_DMX	2.139	1.713	1.451	1.263	1.125	1.019
f1_radial_pressure	230.50	277.70	311.71	322.69	315.89	290.58
f2_radial_pressure	376.20	493.66	568.26	586.51	—	—

从表 6-4 中可以看出，随着内半径 b 的减小，即壁厚的增加，空气中及水中，第一阶振动模态和第二阶振动模态的共振频率都是逐渐增大；水中第一阶振动模态的共振频率小于空气中的共振频率，且随着内半径的减小，二者的频率越来越接近，而水中第二阶模态

共振频率先小于空气中的共振频率，当壁厚达到某一值时，大于空气中的共振频率，且随着内半径的继续减小，水中的第二阶振动模态消失。随着内半径 b 的减小，即壁厚的增加，自由振动时的径向位移逐渐减小，而水中声场的声压则逐渐增大。

（二）当内半径固定时

当内半径 $b=36$ mm 时，图 6-14 给出了柱状压电超声换能器的一阶谐振频率与二阶谐振频率随外半径与内半径之比变化分别在空气中和水中的关系曲线。可以看出，随着外半径与内半径比值的增大，也就是外半径的增大，在空气中，不管是一阶谐振频率还是二阶谐振频率，都是先增大后减小；而在水中，不管是一阶谐振频率还是二阶谐振频率，都是随着比值的增大而增大。

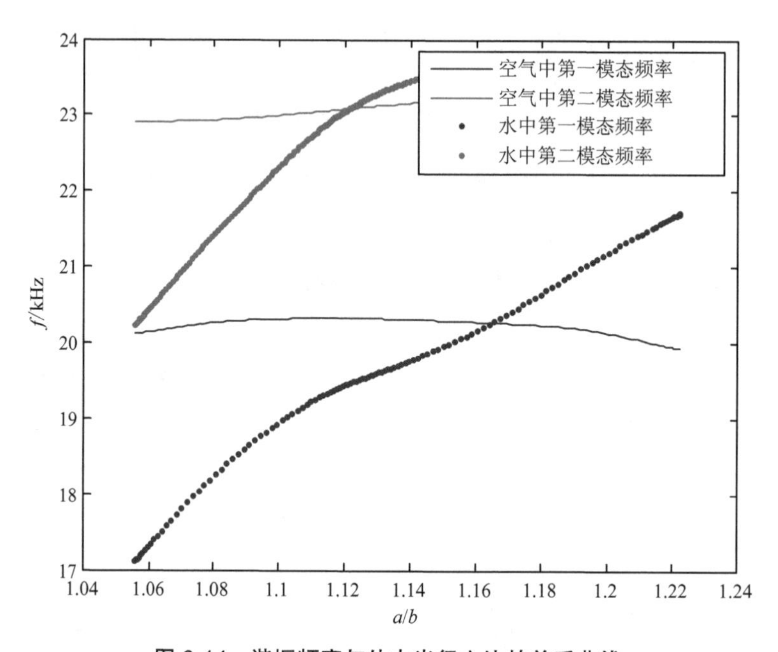

图 6-14　谐振频率与外内半径之比的关系曲线

当在空气中自由振动时，第一阶和第二阶径向振动的最大位移随外内半径之比变化的关系曲线如图 6-15 所示；当在水中自由振动时，第一阶和第二阶径向最大声压与外内半径之比的关系曲线如图 6-16 所示。可以看出，随着外内半径之比的增大，即外半径的增大，自由振动时的径向位移逐渐减小，而水中声场的声压则逐渐增大。

同时，当内半径固定时，给定换能器的几个外半径尺寸，表 6-5 列出了其他参数的值。可以看出，随着外半径的增大，空气中第一阶振动模态和第二阶振动模态的共振频率几乎保持不变，而水中的共振频率则都是逐渐增大，且当壁厚达到某一值时，水中的共振频率会大于空气中的共振频率，且随着外半径的继续增大，水中的第二阶振动模态消失。

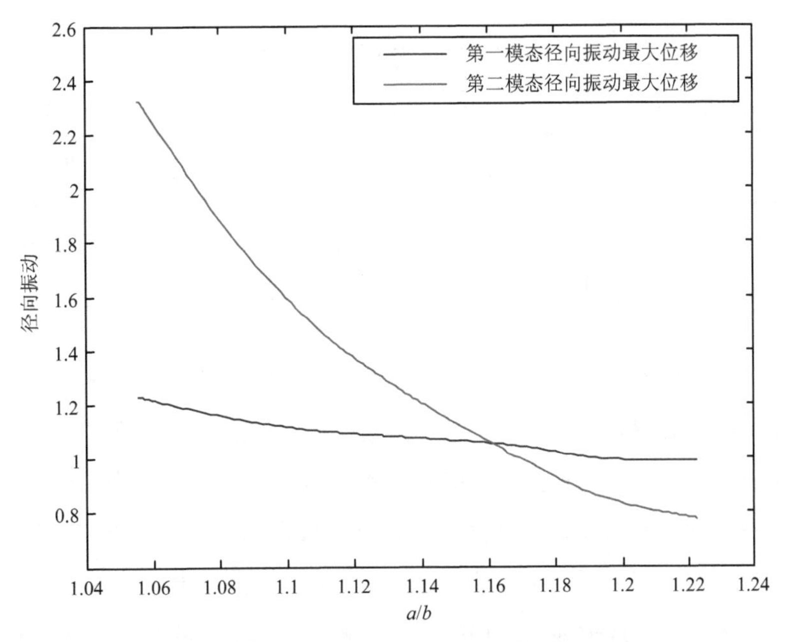

图 6-15　径向振动最大位移与外内半径之比的关系曲线

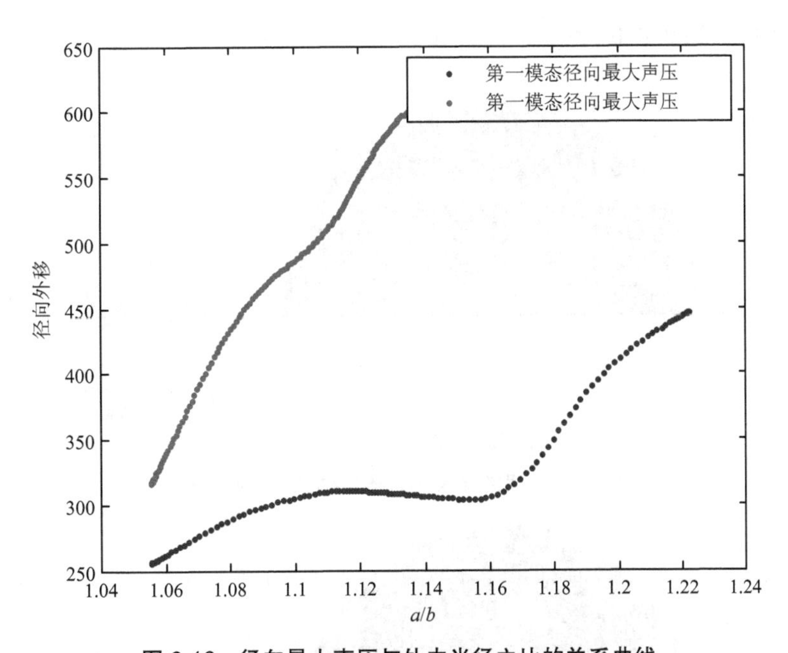

图 6-16　径向最大声压与外内半径之比的关系曲线

表 6-5　内半径固定时柱状换能器的几个参数

内半径 a /mm	38	39	40	41	42	43	44
Air_f1/kHz	20.113	20.293	20.322	20.310	20.266	20.195	19.927
Air_f2/kHz	22.903	22.932	23.037	23.149	23.286	23.362	23.152
Water_f1/kHz	17.110	18.417	19.272	20.310	20.277	21.055	21.708

续表

内半径 a /mm	38	39	40	41	42	43	44
Water_f2（kHz）	20.226	21.583	22.789	23.442	23.794	—	—
f1_radial_DMX	1.229	1.147	1.099	1.089	1.052	0.988 7	0.988 5
f2_radial_DMX	2.327	1.812	1.451	1.212	1.012	0.837 1	0.774 83
f1_radial_pressure	255.80	294.69	311.71	306.05	299.76	404.62	446.18
f2_radial_pressure	316.26	455.96	505.16	610.97	610.44	—	—

综上所述，共振频率与换能器中金属柱体的壁厚有密切的关系，壁越薄，水中的共振频率与空气中的共振频率相比就越低，然而随着壁厚的增加，水中的共振频率增大的比较快，当壁厚达到某一值时，两种介质中的共振频率相差不大；对空气中的振动位移，其他尺寸固定时，壁越薄振动位移越大，然而当换能器放入水中，相当于其外部增加了负载，壁越薄负载影响越大，其声压就相对较小，随着壁厚的增加其声压也逐渐增大。

根据上述的分析，选择换能器共振频率附近相对比较优化的声场，此时换能器的尺寸如表 6-1 中换能器 V 的尺寸，振动频率及其位移分布如图 6-7 和图 6-9 所示，它们在声场中声压的分布情况如图 6-17 和图 6-18 所示。

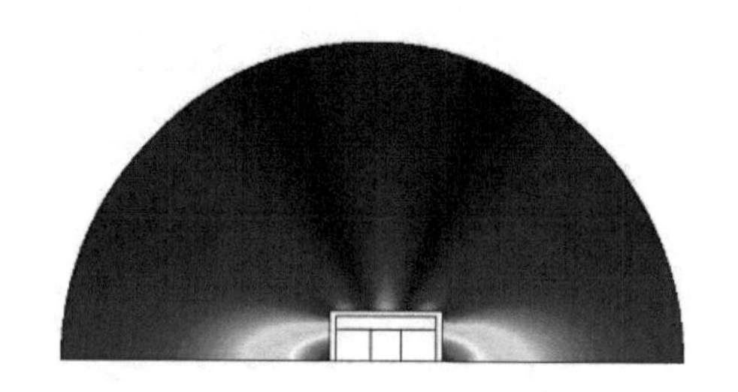

图 6-17 换能器第一阶振动模式的声压分布

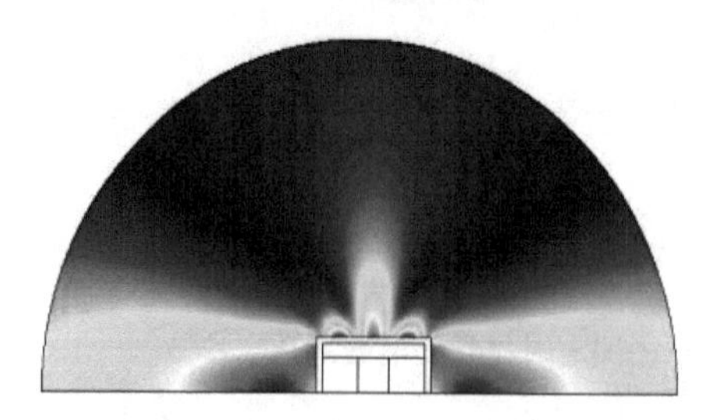

图 6-18 换能器第二阶振动模式的声压分布

从图 6-17 和图 6-18 可以看出，该换能器不但能够辐射纵向超声波，而且能够产生比较大的径向超声波，因此希望此类换能器能够应用到实际中，进行全方位的辐射；同时第二阶的辐射声压也比较强，由于该换能器的两阶振动模式的频率比较接近，在后续的工作中会继续进行研究，看其能否作为复频或宽频换能器。

第五节　本章小结

本章提出了一种新型的纵径耦合振动模式柱状压电超声换能器，包含纵向振动夹心式压电换能器、柱状金属圆管及前后辐射金属盖板。首先，根据第四章环状柱体纵径耦合振动的分析，结合传输线理论和梅森机电等效模型，利用柱状换能器各部分连接处边界上力和速度连续的特性，得到了纵径耦合振动模式柱状压电超声换能器的机电等效电路，并得出了其共振频率方程。其次，利用有限元软件分析了整个换能器的振动性能，并用 ANSYS 软件的参数化优化编程技术对其振动特性进行了优化设计。最后，分析了相同尺寸的换能器在空气中及水中的位移及声场情况，选择了合适尺寸的换能器对其声场进行分析。综合以上分析内容，可以得出以下结论。

（1）通过该类换能器频率方程可以看出，其共振频率及反共振频率随其材料参数和几何尺寸的变化而变化。也就是说，当换能器的材料参数和几何尺寸确定时，可以求得其共振频率和反共振频率；反之亦然。因此，可以根据共振、反共振频率方程确定频率或几何尺寸等，为设计该类换能器提供了方便。

（2）通过有限元软件模拟可以看出，该柱状压电超声换能器通过激励夹心式换能器产生弯曲振动，带动前后辐射盖板做纵向振动的同时，柱状金属做纵径耦合振动，并使其整体处于同一共振模式，即纵径耦合振动模式。换能器的两端面振动位移分布基本均匀，同时在柱状换能器的侧面产生径向振动；且随着换能器的径向尺寸与纵向尺寸比值的增加，径向振动位移逐渐增大。

（3）对柱状换能器在空气中振动及水中的声场进行比较，可以看出，共振频率与换能器中金属柱体的壁厚有密切的关系，壁越薄，水中的共振频率与空气中的共振频率相比就越低，然而随着壁厚的增加，水中的共振频率增大的比较快，当壁厚达到某一值时，两种介质中的频率相差不大；对空气中的振动位移，其他尺寸固定时，壁越薄振动位移越大，然而当换能器放入水中时，相当于其外部增加了负载，壁越薄负载影响越大，其声压就相对较小，随着壁厚的增加其声压也逐渐增大。该换能器不但能够辐射纵向超声波，而且能够产生较大的径向超声波。因此，若尺寸选择合适，该类柱状压电超声换能器不但能够在纵向产生振动，而且也能够在径向产生振动，同时第二阶辐射声压也比较强，由于该柱状换能器的两阶振动模式的频率比较接近，期望该类换能器能够作为复频或宽频的三维全方位辐射的超声辐射器。

虽然本章所设计的纵径耦合振动模式柱状压电超声换能器的理论，已验证了其合理性和可行性，然而本文的理论主要适合于壁比较薄的换能器，而厚壁金属圆管组成的换能器振动状态相对比较复杂，为使此类换能器更好地应用到实践中，在今后的工作中，结合第四章第三节部分任意尺寸的弹性柱体频率的研究，还需要对其进行进一步的研究。

第七章　大尺寸圆柱体辐射器的设计

第一节　引言

功率超声在液体中的应用，要求超声换能器和辐射器有大功率的输出和较高的频率。目前，夹心式纵向复合压电换能器具有机械强度较强、输出功率较大、电声转换效率较高等优点，常用的超声换能器的设计原理基本上以此为基础。然而，随着大功率超声技术的快速发展，如超声清洗、超声液体处理和超声化学，对超声换能器系统提出了新的要求，即大辐射面、大功率、多频等的超声换能器和辐射器。不仅如此，现在需要超声波处理的液体容积越来越大，在这种情况下，就需要能实现多维声辐射的辐射器代替现有的一维辐射器。要设计满足需要的换能器系统，就要打破夹心式纵向复合压电换能器设计的两个限制条件，即辐射器的几何尺寸以及振动模式。对于传统的夹心式换能器的设计和计算，首先假定换能器做一维振动，根据一维纵向振动理论，要求夹心式换能器的横向尺寸要小于振动波长的四分之一，因此换能器的辐射范围和输出功率都受到极大地限制。其次，受一维纵向振动理论的限制，夹心式纵向换能器的振动方向、声功率的辐射方向是沿纵轴方向，也就是说，夹心式纵向换能器的声辐射是一维的；如果将此类辐射器应用于较大的液体处理容器中，超声波辐射处理的范围会受到限制。为了克服这些困难，就需要研究并设计出大输出功率、多维辐射的新型超声换能器系统。

多维辐射器的研究涉及振子的多维振动，这个问题一直都是很多学者多年来很感兴趣的课题之一。由压电体、弹性体所组成的复合振子系统的多维耦合振动是一个较为困难的课题。若辐射器产生多维振动，仍运用一维理论进行分析，理论与试验势必有较大的误差，本文采用表观弹性法，其基本思想为当分析复合振子的耦合振动时，假设振子只有伸缩应变而没有剪切应变，因此各向同性匀质弹性体所产生的复杂的振动就可以看成由相互垂直的振动耦合得到。而且，振子在不同方向上的振动有不同的表观弹性系数（由于振子的耦合振动，弹性体的表观弹性系数随之发生改变，改变的弹性系数称为表观弹性常数），于是弹性体的耦合振动就可以分解成各个方向上的一维纵向振动，各个方向的等效纵向振动由耦合系数结合在一起，构成弹性体的耦合振动。

本章研究了一种复合超声振动系统的振动特性。该振动系统由夹心式纵向压电超声换能器和大尺寸的金属圆柱体辐射器组成，并利用表观弹性法研究了大尺寸圆柱体辐射器的振动特性。该辐射器的径向和纵向尺寸可以比拟，由于泊松效应同时产生了纵向和径向振动，因此圆柱体辐射器的振动模式是复杂的耦合振动。通过优化耦合振动的圆柱体辐射器的几何尺寸，能够产生大功率、多维超声辐射。在设计的整个振动系统中，分析圆柱体辐射器耦合振动是非常关键的一步。

本章主要分析了圆柱体辐射器和整个复合超声振动系统的耦合振动模式、位移分布和机电等效电路，以及输入机械阻抗与圆柱体辐射器高度和直径之比的关系；同时，用数值方法模拟了辐射器的耦合振动模态，得到了它们的位移分布；并设计加工了复合超声振动系统，采用 HP 6500B 阻抗分析仪、PSV-400 激光测振仪和超声 C 扫描系统测量了复合振动系统的共振频率、导纳 - 频率特性、纵向和径向振动位移分布、辐射声场，验证了该复合振动系统在液体中实现大功率输出、多维声辐射的特点。

第二节 大尺寸金属圆柱体辐射器的耦合振动分析

图 7-1 所示复合超声振动系统由两部分构成，一部分是传统的一维纵向夹心式压电陶瓷换能器，另一部分是径向、纵向尺寸相近的金属圆柱体辐射器。纵向换能器是一个半波长振动的振子，其径向尺寸（直径）D 小于纵向尺寸（长度）H 的一半。在这种情况下，换能器的纵向振动是主要的，由泊松效应引起的径向振动可以忽略，应用一维设计理论来分析。对大尺寸金属圆柱体辐射器而言，当它被纵向换能器激励时，由于泊松效应产生的振动是纵向和径向振动的耦合。在图 7-1 中，R 和 L 是圆柱体辐射器的半径和高度。

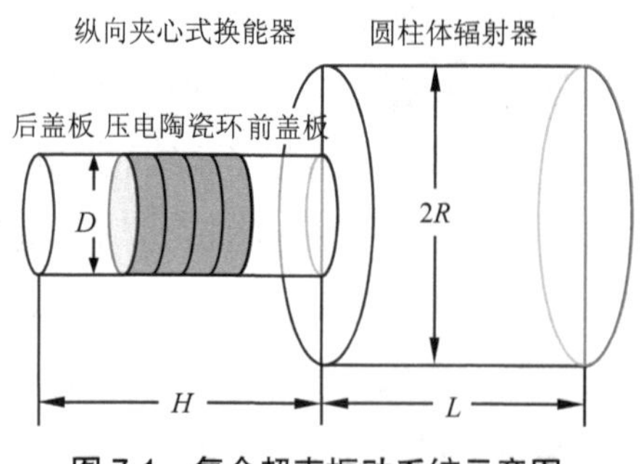

图 7-1 复合超声振动系统示意图

一、圆柱体辐射器耦合振动的机电等效电路

对于各向同性圆柱体辐射器的耦合振动，Rayleigh 和 Love 研究了棒中纵向振动的声速，获得了修正的声速和频散方程；Mindlin 采用复杂的二阶近似理论分析了圆盘的轴对称振动，得出了频散方程。由于耦合振动的复杂性，数值方法在研究弹性圆柱体和圆盘的振动中得到了应用。

本章采用表观弹性法（也可以称为等效弹性法）分析了大尺寸的圆柱体辐射器耦合振动，给出了其等效电路，并分析了复合超声振动系统的特性。

在柱坐标情况下，根据弹性力学理论，圆柱体内任一点的正应力 σ_z、σ_r、σ_θ与正应变 ε_z、ε_r、ε_θ的关系为$\varepsilon_z=\left[\sigma_z-\nu(\sigma_r+\sigma_\theta)\right]/E$，$\varepsilon_r=\left[\sigma_r-\nu(\sigma_z+\sigma_\theta)\right]/E$，$\varepsilon_\theta=\left[\sigma_\theta-\nu(\sigma_r+\sigma_\theta)\right]/E$。根据表观弹性法，圆柱体辐射器耦合振动能够简化为两个等效的一维振动：一个为辐射器的纵向振动，另一个为辐射器的径向振动。这两种振动的等效弹性常数分别为

$$E_z=\frac{E}{1+2\nu/n} \tag{7-1}$$

$$E_r=\frac{E}{1-\nu^2+n\nu(1+\nu)} \tag{7-2}$$

式中：E 和 ν是圆柱体材料的杨氏模量和泊松比；$n=-\sigma_z/\sigma_r$，为圆柱体辐射器的纵向和径向振动之间的耦合系数。

基于表观弹性法和一维振动理论，金属圆柱体辐射器的纵向和径向耦合振动的机电等效电路，如图 7-2 和图 7-3 所示。

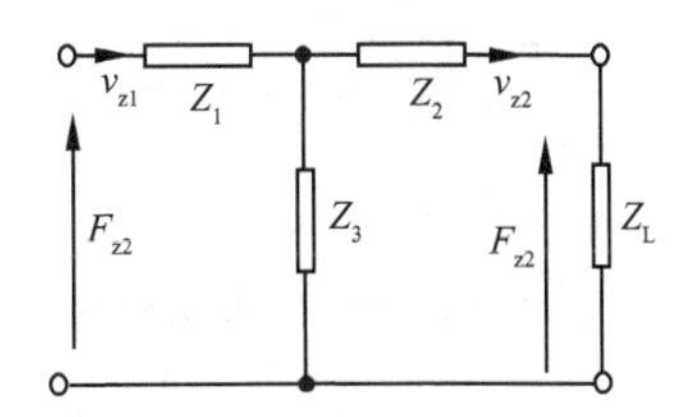

图 7-2　金属圆柱体辐射器的纵向振动的机电等效电路

图 7-2 中，F_{z1}、v_{z1}和F_{z2}、v_{z2}分别是圆柱体辐射器输入和输出端等效纵向振动的应力和振动速度，$F_{z2}=Z_L v_{z2}$，Z_L是圆柱体辐射器输出端纵向等效负载阻抗；$Z_1=Z_2=\mathrm{j}Z_{0z}\tan(k_z L/2)$，$Z_3=\mathrm{j}Z_{0z}/\sin(k_z L)$，$Z_{0z}=\rho v_z S$，$S_z=\pi R^2$，$k_z=\omega/v_z$，$v_z=\sqrt{E_z/\rho}$，$k_z$、$v_z$ 和 S_z 分别是纵向等效波数、声速和纵向截面面积。

图 7-3 中，F_r和v_r是圆柱体表面等效径向力和速度；Z_r是圆柱体辐射器的等效径向负载阻抗；$Z_0=Z_{0r}/\mathrm{j}\left[J_0(k_r R)/J_1(k_r R)-1/k_r R+\nu/k_r R\right]$，$Z_{0r}=\rho v_r S_r$，$S_r=2\pi RL$，$k_r=\omega/v_r$，$v_r=\sqrt{E_r/\rho}$，$k_r$、$v_r$ 和 S_r 分别是径向等效波数、声速和圆柱侧面面积；$J_0(k_r R)$ 和

$J_1(k_r R)$是贝塞尔函数。

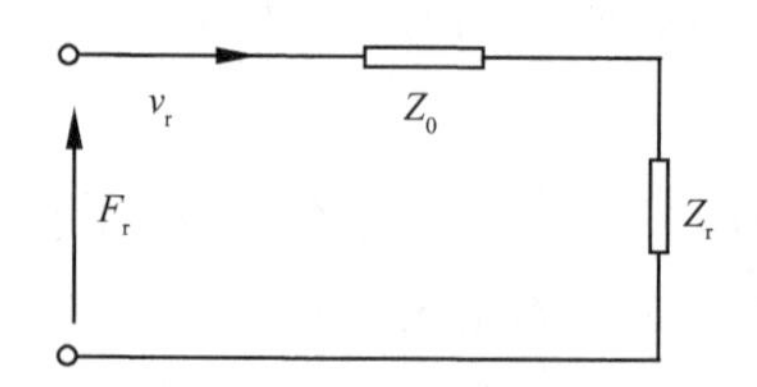

图 7-3 金属圆柱体辐射器的径向振动的机电等效电路

图 7-3 中 Z_0 是一维机械阻抗，而纵向振动由三个不同的机械阻抗共同表示。机械阻抗的个数，主要取决于复合振动系统的机械边界数。对于圆柱体辐射器的径向振动而言，仅有一个径向边界，所以只有一个机械阻抗。然而，该圆柱体辐射器纵向振动有两个纵向机械边界，其有三个机械阻抗。以此类堆，对于空心圆柱体辐射器的径向振动，有两个机械边界，所以其径向振动的机械阻抗由三个机械阻抗组成。

由机械耦合系数的定义，可以得到下式：

$$F_z = \frac{nR}{2L} F_r = NF_r \tag{7-3}$$

式中：$N = nR/(2L)$，定义为纵向、径向振动的机械转换系数。

很显然，机械转换系数由圆柱体辐射器的几何尺寸决定，其大小决定了纵向、径向振动的耦合程度。由式（7-3）、图 7-2 和图 7-3 可得，圆柱体辐射器耦合振动的机电等效电路如图 7-4 所示。

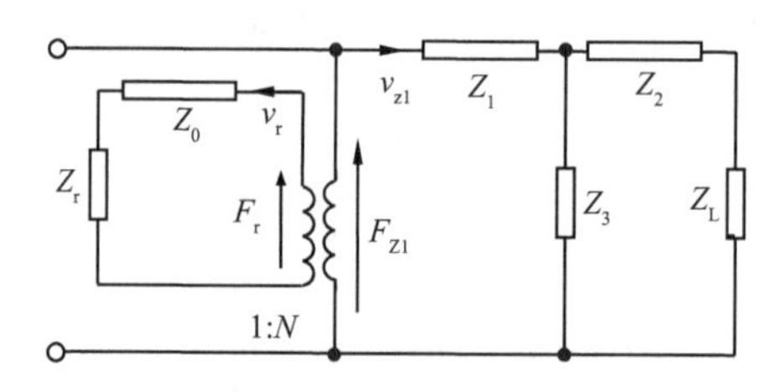

图 7-4 圆柱体辐射器耦合振动的机电等效电路

由图 7-4 可以看出，圆柱体辐射器耦合振动的机电等效电路由两个支路组成：一个代表圆柱体等效的纵向振动（细棒的纵向振动），另一个代表圆柱体等效的径向振动（圆盘的径向振动）。图 7-4 中，同时考虑了圆柱体的纵向振动和径向振动，这两种振动模式通过机械转换系数 N 耦合在一起，得到了圆柱体的耦合振动。从机械转换系数 N 和图 7-4 可以看出，纵向振动和径向振动的机械耦合依赖于圆柱体辐射器，与圆柱体辐射器的几何尺寸关系紧密。当圆柱体辐射器的高度 L 远大于半径 R 时，机电耦合系数 n 和机械转换系数 N 都趋近于无限小，在这种情况下，等效的径向振动的支路是开路的，图 7-4 转化为图 7-2，相当于一个棒单纯做纵向振动时的 T 型网络。当圆柱体辐射器的高度 L 远小于半径 R 时，机电耦合系数 n 和机械转换系数 N 都趋近于无限大，在这种情况下，图 7-4 转化为

图 7-3，圆柱体的耦合振动相当于一个薄盘的径向振动。这两种情况是圆柱体辐射器的特殊情况。当圆柱体辐射器的高度和半径的尺寸不处于这两种极端情况下时，都应该考虑圆柱体辐射器的耦合振动，耦合程度由 N 的大小决定。

二、圆柱体辐射器耦合振动的振动频率方程

从图 7-4 可知，耦合振动的圆柱体辐射器输入机械阻抗可以表示为

$$Z_{\mathrm{m}}=\frac{N^2 Z_{iL} Z_{iR}}{Z_{iL}+N^2 Z_{iR}} \tag{7-4}$$

式中：$Z_{iL}=Z_1+Z_3(Z_2+Z_L)/(Z_2+Z_3+Z_L)$，是圆柱体等效纵向振动时的输入阻抗；$Z_{iR}=Z_0+Z_r$，是圆柱体等效径向振动时的输入阻抗。

从式（7-4）中，可以推导出圆柱体辐射器耦合振动的共振频率方程为

$$Z_{iL}=0 \tag{7-5}$$

$$Z_{iR}=0 \tag{7-6}$$

在式（7-5）和式（7-6）中，等效负载阻抗 Z_L 和 Z_r 是两个重要的参数，它们取决于圆柱体辐射器的几何尺寸、振动位移分布和负载介质。在实际应用中，得到负载阻抗是非常困难的，因此在研究超声振动系统的工程设计中通常将其忽略。当分析设计超声振动系统时，忽略负载阻抗，可以得到简化的耦合振动时的共振频率方程为

$$k_z L=i\pi \quad i=1,2,3\cdots \tag{7-7}$$

$$k_r R J_0(k_r R)-(1-\nu)J_1(k_r R)=0 \tag{7-8}$$

在式（7-7）和式（7-8）中，有两个未知量，一个是共振频率，另一个是机械耦合系数。因此，当给定圆柱体材料的特性和几何尺寸时，就能计算出共振频率。设式（7-8）的根是 $G(j)$，即 $k_r R=G(j)$，结合式（7-7），得出下面两式：

$$(\nu+\nu^2)n^2+\left[1-\nu^2-\left(\frac{L}{R}\right)^2\frac{G^2(j)}{i^2\pi^2}\right]n-\left(\frac{L}{R}\right)^2\frac{2\nu G^2(j)}{i^2\pi^2}=0 \tag{7-9}$$

$$(1-3\nu^2-2\nu^3)\omega^4-\left[\frac{G^2(j)C^2}{R^2}+\frac{(1-\nu^2)i^2\pi^2C^2}{L^2}\right]\omega^2+\frac{G^2(j)i^2\pi^2C^4}{R^2L^2}=0 \tag{7-10}$$

式中：$C=\sqrt{E/\rho}$，是细棒的纵向声速。

从以上方程可以看出，一旦材料参数和几何尺寸给定，就可以得到机械耦合系数和共振频率。

三、圆柱体辐射器耦合振动与圆柱体体积和尺寸的关系

其实，圆柱体辐射器做耦合振动时，它的耦合系数和共振频率不仅取决于圆柱体的几

何尺寸，还与振动模式有关。式（7-9）和式（7-10）表明了圆柱体辐射器的材料参数、几何尺寸和振动模式三者之间的相互关系。由于式（7-9）和式（7-10）都是二阶方程，故都可以得到两个解。基于表观弹性法的假设，由式（7-10）解得两个共振频率，分别对应圆柱体耦合振动的径向和纵向振动时的共振频率。同理可知，当圆柱体辐射器的几何尺寸以及 i, j 确定时，由式（7-9）也可解出耦合系数为两个值。而这两个值，其中一个值小于零，此时圆柱体辐射器耦合振动中的纵向与径向振动为反相振动；而另一个值则大于零，此时圆柱体辐射器的纵向与径向振动为同相振动。由式（7-9）可得，当得到的两个值绝对值相等时，反相及同相振动分别对应的耦合系数的关系如下：

$$\frac{L}{2R}=\frac{i\pi}{2G(j)}(1-\nu)^{1/2} \tag{7-11}$$

令式（7-11）中 $X=i\pi(1-\nu)^{1/2}/2G(j)$，当 $L/2R>X$ 时，纵向振动占主要地位，纵向振动对应的耦合系数小于零，同时有径向振动，但影响较小，其对应的耦合系数大于零；当 $L/2R<X$ 时，圆柱体辐射器就蜕变成一个厚圆盘，此时径向振动占主要地位，其对应的耦合系数小于零，而纵向振动在整个振动过程中影响较小，其对应的耦合系数大于零。经上述分析可知，圆柱体辐射器的振动可以分成两种情况：当 $L/2R>X$ 时，是粗短圆柱体的耦合振动；当 $L/2R<X$ 时，是厚圆盘的耦合振动。这两种情况的区分界限，由式（7-11）决定。然而，对于圆柱体振动在不同的阶数时，该区分界限的值显然是不同的。由以上分析，根据式（7-9）及式（7-11），计算得到耦合系数与圆柱体辐射器的高度 - 直径比的关系如图 7-5 所示。而且，由共振频率方程（7-10）可知，当振动模式（ i, j ）一定时，圆柱体耦合振动有两个共振频率，这两个共振频率分别对应圆柱体的纵向及径向振动时的共振频率。

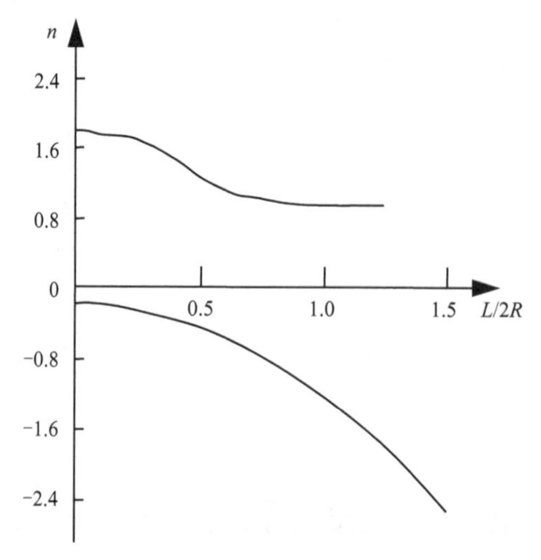

图 7-5 耦合系数与圆柱体高度 - 直径比的关系

四、圆柱体辐射器耦合振动的输入机械阻抗

在实际应用中，利用圆柱体辐射器向周围介质辐射超声时，不能忽略负载阻抗。假设负载阻抗是纯电阻，即 $Z_L = R_L$ 和 $Z_r = R_r$。基于图 7-4，在共振时圆柱体辐射器的输入阻抗可表示为

$$Z_{\mathrm{m}} = \frac{N^2 R_L R_r}{R_L + N^2 R_r} \tag{7-12}$$

对高频辐射情况而言，圆柱体辐射器的纵向和径向辐射阻抗可分别表示为

$$R_L = \rho_{\mathrm{m}} c_{\mathrm{m}} S_z \tag{7-13}$$

$$R_r = \rho_{\mathrm{m}} c_{\mathrm{m}} S_r \tag{7-14}$$

式中：ρ_{m} 和 c_{m} 分别是负载介质的密度和声速。

把式（7-14）和式（7-13）带入式（7-12），可得

$$Z_{\mathrm{m}} = \frac{n^2}{(n^2 + 2L/R)(2L/R)} \rho_{\mathrm{m}} c_{\mathrm{m}} S_r \tag{7-15}$$

根据式（7-9）和式（7-15），输入阻抗和圆柱体高度与半径比之间的关系如图 7-6 所示，令 $\chi = Z_{\mathrm{m}} / \rho_{\mathrm{m}} c_{\mathrm{m}} S_r$ 为归一化输入机械阻抗。

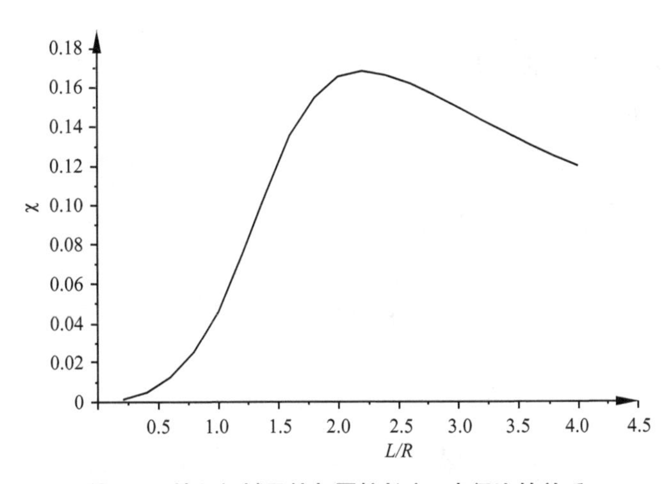

图 7-6　输入机械阻抗与圆柱长度 - 直径比的关系

从图 7-6 可以看出，耦合振动时圆柱体辐射器的输入阻抗依赖于辐射器的几何尺寸，圆柱体高度与半径比和输入阻抗之间的关系，在比值小于 2 时，随着比值的增大输入阻抗增大；当比值达到一定值时（值为 2），输入阻抗达到最大，此时的比值称为临界值，圆柱体辐射器此时能够辐射最大的超声功率。当圆柱体辐射器的几何尺寸接近临界值时，辐射器输入阻抗大，极易达到声匹配，并能在纵向和径向都产生较强的超声辐射，其径向和纵向振动的耦合最强。当圆柱体高度与半径比远离临界值时，圆柱体变成一个薄盘或细长

棒。在这两种情况下，输入阻抗较小，声匹配较差，声能不易辐射，仅能在径向或纵向辐射超声。

在分析圆柱体辐射器耦合振动的输入机械阻抗时，假设圆柱体辐射器做活塞式振动，辐射的声波是平面波。但实际应用中并非如此，所以会产生一定的误差。同时，由于在分析耦合振动时采用的等效弹性理论本身是不精确的，且耦合振动问题非常复杂，在本章研究中忽略了由此产生的误差。

五、圆柱体径向与纵向振速比的研究

假设负载为水，$R_L=\rho_{\mathrm{m}}c_{\mathrm{m}}S_z$、$R_r=\rho_{\mathrm{m}}c_{\mathrm{m}}S_r$ 中的 ρ_{m}、c_{m} 是水的密度和声速，则输入机械阻抗为

$$Z_{\mathrm{m}}=\frac{\pi R^2\rho_{\mathrm{m}}c_{\mathrm{m}}\times n^2R}{2L(1+n^2R/2L)}$$

由图 7-4 可推出圆柱体径向与纵向表观振速之比的表达式为

$$\frac{v_R}{v_L}=\frac{1}{n} \tag{7-16}$$

式中：v_L 是细长棒纵向振动时两端面的振速；v_R 是薄圆盘径向振动时辐射面处的径向振速。

同理可得，T_L、T_R 分别为纵向和径向表观体积振速；P_L、P_R 分别为纵向和径向功率。它们的关系如下：

$$\frac{T_R}{T_L}=\frac{2L}{nR}=\frac{1}{N} \tag{7-17}$$

$$\frac{P_R}{P_L}=\frac{L}{n^2R}=\frac{1}{nN} \tag{7-18}$$

由式（7-16）、式（7-17）、式（7-18）可分别得到图 7-7、图 7-8 和图 7-9。

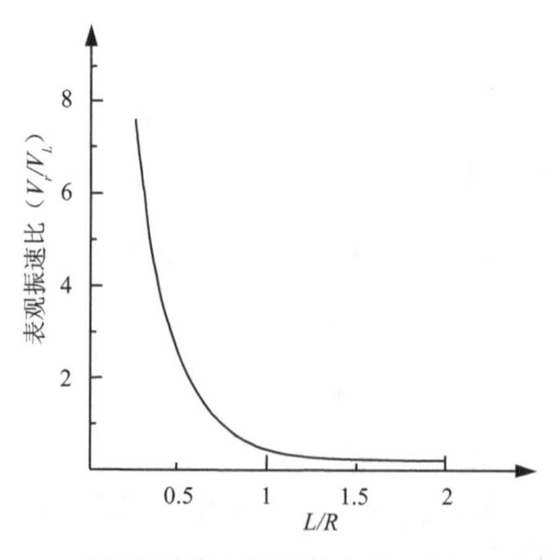

图 7-7　表观振速比与圆柱体高度 - 直径比的关系

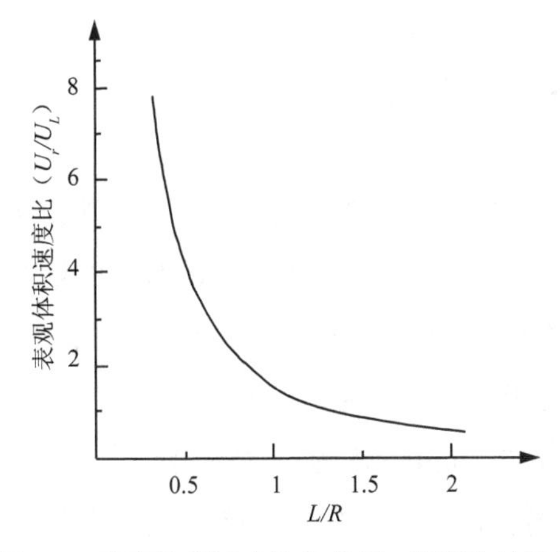

图 7-8　表观体积速度比与盘厚 - 直径比的关系

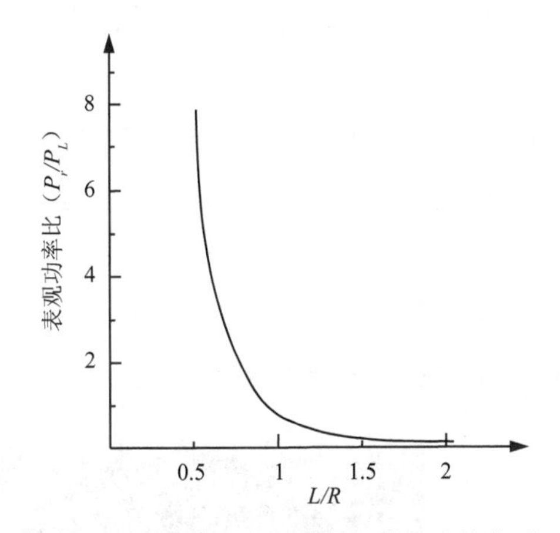

图 7-9　表观功率比与盘厚 - 直径比的关系

第三节　超声振动系统数值模拟和试验验证

本文采用 ANSYS 软件对圆柱体辐射器以及由其所组成的复合振动系统进行了模拟分析，得到了圆柱体辐射器的振动模态，不同尺寸的圆柱体纵向振动和径向振动的共振频率；同样也模拟了单个纵向换能器以及复合振动系统的导纳曲线并进行了比较；给出了圆柱辐射器侧面和端面的位移振动分布曲线，以便和试验测试的结果进行比较，以验证系统设计的可行性。

一、圆柱体辐射器的数值模拟

前面研究了圆柱体辐射器的耦合振动，利用表观弹性法得出了共振频率方程。为了做进一步的比较，采用 ANSYS 软件数值模拟复合振动系统的耦合振动，给出了复合振动系统的振动模态和频率，同时模拟了圆柱体辐射器耦合振动的复杂振动。所使用的超声振动系统的参数：夹心式纵向换能器的频率为 20 000 Hz；圆柱体辐射器的材料为硬铝，高度为 $L=115.4\mathrm{mm}$，半径 $R=57.7\mathrm{mm}$，密度、泊松比、声速分别为 $\rho=2\,790\,\mathrm{kg/m^3}$、$\nu=0.34$、$c=5100\,\mathrm{m/s}$，杨氏模量 $E=7.02\times10^{10}\,\mathrm{N/m^2}$。图 7-10 是复合振动系统和圆柱体辐射器的模拟振动模态（频率为 20 kHz 附近），图 7-11 是圆柱体辐射器侧面和端面的位移振动分布。从模拟结果来看，当径向尺寸接近纵向尺寸时，圆柱体辐射器的振动分布变得复杂，除了纵向振动，还有径向振动。

图 7-12 是数值模拟的夹心式纵向振动超声换能器和由此换能器及圆柱体辐射器组成的复合振动系统的导纳 - 频率曲线。可以看出，与夹心式换能器导纳 - 频率曲线相比，复合振动系统的导纳 - 频率曲线变得复杂。图 7-12（b）有 6 个谐振峰值，这意味着复合振动系统振动模态比纵向换能器多。其主要原因有两方面：一是夹心式换能器和圆柱体的相互作用；二是大尺寸的圆柱体辐射器的复杂耦合振动。

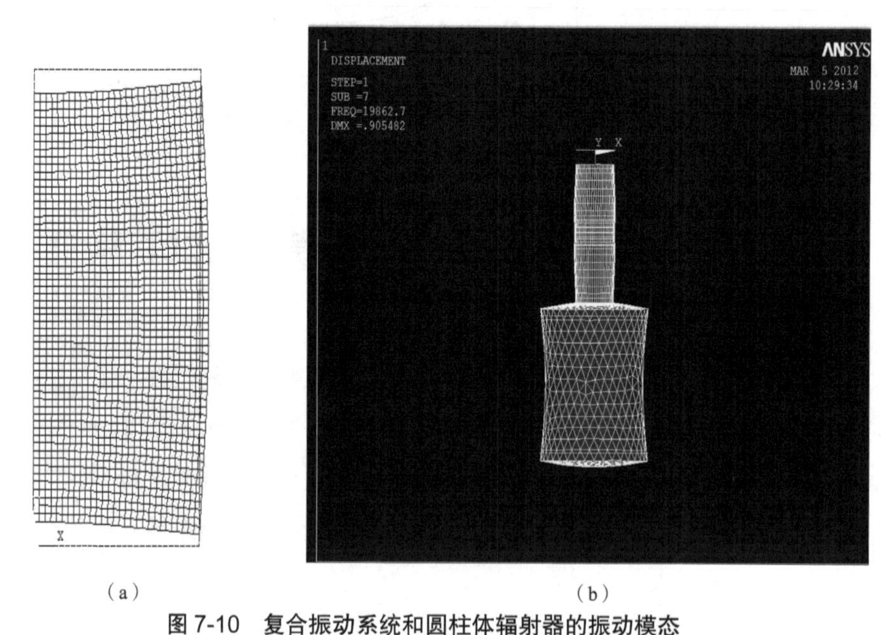

（a） （b）

图 7-10 复合振动系统和圆柱体辐射器的振动模态

（a）圆柱体辐射器 $f=20\,062\,\mathrm{Hz}$ （b）复合振动系统 $f=19\,862.7\,\mathrm{Hz}$

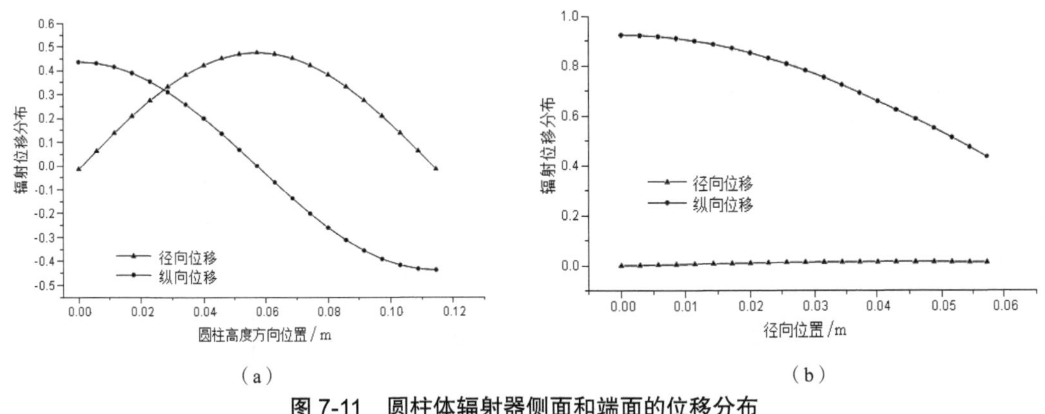

图 7-11 圆柱体辐射器侧面和端面的位移分布

（a）圆柱体辐射器侧面位移分布 （b）圆柱体辐射器端面的位移分布

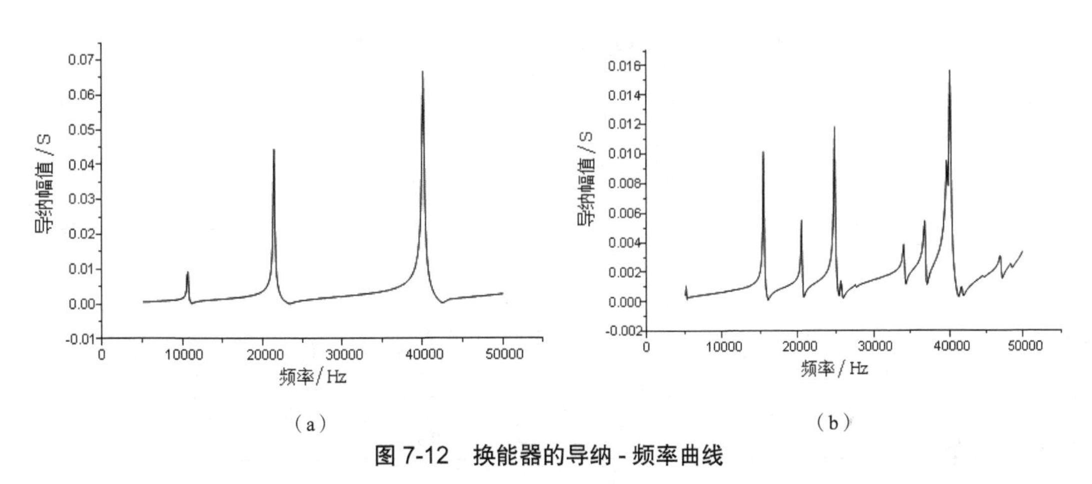

图 7-12 换能器的导纳 - 频率曲线

（a）纵向换能器的导纳 - 频率曲 （b）复合振动换能器系统的导纳 - 频率曲线

二、圆柱体辐射器以及复合振动系统的试验

在实际应用中，图 7-1 所示的大功率夹心式纵向振动换能器激励大尺寸的圆柱体辐射器系统，该复合振动系统的大功率辐射特性由许多因素决定。首先，设计夹心式纵向振动换能器的共振频率要等于圆柱体辐射器的共振频率。其次，夹心式纵向换能器和圆柱体辐射器应紧紧地结合在一起。最后，设计的圆柱体辐射器应能产生较强的径向振动和纵向振动。由圆柱体基频耦合振动的频率方程，我们设计了一组圆柱体辐射器，采用图 7-13 所示的测量系统，在小信号下对圆柱体辐射器的基波共振频率进行了测量，所得结果见表 7-1。大功率圆柱体辐射器的材料是硬铝，它的几何尺寸见表 7-1。

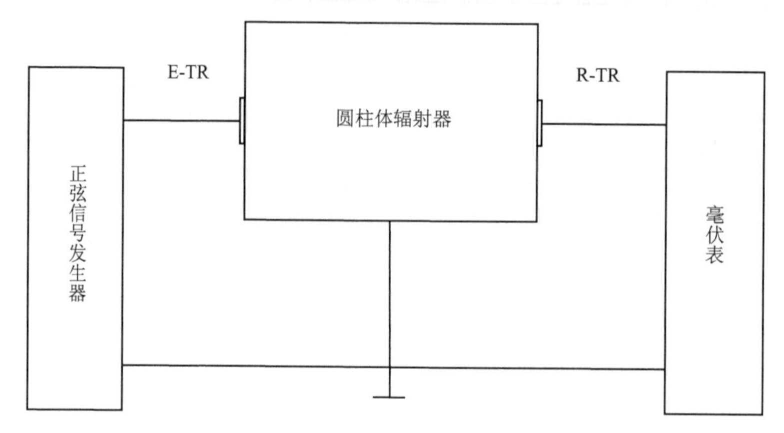

图 7-13 圆柱体辐射器频率测试示意图

表 7-1 圆柱体辐射器的几何尺寸以及共振频率

振子	R/mm	L/mm	L/R	f_{1z}/Hz	f_{1r}/Hz	f_{2z}/Hz	f_{2r}/Hz	f_{3z}/Hz	f_{3r}/Hz
1	120	48	0.4	67 515	14 846	64 705	14 829	67 256	14 823
2	84	67.2	0.8	50 641	20 198	52 168	20 299	52 058	20 373
3	71.5	100.0	1. 4	39 986	20 223	41 720	20 248	41 467	20 415
4	57.7	115.4	2.0	20 083	43 576	20 026	42 956	20 135	41 062
5	35	45.5	2.6	26 652	68 013	26 650	68 207	27 504	69 587
6	15	55.4	2.7	45 134	153 730	44 736	153 403	45 082	159 203
7	30.0	120.0	4.0	20 959	76 518	20 954	76 899	22 043	78 061
8	19.9	127.6	6.4	20 009	114 791	20 007	114 985	19 964	116 463

表 7-2 圆柱体辐射器的共振频率理论值与试验值之间的误差

振子	R/mm	L/mm	L/R	Δ_1(%)	Δ_2(%)	Δ_3(%)	Δ_4(%)
1	120	48	0.4	4.16	0.11	0.38	0.03
2	84	67.2	0.8	3.02	0.5	2.8	0.35
3	71.5	100.0	1. 4	4.34	0.12	3.7	0.48
4	57.7	115.4	2.0	0.28	1.42	0.26	2.42
5	35	45.5	2.6	0.01	0.29	3.2	5.91
6	15	55.4	2.7	0.88	0.21	0.12	12.13
7	30.0	120.0	4.0	0.02	0.5	5.17	7.36
8	19.9	127.6	6.4	0.01	0.17	0.22	8.36

图 7-13 中，E-TR 和 R-TR 分别是共振频率远大于圆柱体辐射器共振频率的发射和接收换能器；同时，要求发射、接收换能器的几何尺寸要比圆柱体小得多，尽可能地减少对圆柱体辐射器的影响。共振频率的理论计算、数值模拟以及测量结果见表 7-1，f_{1z}、f_{1r} 分

别是理论计算所得的纵向和径向振动的共振频率；f_{2z}、f_{2r} 分别是 ANSYS 模拟所得的纵向和径向振动的共振频率；f_{3z}、f_{3r} 分别是试验测量所得的纵向和径向振动的共振频率。将纵向振动的共振频率，理论值和模拟值之间的误差 $\varDelta_1=\left|(f_{1z}-f_{2z})/f_{1z}\right|$、理论值和试验值之间的误差 $\varDelta_2=\left|(f_{1z}-f_{3z})/f_{1z}\right|$；将径向振动的共振频率，理论值和模拟值之间的误差 $\varDelta_3=\left|(f_{1r}-f_{2r})/f_{1r}\right|$、理论值和试验值之间的误差 $\varDelta_4=\left|(f_{1r}-f_{3r})/f_{1r}\right|$ 列在表 7-2 中。从这两个表可以看出理论值、模拟值以及试验值符合得较好。

从表 7-2 可以看出，整体上理论值和模拟值之间的误差，相对于理论值和试验值之间的误差较小些。试验值、模拟值和理论值之间存在误差的主要原因有：①在模拟中用的是标准材料参数，与实际有一定的差异；②数值模拟的振动系统损耗因子选取值与实际值有一定的误差；③理论值和模拟值都没有考虑连接换能器各部件之间的金属螺栓；④加工后的圆柱体的尺寸和理论尺寸之间可能有一定的误差；⑤在试验测试时所得到的值影响因素很多，如系统振动的非线性、试验测量时用的接收换能器等。

设计的复合振动系统如图 7-14 所示，将设计加工好的圆柱体辐射器和大功率纵向振动夹心式超声换能器，用高机械强度的金属螺栓紧紧地连接在一起。对其性能进行测试，并与 ANSYS 软件模拟的结果相比较。用 HP 6500B 阻抗分析仪对纵向振动夹心式压电陶瓷超声换能器及复合振动系统的导纳 - 频率特性进行测量，结果如图 7-15 所示。图 7-15 与图 7-12 比较，可以看出，试验所得导纳 - 频率曲线与数值模拟结果是基本一致的。

图 7-14　大功率复合振动系统

用激光测振仪 Polytec PSV-400 对复合振动系统中的圆柱体辐射器的振动位移分布进行测量，试验装置实物照片如图 7-16 所示，测量所得到的圆柱体辐射器端面、侧面位移分布如图 7-17 和图 7-18 所示。

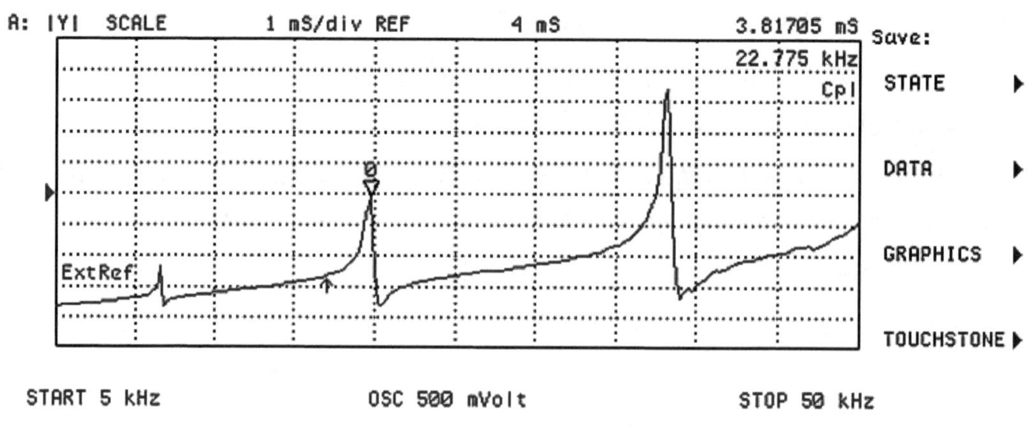

（a）

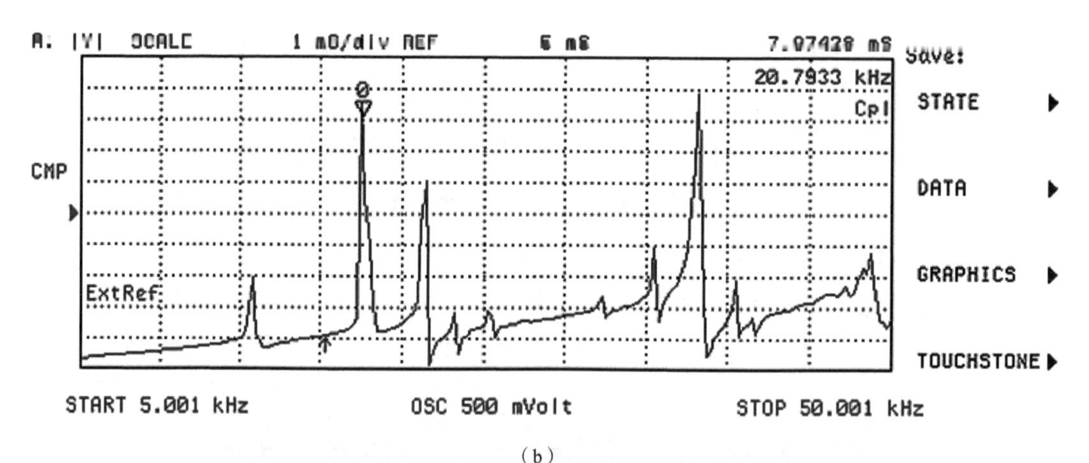

（b）

图 7-15　测量所得导纳 - 频率曲线

（a）测量所得纵向换能器的导纳 - 频率曲线　（b）测量所得复合振动系统的导纳 - 频率曲线

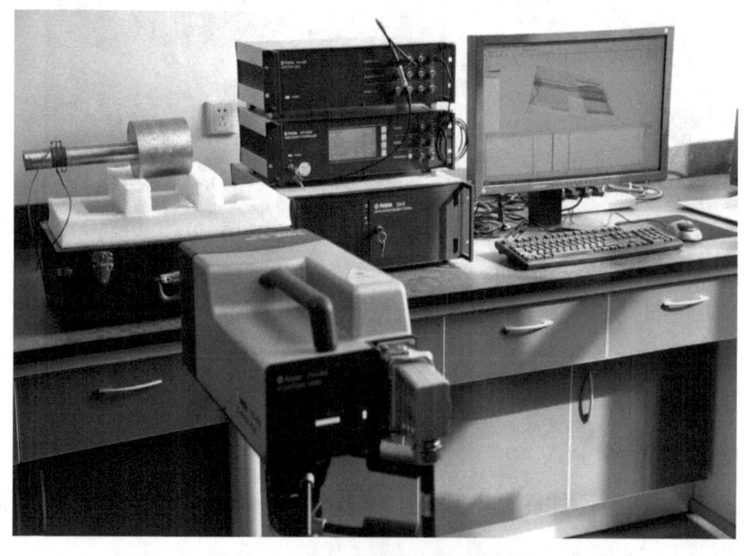

图 7-16　振动位移分布试验装置

图 7-17、图 7-18 与图 7-10、图 7-11 比较，可以看出，数值模拟位移分布曲线与试验测量所得结果吻合较好，说明所设计的复合振动系统的性能符合设计预期。

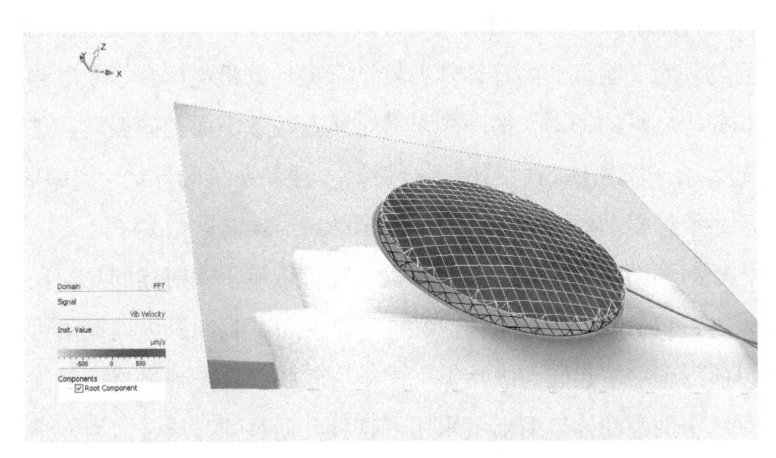

图 7-17　激光测振仪所得辐射器端面的位移分布

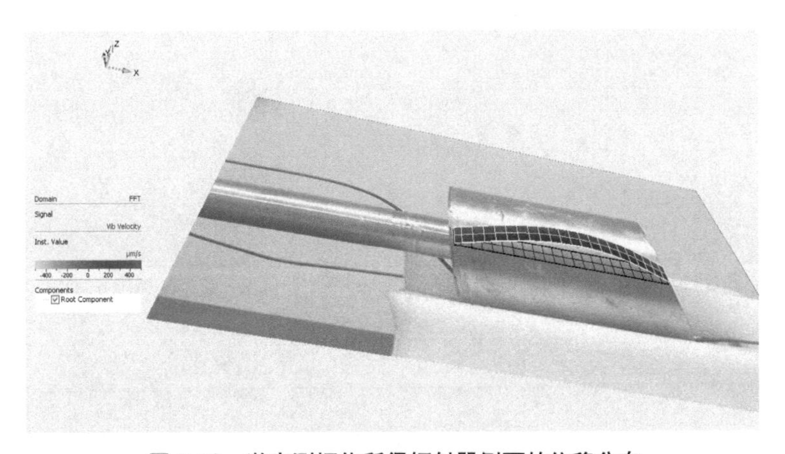

图 7-18　激光测振仪所得辐射器侧面的位移分布

第四节　本章小结

本章研究了一种新型的大功率超声振动系统，得到了圆柱体辐射器耦合振动的机电等效电路，并给出了共振频率方程；研究了圆柱体辐射器产生强的纵向、径向振动的条件；数值模拟并试验测试了圆柱体辐射器的振动特性，且模拟结果与试验结果基本一致。同时，研究了大功率驱动下系统的振动性能。总结以上分析，得出以下结论。

①对给定几何尺寸的圆柱体辐射器，对于某一振动模式，辐射器有两个共振频率，分别对应辐射器的纵向及径向振动时的共振频率。将圆柱体辐射器的耦合振动简化为两个一

维振动——纵向振动和径向振动，利用表观弹性法，由机械耦合系数将这两种振动耦合在一起。

（2）采用圆柱体辐射器耦合振动的机电等效电路来分析圆柱体辐射器的耦合振动，不仅方法简单而且物理意义明显。圆柱体辐射器耦合振动的机电耦合等效电路由两个支路组成，一个是细长棒等效纵向振动，另一个是薄金属盘等效平面径向振动。这两个支路由耦合系数耦合一起。由于圆柱体辐射器的耦合振动，振动系统的导纳 - 频率曲线变得复杂，意味着复合振动系统的振动模式比单纯的纵向振动超声换能器增多了。

（3）圆柱体辐射器耦合振动的等效输入机械阻抗依赖于辐射器的几何尺寸。当几何尺寸满足某一条件时，辐射阻抗有最大值。在这种情况下，径向及纵向振动可以同时得到较强的辐射声波，所以辐射器径向与纵向振动的耦合较强，这是辐射器的最优设计，本章设计的复合振动系统中的圆柱体辐射器就采用了这种几何尺寸。通过恰当地选择圆柱体辐射器的几何尺寸，就可以实现大尺寸圆柱体辐射器高效率、大功率的辐射超声。

第八章　复频超声换能器系统的研究与设计

第一节　引言

第七章的研究表明，大尺寸的圆柱体辐射器可以产生两种振动，即纵向振动和径向振动。圆柱体辐射器的振动是这两种振动的耦合。所以，纵向换能器和圆柱体辐射器组成的复合振动系统的导纳 - 频率曲线上的谐振点比纵向换能器增多了，意味着复合系统的振动模式增加了。在第三章中研究了矩形板的振动模态、位移曲线和共振频率，从板的特性来看，其振动模式较为丰富而复杂。

本章研究两种复频夹心式压电陶瓷超声换能器系统，第一种系统中超声换能器的辐射前盖板是矩形厚板；第二种系统是由纵向振动换能器激发矩形辐射板，利用矩形辐射板具有丰富的谐振频率特性，得到多谐振频率的振动系统。

第二节　矩形厚板辐射体复频超声换能器的研究

图 8-1 是本节所研究的矩形厚板辐射体复频超声换能器的示意图，其前盖板为矩形厚板，长度为 a，宽度为 b，高度为 h；其后盖板为圆柱体，底面直径为 d，高度为 l_1；中间为压电陶瓷晶堆，晶堆的直径和后盖板的直径相同，其长度为 l_2。由于研究的前盖板是厚板，一维设计理论显然不再适用，且厚板振动的频率方程目前还没有得到解析解，故在本节采用表观弹性法来加以分析。

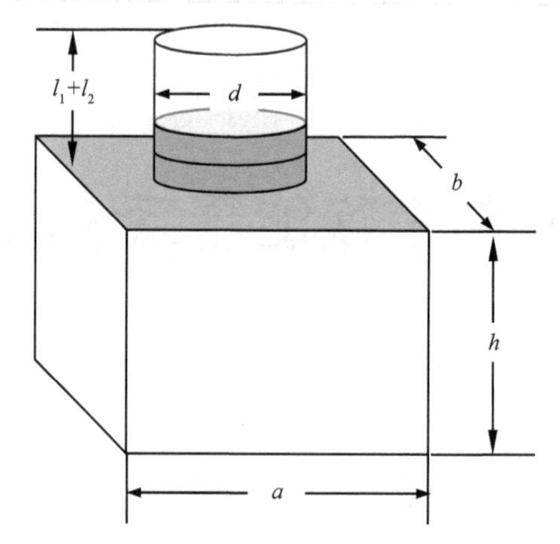

图 8-1 矩形面板辐射体复频超声换能器示意图

首先，对矩形厚板在不考虑弯曲和剪切振动时，采用表观弹性法进行分析；得到矩形厚板在x、y、z轴的等效弹性系数、频率方程；并对厚板的共振频率进行数值模拟与试验测量。其次，对压电陶瓷圆片以及圆柱体后盖板采用表观弹性法进行分析，得到纵向、径向等效弹性系数，以及径向振动的频率方程。最后，采用半波振子理论进行简化分析，得到整个复频换能器的纵向振动频率方程，并设计加工一个矩形厚板辐射体复频超声换能器，从理论计算、数值模拟与试验测量对其进行研究。

一、矩形厚板的振动特性

（一）矩形厚板的等效弹性系数

矩形厚板材料的密度为ρ，杨氏模量为E，泊松系数为ν，x、y、z轴向上的应力分别为σ_x、σ_y、σ_{z1}，对应的应变分别为ε_x、ε_y、ε_{z1}。在轴对称耦合情况下，由弹性力学以及表观弹性法的理论可知，它们之间存在以下关系：

$$\varepsilon_x=\frac{\sigma_x-\nu(\sigma_y+\sigma_{z1})}{E} \tag{8-1a}$$

$$\varepsilon_y=\frac{\sigma_y-\nu(\sigma_x+\sigma_{z1})}{E} \tag{8-1b}$$

$$\varepsilon_{z1}=\frac{\sigma_z-\nu(\sigma_x+\sigma_y)}{E} \tag{8-1c}$$

令$n_1=\sigma_x/\sigma_y$、$n_2=\sigma_y/\sigma_{z1}$、$n_3=\sigma_{z1}/\sigma_x$分别为x、y、z轴方向上振动的耦合系数，于是有$n_1n_2n_3=1$。又令x、y、z轴方向上的等效弹性系数分别为E_x、E_y及E_{z1}，由式（8-1）可得

$$E_x=E/\left[1-\nu(n_3+1/n_1)\right] \tag{8-2a}$$

$$E_y = E/[1-\nu(n_1+1/n_2)] \tag{8-2b}$$

$$E_{z1} = E/[1-\nu(n_2+1/n_3)] \tag{8-2c}$$

（二）矩形厚板的频率方程

$$k_x a = i\pi \tag{8-3a}$$

$$k_y b = j\pi \tag{8-3b}$$

$$k_{z1} h = m\pi \tag{8-3c}$$

式中：k_x、k_y、k_z分别是x、y、z方向的等效波数，$k_x=\omega/c_x$，$k_y=\omega/c_y$，$k_{z1}=\omega/c_{z1}$；等效声速$c_x=\sqrt{E_x/\rho_1}$、$c_v=\sqrt{E_y/\rho_1}$、$c_{z1}=\sqrt{E_{z1}/\rho_1}$；$i,j,m$为矩形厚板振动的阶数。

由式（8-2）以及矩形厚板在x、y以及z方向的耦合系数之间的关系，可以得到下式：

$$[1-\nu(n_3+1/n_1)]a^2 = i^2c^2\pi^2/\omega^2 \tag{8-4a}$$

$$[1-\nu(n_1+1/n_2)]b^2 = j^2c^2\pi^2/\omega^2 \tag{8-4b}$$

$$[1-\nu(n_2+1/n_3)]h^2 = m^2c^2\pi^2/\omega^2 \tag{8-4c}$$

式中：$c=\sqrt{E/\rho}$，是矩形厚板中的纵向声速。

设$X=c^2\pi^2/\omega^2$，由式（8-4）以及矩形厚板在x、y以及z方向的耦合系数，可以推导出矩形厚板耦合振动的共振频率方程为

$$\frac{i^2j^2m^2X^3}{a^2b^2h^2}-\left(\frac{i^2j^2}{a^2b^2}+\frac{j^2m^2}{b^2h^2}+\frac{i^2m^2}{a^2h^2}\right)X^2+X(1-\nu^2)\left(\frac{i^2}{a^2}+\frac{j^2}{b^2}+\frac{m^2}{h^2}\right)+2\nu^3+3\nu^2-1=0 \tag{8-5}$$

当$i=j=m=1$，矩形厚板基频耦合振动时的频率方程为

$$\frac{X^3}{a^2b^2h^2}-\left(\frac{1}{a^2b^2}+\frac{1}{b^2h^2}+\frac{1}{a^2h^2}\right)X^2+X(1-\nu^2)\left(\frac{1}{a^2}+\frac{1}{b^2}+\frac{1}{h^2}\right)+2\nu^3+3\nu^2-1=0 \tag{8-6}$$

式（8-6）是一个关于X的一元三次方程，该方程可以解出三个相互不等的实根，得到的这三个实根对应着矩形厚板耦合振动时的共振频率f_x、f_y和f_z。因为考虑了耦合振动，所以其和相同尺寸的棒的纵向振动基模谐振频率是不一样的。讨论矩形厚板几何尺寸的几种特殊情况：

（1）如果$a=b\neq h$，则$n_1=1$，$n_2=1/n_3$，$f_x=f_y\neq f_z$；

（2）如果$a\neq b=h$，则$n_2=1$，$n_3=1/n_1$，$f_x\neq f_y=f_z$。

（三）数值模拟和试验研究

为了验证文中得出的矩形厚板的频率设计公式，加工了一些尺寸不同的矩形厚板振动器，其材料为硬铝，并对其基频振动的共振频率进行了软件模拟和试验测量，试验测试框图如图 8-2 所示。

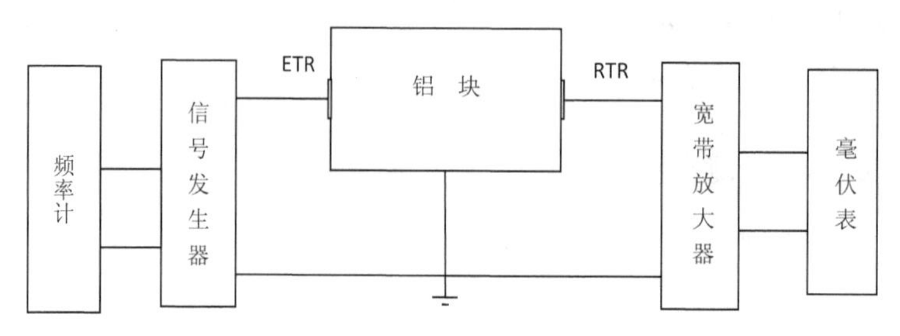

图 8-2 矩形厚板耦合振动共振频率测试框图

图 8-2 中，ETR、RTR 分别是发射和接收换能器。表 8-1 列出了矩形厚板的尺寸以及在 x、y 以及 z 轴方向上的基模共振频率，即理论计算值为 f_{x1}、f_{y1}、f_{z1}，数值模拟值为 f_{x2}、f_{y2}、f_{z2}，试验测量值为 f_{x3}、f_{y3}、f_{z3}。理论计算值、数值模拟值以及试验测量值基本相符，验证了理论的可行性。

表 8-1 矩形厚板基频振动的共振频率值

矩形厚板	a / mm	b / mm	h / mm	f_{x1} / Hz	f_{y1} / Hz	f_{z1} / Hz	f_{x2} / Hz	f_{y2} / Hz	f_{z2} / Hz	f_{x3} / Hz	f_{y3} / Hz	f_{z3} / Hz
1	100	100	50	29 036	29 036	68 371	28 551	28 551	67 669	29 158	29 059	68 743
2	100	50	50	24 713	80 331	80 331	24 870	80 525	80 525	24 901	80 039	80 075
3	150	100	50	16 297	26 767	66 820	16 582	26 279	66 708	16 145	26 842	66 507

二、压电陶瓷圆片的振动特性

（一）压电陶瓷圆片的等效弹性系数

在柱坐标系下，令压电陶瓷圆片上的应变和应力分量分别为 ε_{r1}、$\varepsilon_{\theta1}$、ε_{z2} 和 σ_{r1}、$\sigma_{\theta1}$ 和 σ_{z2}，弹性柔顺系数为 S_{ij}^E。压电陶瓷圆片的应力和应变有如下关系：

$$\varepsilon_{r1} = S_{11}^E\sigma_{r1} + S_{12}^E\sigma_{\theta1} + S_{13}^E\sigma_{z2} \quad (8\text{-}7a)$$

$$\varepsilon_{\theta1} = S_{12}^E\sigma_{r1} + S_{11}^E\sigma_{\theta1} + S_{13}^E\sigma_{z2} \quad (8\text{-}7b)$$

$$\varepsilon_{z2} = S_{13}^E\sigma_{r1} + S_{13}^E\sigma_{\theta1} + S_{33}^E\sigma_{z2} \quad (8\text{-}7c)$$

因为压电陶瓷圆片是轴对称振动，可以近似认为 $\sigma_{r1} = \sigma_{\theta1}$。令 $n_t = \sigma_{z2}/\sigma_{r1}$ 为压电陶瓷圆片纵向和径向振动之间的耦合系数。由上面的关系式推导出压电陶瓷圆片纵向和径向振动时它们之间的等效弹性系数 E_{r1} 和 E_{z2} 分别为

$$E_{r1} = \frac{1}{S_{11}^E[1-\nu_{12}^2 - n_t\nu_{13}(1+\nu_{12})]} \quad (8\text{-}8a)$$

$$E_{z2}=\frac{1}{S_{33}^{E}\left(1-2\nu_{31}/n_{t}\right)} \quad (8\text{-}8b)$$

式中：$\nu_{12}=-S_{12}^{E}/S_{11}^{E}$，$\nu_{13}=-S_{13}^{E}/S_{11}^{E}$，$\nu_{31}=-S_{13}^{E}/S_{33}^{E}$。

（二）压电陶瓷圆片径向振动时的共振频率方程

$$k_{r1}R_{1}J_{0}(k_{r1}R_{1})=(1-\nu_{12})J_{1}(k_{r1}R_{1}) \quad (8\text{-}9)$$

式中：$R_{1}=d/2$为压电陶瓷圆片的半径；$k_{r1}=\omega/c_{r1}$，$c_{r1}=\sqrt{E_{r1}/\rho_{2}}$，分别为压电陶瓷圆片径向的等效波数和声速。

三、后盖板的振动特性

（一）后盖板的等效弹性系数

换能器的后盖板的材料和前盖板的材料相同，材料的杨氏模量为E，泊松比为ν。由第七章中对大尺寸的圆柱体辐射器分析可得等效弹性系数E_{r2}及E_{z3}分别为

$$E_{r2}=\frac{E}{\left(1-\nu^{2}\right)+n_{h}\nu(1+\nu)} \quad (8\text{-}10a)$$

$$E_{z3}=\frac{E}{1+2\nu/n_{h}} \quad (8\text{-}10b)$$

式中：σ_{z3}、σ_{r2}分别为纵向和径向应力，耦合系数$n_{h}=\sigma_{z3}/\sigma_{r2}$。

（二）后盖板径向振动时的共振频率方程

$$k_{r2}R_{2}J_{0}(k_{r2}R)=(1-\nu_{12})J_{1}(k_{r2}R_{2}) \quad (8\text{-}11)$$

式中：$R_{2}=d/2$为后盖板的半径；$k_{r2}=\omega/c_{r2}$、$c_{r2}=\sqrt{E_{r2}/\rho_{3}}$分别为后盖板径向振动时的等效波数和声速。

四、矩形厚板辐射体复频超声换能器纵向振动时的频率方程

为了简化分析，采用半波振子理论。在振子振动时，半波振子换能器的两端振动位移最大，而在换能器内部某个位置，有个截面振动的位移为零，该截面称为节面。

当位移节面位于晶堆内部时，节面将换能器分成两个四分之一波长的振子，每个四分之一波长的振子都是由压电陶瓷晶片及金属盖板组成。矩形厚板、压电陶瓷圆片以及后盖板纵向的等效波数分别为$k_{z1}=\omega/c_{z1}$、$k_{z2}=\omega/c_{z2}$、$k_{z3}=\omega/c_{z3}$，ω为角频率。此时，矩形厚板作为换能器的一部分，整个换能器的纵向振动的频率不能用单纯的矩形厚板的纵向

频率来代替。四分之一波长的振子的纵向振动频率方程分别为

$$\tan k_{z2}l_{c1}\cdot\tan k_{z1}h=\frac{\rho_2 c_{z2}S_2}{\rho_1 c_{z1}S_1} \tag{8-12a}$$

$$\tan k_{z2}l_{c2}\cdot\tan k_{z3}l_1=\frac{\rho_2 c_{z2}S_2}{\rho_3 c_{z3}S_3} \tag{8-12b}$$

式中：$c_{z1}=\sqrt{E_{z1}/\rho_1}$、$c_{z2}=\sqrt{E_{z2}/\rho_2}$、$c_{z3}=\sqrt{E_{z3}/\rho_3}$，分别为矩形厚板、压电陶瓷圆片和后盖板纵向方向上的等效声速；ρ_1、ρ_2和ρ_3，$S_1=ab$、$S_2=\pi R_1^2$和$S_3=\pi R_2^2$分别为矩形厚板、压电陶瓷圆片和后盖板的密度、纵向的横截面面积；$l_{c1}+l_{c2}$为压电陶瓷晶堆厚度，即$l_2=l_{c1}+l_{c2}$，l_1为后盖板高度，h为矩形厚板的高度。

由以上分析可知，当所研究的矩形厚板辐射体复频超声换能器的材料及几何尺寸给定时，根据换能器节线前、后半部分的频率方程（8-12）、耦合系数方程（8-4）以及径向振动的频率方程（8-9）和（8-11），可得6个未知数与6个方程，联合求解，即得到该换能器的共振频率。

五、矩形厚板辐射体复频超声换能器的有限元分析以及试验测试

本节对加工的一个矩形厚板辐射体复频超声换能器（简称为MFRTT）进行了有限元模型分析和试验测试。该换能器的几何尺寸：前盖板的长、宽、高分别为60 mm、60 mm、52 mm；后盖板以及压电陶瓷圆片的直径d均为40.0 mm，长度l_1、l_2分别为64 mm、12 mm；前、后盖板的材料均为硬铝，具体材料参数为$E=7.02\times10^{10}\ \mathrm{N/m^2}$、$\rho=2.70\times10^3\ \mathrm{kg/m^3}$、$\nu=0.34$；压电陶瓷圆片的材料为PZT-4。

在利用有限元软件ANSYS对MFRTT的模态分析和谐响应分析过程中，建模的坐标原点选取在矩形板辐射面的中心，z轴平行于矩形板辐射面的厚度方向，x、y轴平行于矩形板辐射面的两条相邻边；分析设定的频率范围为10~100 kHz，激励电压为1 V，阻尼系数为0.15%。试验测试中利用阻抗分析仪测得MFRTT未粘贴于水槽底部、粘贴于水槽底部时的导纳 - 频率曲线；用激光测振仪测得MFRTT未粘贴于水槽底部、粘贴于水槽底部时，端面辐射面上的位移分布；测量时使用的电压为1 V的小信号。

图8-3是由谐响应分析得到的MFRTT的导纳 - 频率特性曲线；图8-4、图8-5分别是由阻抗分析仪测量的MFRTT未粘贴于水槽底部的导纳 - 频率曲线（扫频范围为15~60 kHz）和MFRTT粘贴于水槽底部的导纳 - 频率曲线（扫频范围为10~100 kHz）。结果表明，所设计的换能器在10~100 kHz频率范围内具有较多的谐振峰，是一个复频换能器。

从图8-3、图8-4可以看出，模拟和测量所得的导纳 - 频率特性曲线基本一致。理论计算值在导纳 - 频率曲线上可以清楚地看出，这也证明了在一些频率上，理论分析中的假

设（没有弯曲和剪切振动）对换能器性能影响不大。MFRTT 粘贴于水槽底部之后，小信号下试验测量的导纳 - 频率曲线和未粘贴于水槽底部模拟得到的曲线有一定的差别，如纵向振动的基频模拟值为 16 400 Hz，理论计算值为 16 438 Hz，未粘贴时试验测量值为 16 172 Hz，粘贴后的值为 15 857 Hz；理论计算的 MFRTT 横向振动基频值为 40 042 Hz、模拟值为 39 406 Hz，未粘贴时试验测量值为 38 406 Hz，而粘贴后此频率较小，导纳 - 频率曲线基本看不出来，其原因可能是换能器的横向振动不能带动整个水槽底部做横向振动。

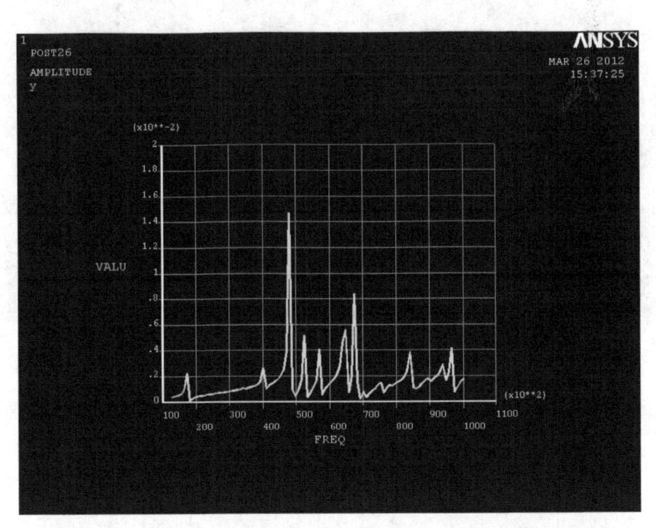

图 8-3　ANSYS 模拟得到的 MFRTT 导纳 - 频率曲线

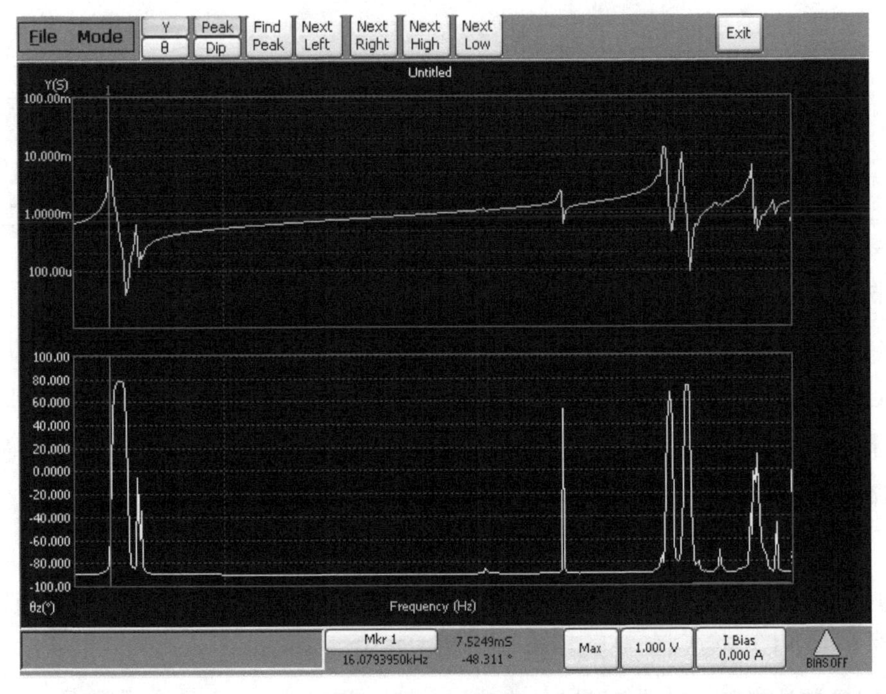

图 8-4　阻抗分析仪测量的 MFRTT 未粘贴于水槽底部的导纳 - 频率曲线（扫频范围为 15~60 kHz）

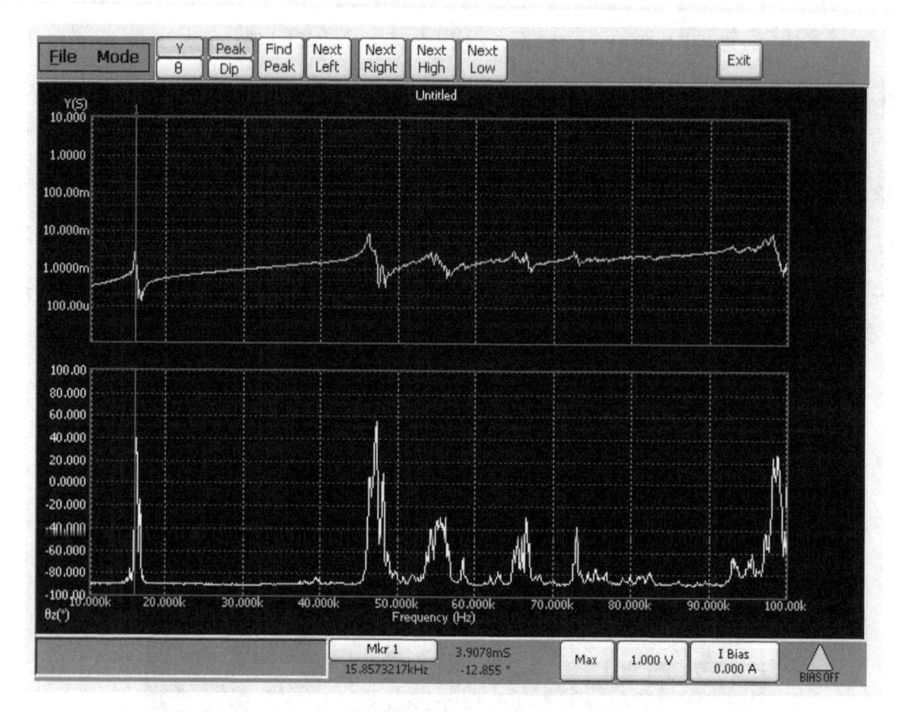

图 8-5 阻抗分析仪测量的 MFRTT 粘贴于水槽底部的导纳 - 频率曲线（扫频范围为 10~100 kHz）

表 8-2 列出了基频振动下共振频率的理论计算值 f_1，ANSYS 软件的数值模拟值 f_2，试验测试值 f_3，误差 $\Delta_1 = |f_1 - f_2| / f_1$、$\Delta_2 = |f_1 - f_3| / f_1$。由表中数据可知，MFRTT 的理论计算、数值模拟以及试验测量的基频振动时的共振频率吻合较好。

表 8-2 MFRTT 的理论计算、数值模拟以及试验测量基频振动的共振频率

共振频率	f_1 /Hz	f_2 /Hz	f_3 /Hz	Δ_1 /%	Δ_2 /%
纵 向	16 438	16 400	16 172	0.23	1.62
横 向	40 042	39 280	38 406	1.9	4.1

本节给出了 MFRTT 在一些共振频率下模拟的振动模态以及相对应的位移分布，如图 8-6 所示。从图 8-6 上可以较为容易地得到该频率下的振动模式的阶数，以及振动位移在辐射面上振幅的分布情况。从模拟的位移分布图和激光测振仪所测得的未粘贴于水槽底部的位移分布图的比较，可以看出试验结果和模拟结果符合较好；它们与粘贴于水槽底部测得的位移分布有一定的差异，可以看出小信号下水槽对 MFRTT 的振动特性产生了一定的影响。

在 16 kHz 附近的共振频率下，MFRTT 做活塞式振动，图 8-6（a1）是其模拟的振动模态；图 8-6（b1）和（c1）分别是模拟的辐射面和 *xoz* 面的位移分布；图 8-6（d1）和（e1）分别是激光测振仪得到的粘贴于水槽底部之前和之后的辐射面的位移分布。从模态

上来观察，换能器在这个频率点主要做纵向振动，其他振动模式很微弱，可以忽略；从位移分布可以证实此结论，MFRTT 振动时辐射面上没有节线，与理论分析计算的十分相符。

在 39 kHz 附近的共振频率下，图 8-6（a2）是其模拟的振动模态；图 8-6（b2）和（c2）分别是模拟的辐射面和 *xoz* 面的位移分布；图 8-6（d2）和（e2）分别是激光测振仪得到的粘贴于水槽底部之前和之后的辐射面的位移分布。在此频率时，从软件模拟得到的位移分布以及试验测量的位移分布结果来看，正方形辐射面上对角线相交处，周围位移振幅最大，圆渐变成正方形时振幅变小，介于圆与正方体之间有类似于方形板的节线。在理论计算中，该频率为 MFRTT 的横向振动共振频率的基频，从图 8-6（a2）可以看出，MFRTT 在该频率下的振动同时具有纵向振动和弯曲振动。图 8-6（b2）的模拟位移分布和图 8-6（d2）的试验测试位移分布基本相符，它们与粘贴于水槽底部之后测得的位移分布有一定的差异。

共振频率在 47 kHz 的振动模态为纵向振动，位移分布对角线对称且中心区域振幅较大；而节线的位置较 40 kHz 附近的节线更靠近正方形的边长。由图 8-7（c1）可知，47 kHz 是该复频换能器的纵向振动的谐频。同样，频率在 55.6 kHz 左右的位移分布图上，节线的位置比 47 kHz 的更靠近正方形的边缘，离中心越来越远；渐变成频率在 62 kHz 左右的节线分布形式。共振频率在 62 kHz 的振动模态，显然换能器同时存在几种振动模式，有弯曲、纵向振动等，因此辐射板的位移分布较之前的几种要复杂一些，中心位置以及四个角的位置是位移振幅较大的区域。在这两个共振频率下，数值模拟的位移曲线与未粘贴于水槽底部的试验测量位移曲线符合较好（如图 8-7（b）和（d），而与粘贴于水槽底部的位移曲线有一定的误差（图 8-7（e））。

前面研究的几个共振频率中，除了 16 kHz 附近换能器做活塞式振动外，正方形辐射面的中心处都有一个位移振幅较大的圆，随着频率的增大，位移节线图变得较为复杂。

本节研究设计的 MFRTT，实现了一个换能器系统能够产生多个共振频率。采用表观弹性法对 MFRTT 进行分析，得到了系统的共振频率方程。从研究中可知，MFRTT 中纵向振动和横向振动相互耦合，使得压电陶瓷晶堆激发矩形厚板产生的共振频率与同尺寸的矩形厚板自由振动时纵向和横向振动的固有频率不同。对 MFRTT 的理论分析、ANSYS 数值模拟和试验测试表明，设计此复频换能器的理论是可行的。

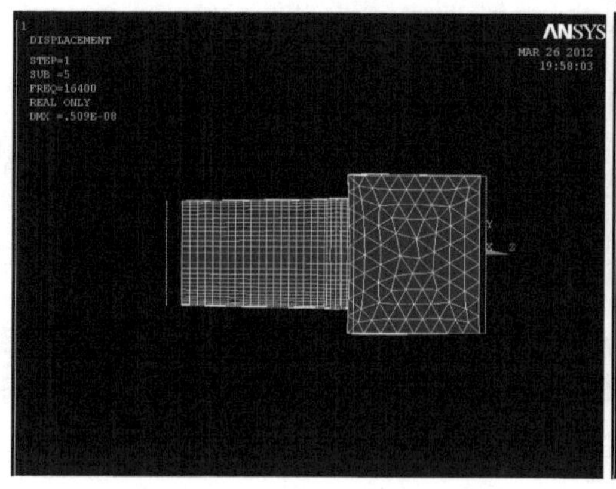

(a1) $f=16\,400\,\mathrm{Hz}$

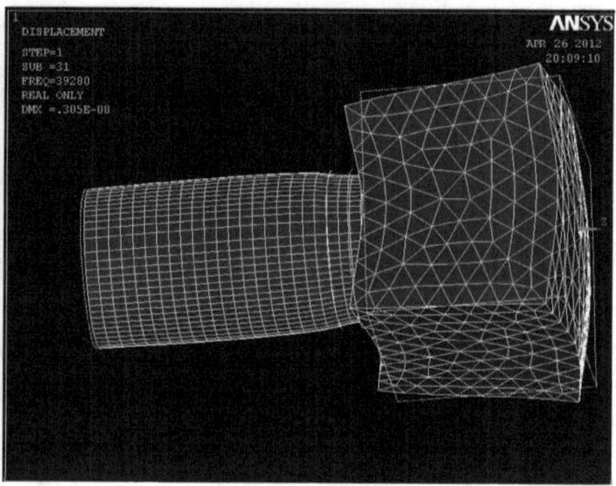

(a2) $f=39\,280\,\mathrm{Hz}$

(a)

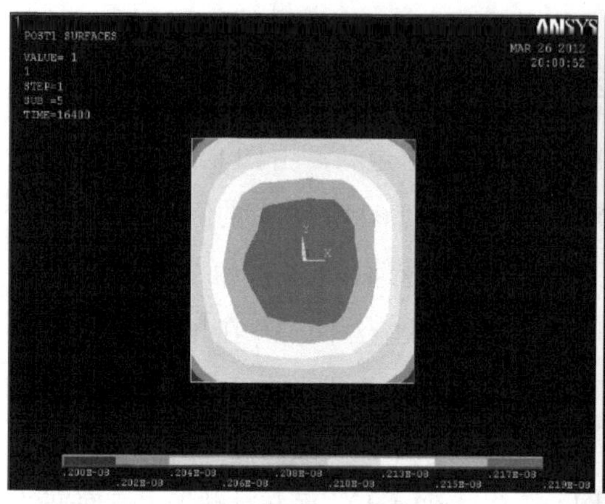

(b1) $f=16\,400\,\mathrm{Hz}$

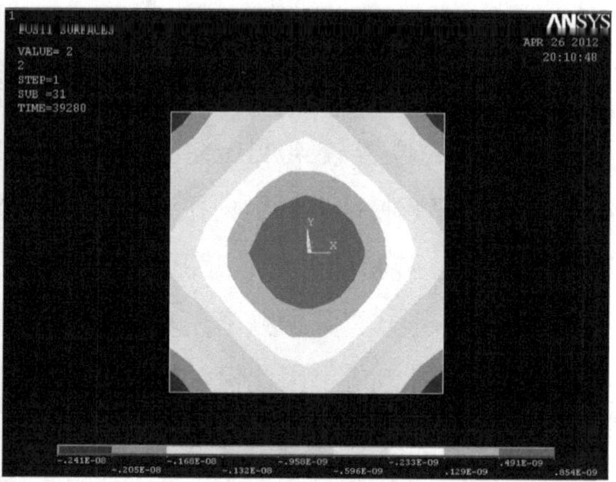

(b2) $f=39\,280\,\mathrm{Hz}$

(b)

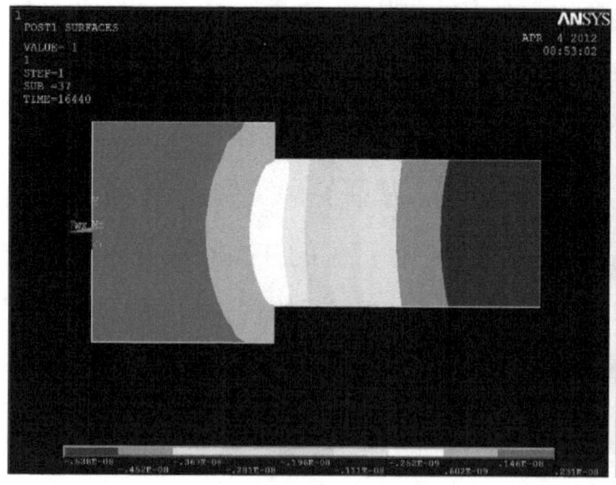

(c1) $f=16\,400\,\mathrm{Hz}$

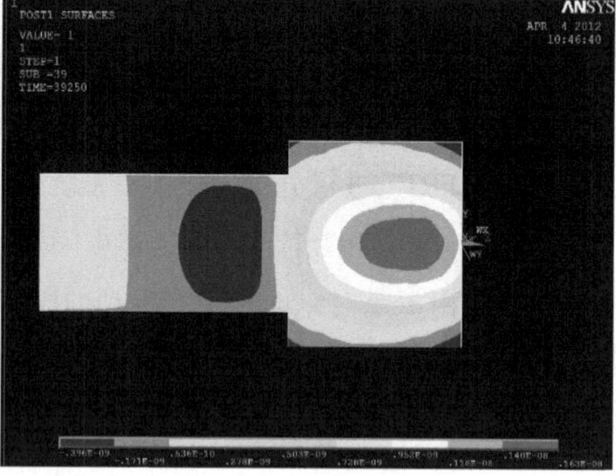

(c2) $f=39\,280\,\mathrm{Hz}$

(c)

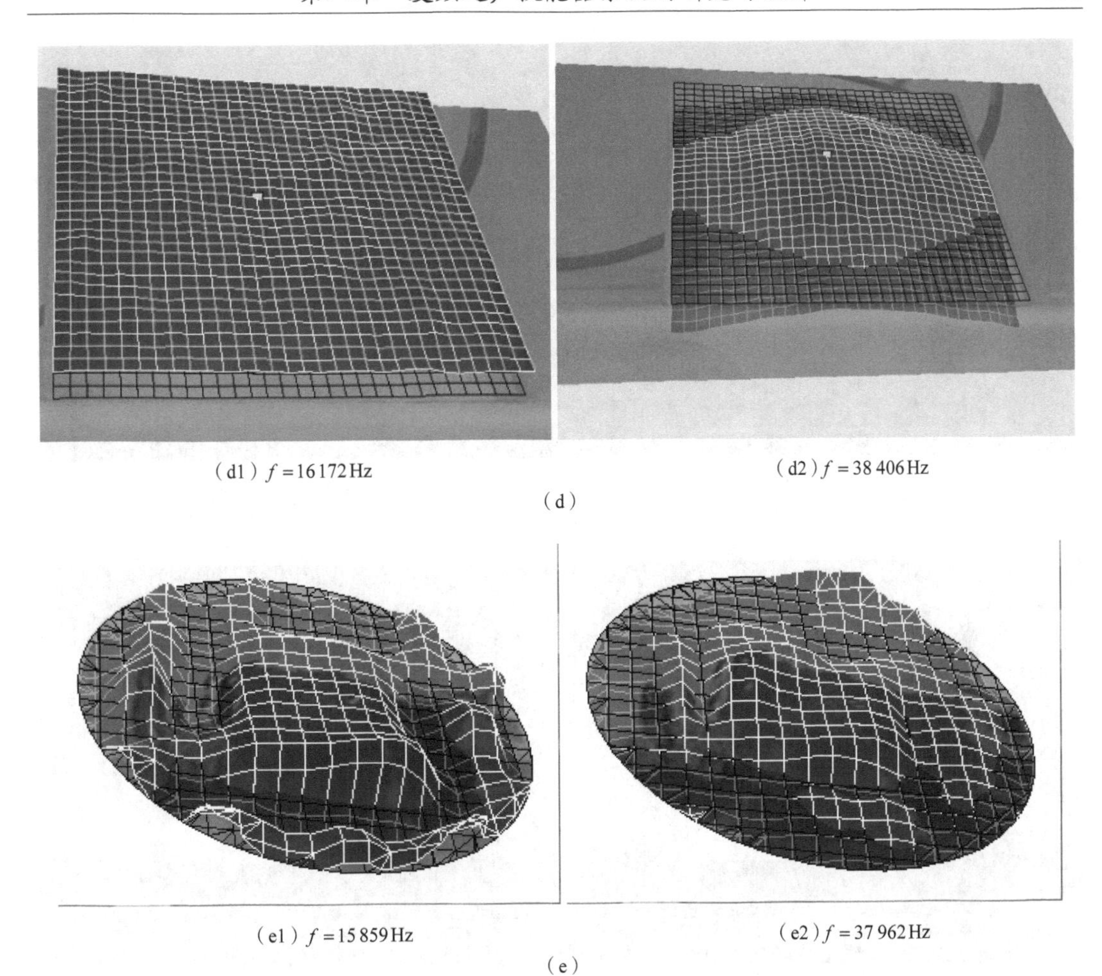

（d1）$f=16\,172$ Hz　　（d2）$f=38\,406$ Hz

（d）

（e1）$f=15\,859$ Hz　　（e2）$f=37\,962$ Hz

（e）

图 8-6　矩形厚板辐射器夹心式换能器在 16 kHZ 和 39 kHz 附近的振动模态以及位移分布

（a）共振时的振动模态　（b）辐射面上的位移分布　（c）*xoz* 面上的位移分布

（d）激光测振仪得到辐射面的位移分布（未粘贴于水槽底部）（e）激光测振仪得到水槽底面的位移分布（粘贴于水槽底部）

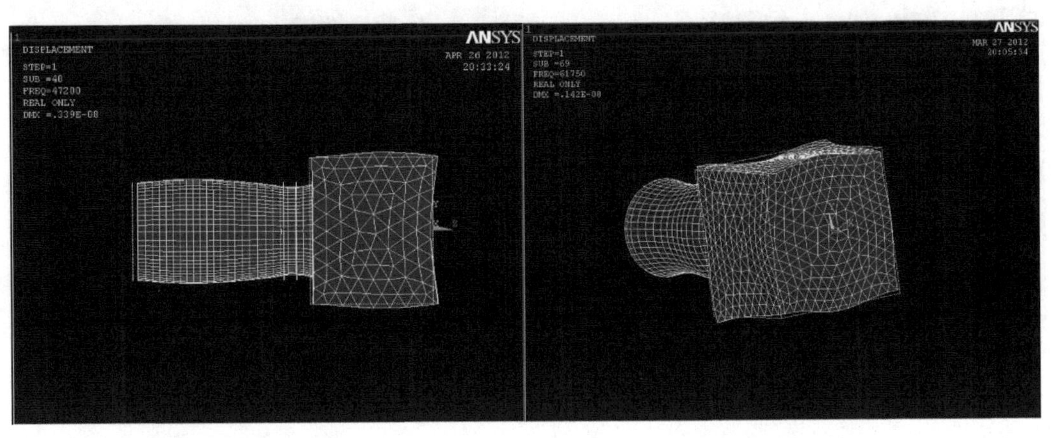

（a1）$f=47\,200$ Hz　　（a1）$f=61\,750$ Hz

（a）

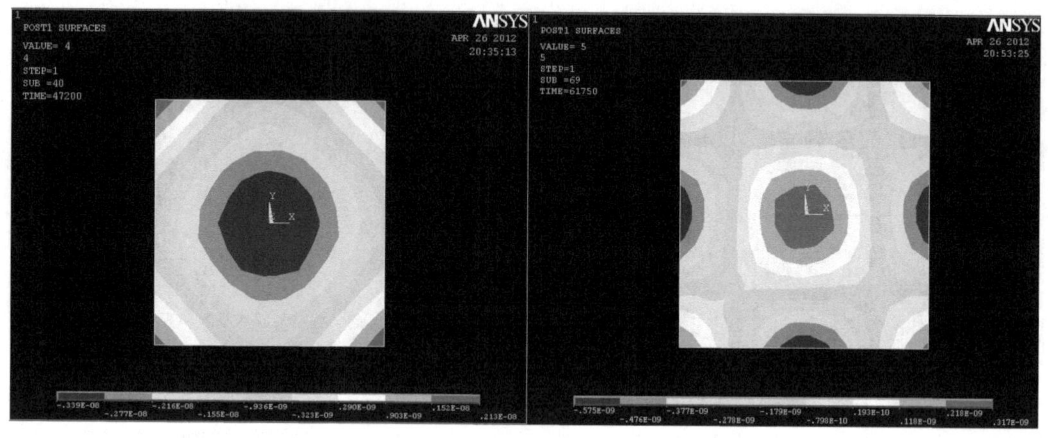

（b1） $f=47\,200\text{Hz}$

（b2） $f=61\,750\text{Hz}$

（b）

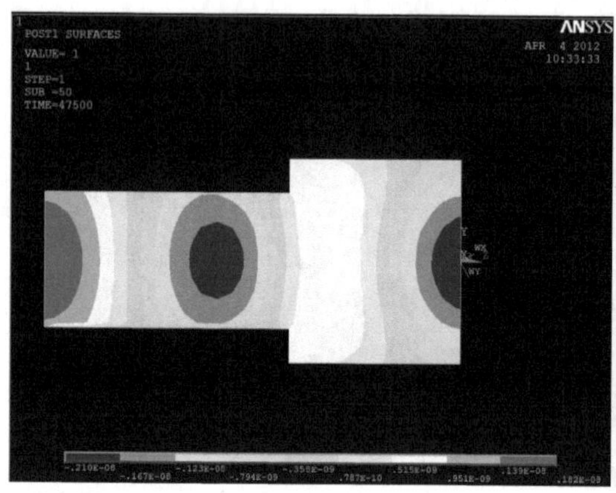

（c1） $f=47\,200\text{Hz}$

（c2） $f=61\,750\text{Hz}$

（c）

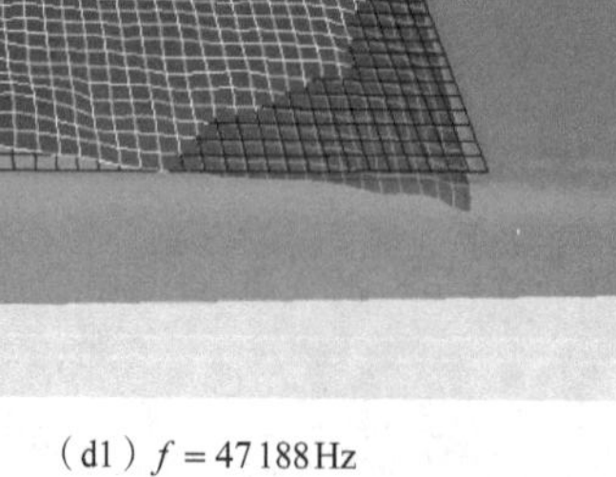

（d1） $f=47\,188\text{Hz}$

（d2） $f=62\,078\text{Hz}$

（d）

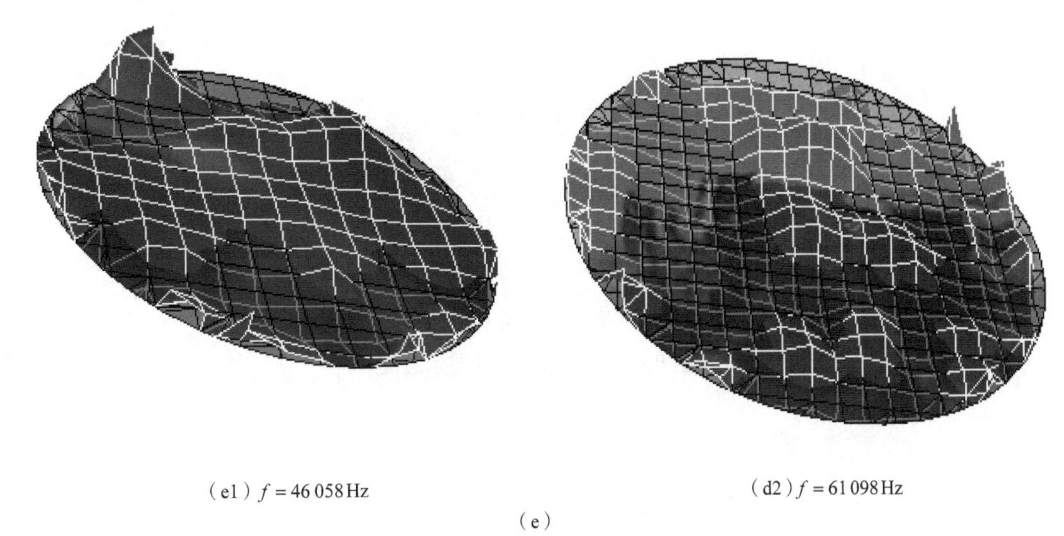

（e1）$f = 46\,058$ Hz　　（d2）$f = 61\,098$ Hz

（e）

图 8-7　矩形厚板辐射器夹心式换能器在 47kHZ 和 62 kHz 附近的振动模态以及位移分布

（a）共振时的振动模态　（b）辐射面上的位移分布　（c）*xoz* 面上的位移分布

（d）激光测振仪得到辐射面的位移分布（未粘贴于水槽底部）（e）激光测振仪得到水槽底面的位移分布（粘贴于水槽底部）

第三节　弯曲矩形板辐射体复频超声换能器的有限元分析

在本节中研究一种传统纵向换能器以及将此换能器前盖板用矩形辐射板替代组成的复合换能器系统的振动特性。传统纵向换能器如图 8-8 所示，由圆柱体前、后盖板以及压电陶瓷圆片组成，其前、后盖板以及压电陶瓷圆片的直径均为 $d = 35$ mm，前、后盖板的长度均为 $l_1 = 17$ mm，压电陶瓷晶堆的长度为 $l_2 = 12$ mm，压电陶瓷晶堆的材料为 PZT-4，并沿厚度方向极化，前、后盖板的材料为硬铝。将传统纵向换能器的前盖板用矩形辐射板替代的复合换能器系统如图 8-9、图 8-10 所示，其后盖板的长度 $l_1 = 17$ mm，后盖板以及压电陶瓷圆片的直径均为 $d = 35$ mm，压电陶瓷晶堆的长度 $l_2 = 12$ mm，压电陶瓷晶堆的材料为 PZT-4，并沿厚度方向极化；前盖板为矩形辐射板，其长度 $a = 134$ mm，宽度 $b = 50$ mm，高度 $h = 19$ mm；在图 8-10 中，两个压电陶瓷晶堆之间相距 $l = 30$ mm；前、后盖板的材料是硬铝；PZT-4 以及硬铝的参数值如前文所述。在本节中，将图 8-9 的系统用 SMFUTS 表示，图 8-10 的系统用 DMFUTS 表示。

在 ANSYS 软件下建模时，坐标原点选取在矩形板辐射面的中心，x 轴平行于矩形辐射板的长边，y 轴平行于矩形辐射板的短边，z 轴平行于矩形辐射板的厚度方向。采用 ANSYS 软件对图 8-8、图 8-9 以及图 8-10 的系统从模态、位移分布、谐响应三个方面进行分析。分析系统的频率范围为10~100 kHz，采用的激励电压为1 V，阻尼系数为0.15%。

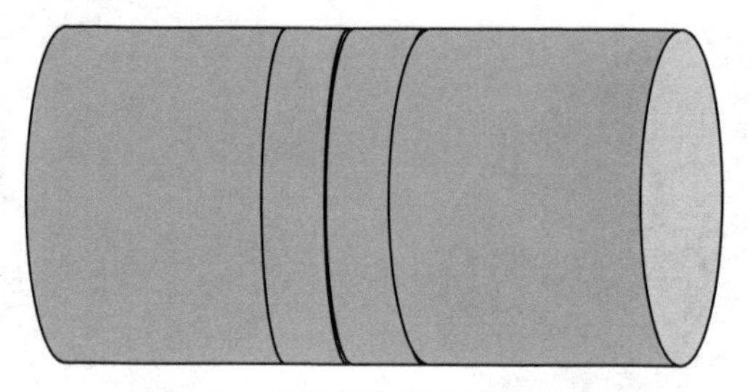

图 8-8 传统纵向换能器示意图

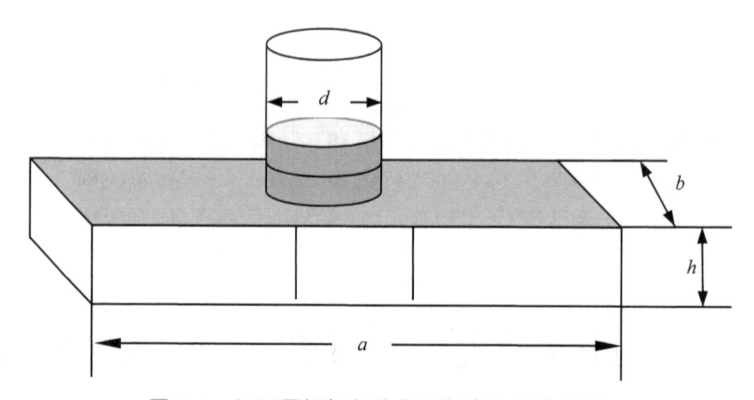

图 8-9 矩形厚板辐射体复频超声换能器示意图

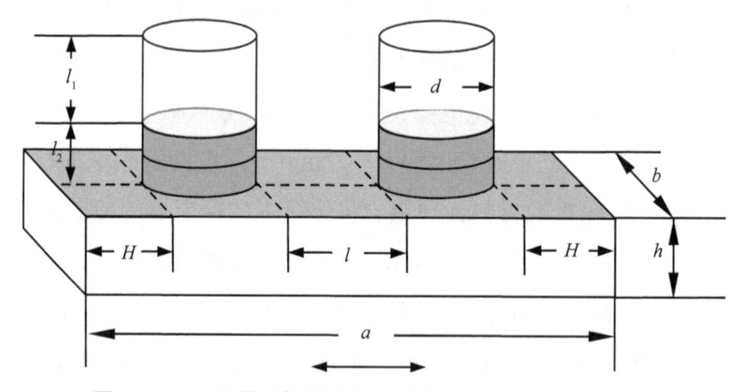

图 8-10 矩形厚板辐射体双驱动复频超声换能器示意图

一、传统纵向振动夹心式压电陶瓷超声换能器的分析

在此对图 8-8 所示传统纵向振动夹心式压电陶瓷超声换能器（此换能器为半波长振子）所示进行仿真模拟。对换能器模拟分析得到的导纳 - 频率特性如图 8-11 所示，振动

模态如图 8-12 所示；在频率为 48 100 Hz 时辐射面上的位移分布如图 8-13（a）所示，$y = 0$ 时的位移分布如图 8-13（b）所示，沿 z 轴方向的位移分布如图 8-13（c）。从位移分布可以容易得出该换能器的工作模式符合我们设计时采用的半波振子理论。由导纳 - 频率特性可以看出，该换能器在 10~100 kHz 频率范围内只有三个谐振频率，在这三个谐振频率下换能器的振动模式主要为纵向振动。

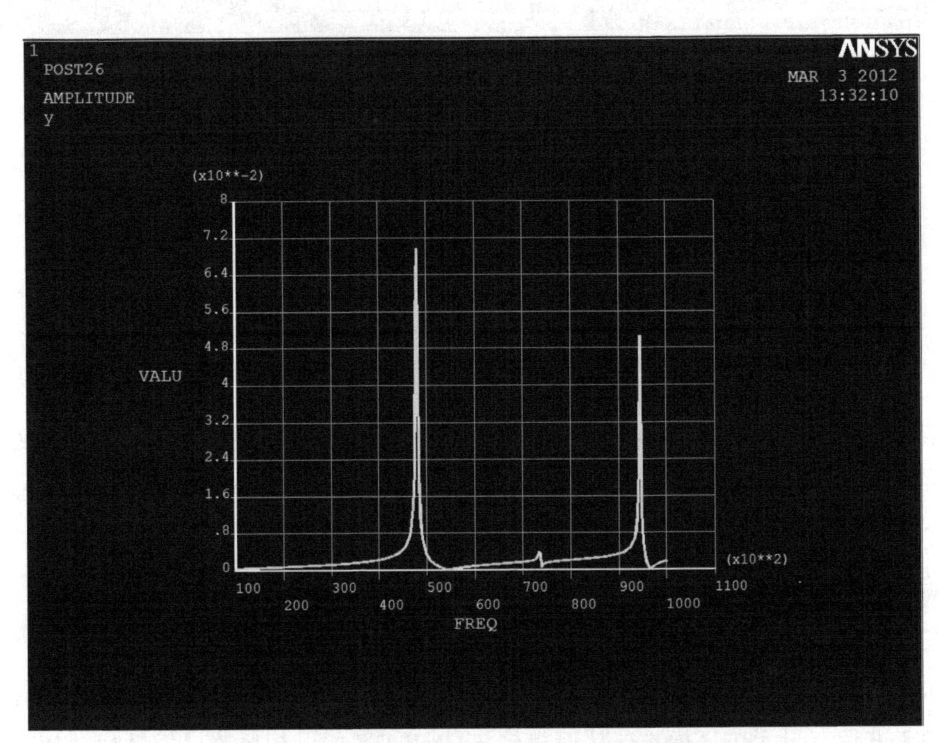

图 8-11　传统纵向超声换能器导纳 - 频率曲线特性

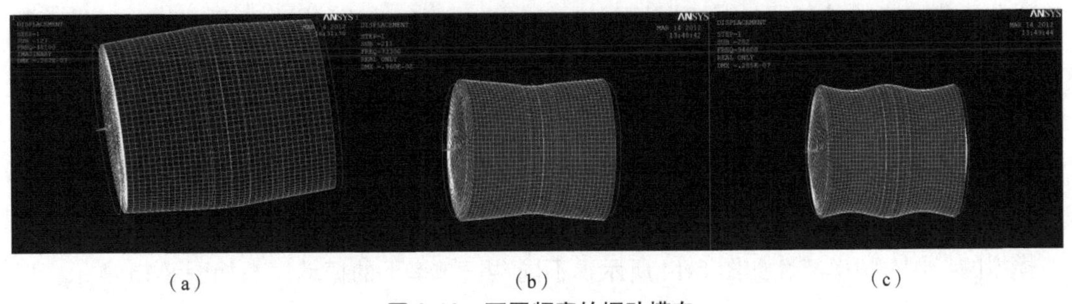

（a）　（b）　（c）

图 8-12　不同频率的振动模态

（a）$f = 48\,100$ Hz　（b）$f = 73\,300$ Hz　（c）$f = 94\,600$ Hz

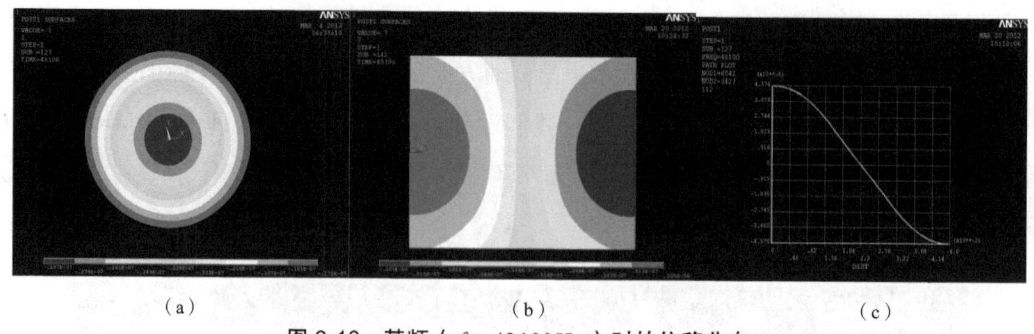

（a） （b） （c）

图 8-13 基频（$f=48100\,\mathrm{Hz}$）时的位移分布

（a）辐射面上的位移分布 （b）*xoz* 面上的位移分布 （c）沿 *z* 轴方向的位移分布

二、矩形厚板辐射体单驱动复频超声换能器的有限元分析

前面对系统纵向振动换能器进行了仿真研究，现在对换能器加以改变，将换能器的前盖板换成矩形厚板，辐射器的改变肯定会引起换能器性能的改变。从前面的研究中可知，矩形厚板的振动模式很多，有纵向、横向、弯曲，还有剪切振动等。研究时为了简化，只考虑矩形厚板的一些振动模式，忽略的振动模式在一些模态下对换能器性能影响不大。在此研究 SMFUTS，着重应用其弯曲振动的特性。由矩形圆板的振动特性可知，如图 8-9 所示的系统应该具有较多的谐振频率，同时可以实现单个系统具有较宽频带的要求。

在 SMFUTS 中辐射板为矩形厚板，由前面的研究可知，矩形厚板的耦合振动相当复杂，其频率方程目前未得到解析解。因此，采取声学技术分析中常用的数值模拟方法，对 SMFUTS 进行有限元仿真模拟，从而得到该 SMFUTS 的谐振频率、振动模式以及位移分布。

分析复频弯曲换能器的频率范围设定为 10~100 kHz，以便与前面研究的传统纵向换能器相比较。从前面矩形厚板振动模态分析可知，矩形厚板做弯曲振动时，在频率范围 10~100 kHz 有多个谐振频率。因此，压电陶瓷晶堆激发矩形板辐射器得到较多的谐振频率。其原因是压电陶瓷晶堆激发矩形厚板，在矩形厚板和纵向换能器的谐振频率附近极易产生共振，故 SMFUTS 的谐振频率很多，对 SMFUTS 的谐响应分析验证了这一结论。数值模拟的导纳 - 频率特性如图 8-14 所示，不同共振频率下的振动模态如图 8-15 所示，振动位移分布的情况如图 8-16 所示。由导纳 - 频率曲线，得到压电陶瓷晶堆能够激发的辐射板共振时的频率值，提取这些共振频率点所对应的振动模态，发现不同的振动模态下矩形辐射板具有不同的弯曲振动形式，而不同的共振频率下矩形辐射板也有不同的位移分布。虽然 SMFUTS 中矩形厚板具有多个能够得到激发的共振模态，但是这些模态也只是矩形厚板固有振动模态的一部分。

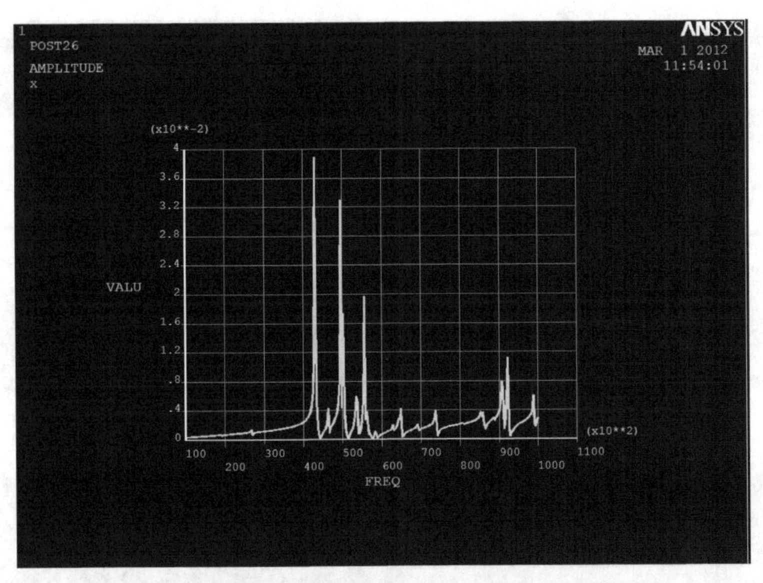

图 8-14　单驱动复频超声换能器导纳 - 频率理论计算曲线

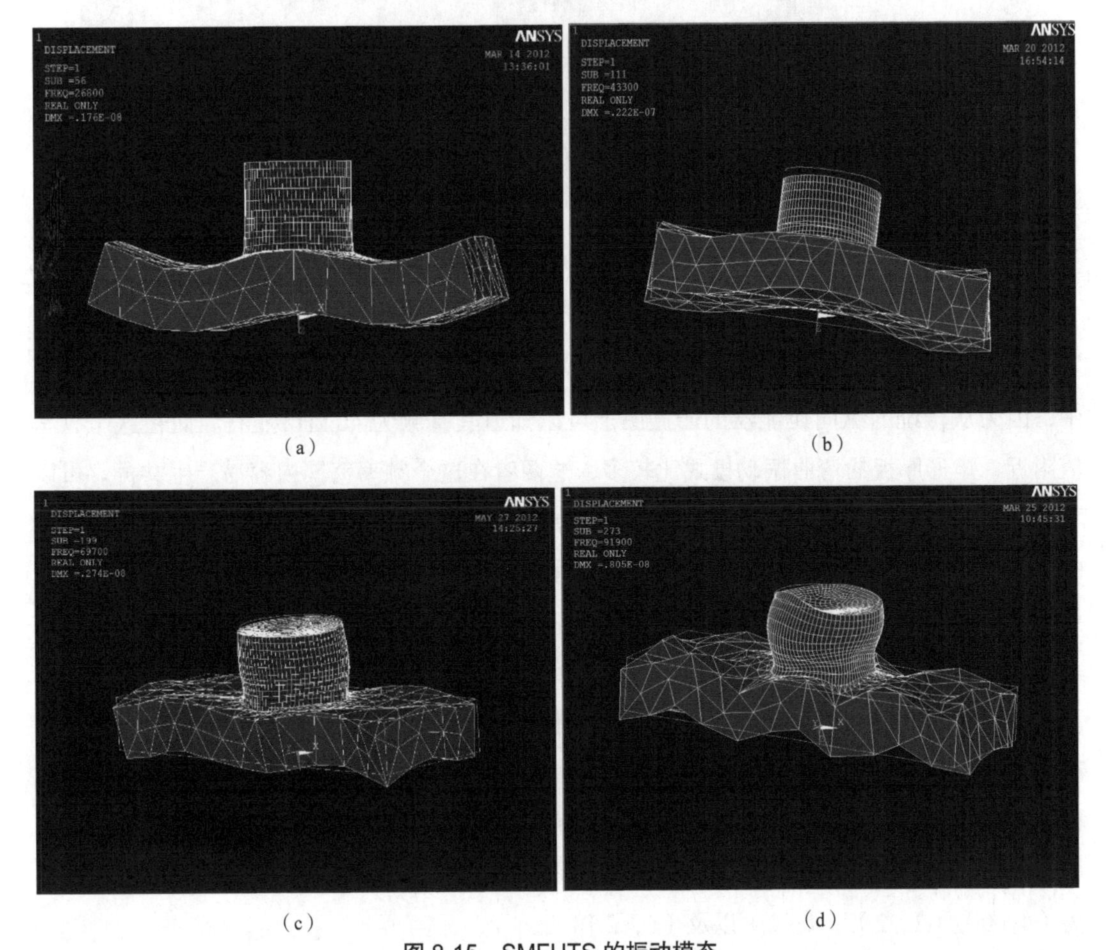

（a）　（b）　（c）　（d）

图 8-15　SMFUTS 的振动模态

（a）$f=26\,800$ Hz　（b）$f=43\,300$ Hz　（c）$f=69\,700$ Hz　（d）$f=91\,900$ Hz

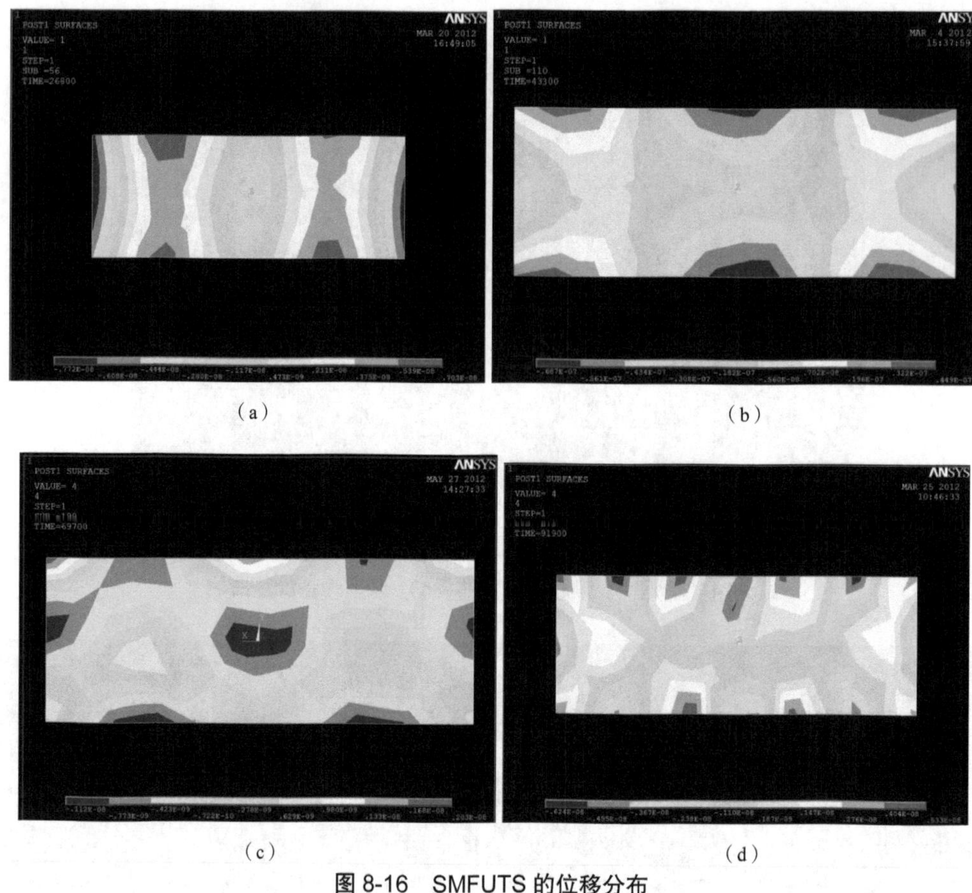

图 8-16 SMFUTS 的位移分布

（a）$f=26\,800$ Hz （b）$f=43\,300$ Hz （c）$f=69\,700$ Hz （d）$f=91\,900$ Hz

从导纳 - 频率曲线可以看出，在 40~60 kHz 频率范围为复合换能器的谐振频率较为集中，因为从传统的纵向换能器的谐振图上可以知道其基频为 48 kHz 左右。而在这个频率值附近，矩形厚板的弯曲振动模式比较多，这两者在这个频率范围内容易产生共振。可以看出，原来板做条纹振动的频率，更易激发成为 SMFUTS 的谐振频率。但是，因为所用的板的厚度已经超出了薄板所给的范围，实际使用中矩形辐射板可能同时产生几种形式的振动。从模态和位移分布可以看出，频率越高，振动模式越复杂。当 SMFUTS 在不同的频率下振动时，SMFUTS 的位移节线比纵向换能器复杂得多。

对于 SMFUTS 在不同谐振频率下的振动模态，矩形辐射板的弯曲振动在 x 、y 轴方向有着不同的节线数，如图 8-17、8-18 所示。从复合换能器的振动模态、辐射面的振动位移分布以及 x 、y 轴上各点的位移曲线，能容易地确定矩形辐射板各方向的节线数目，从而确定矩形辐射板的振动阶数。从图中可以得到，这四个谐振频率下振动模态的阶数分别为（4，0)，(2，2)，(4，2）以及（6，2）。

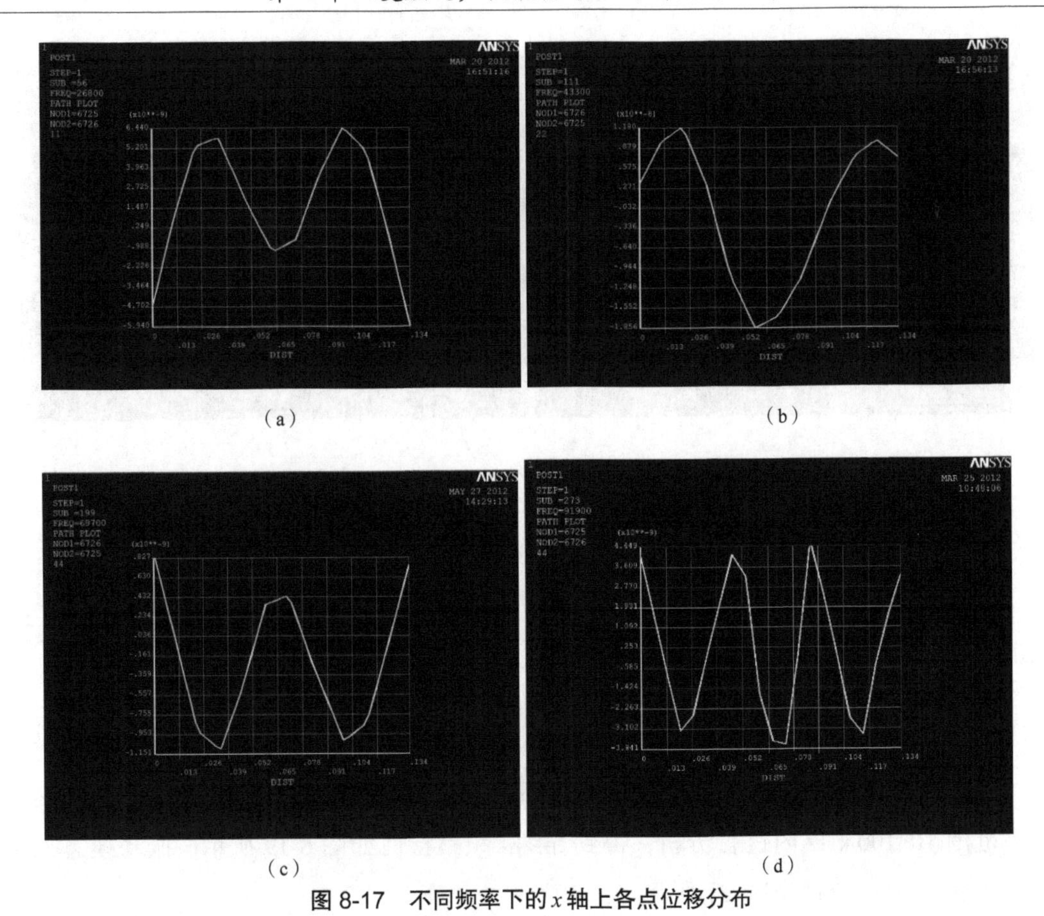

（a）　（b）

（c）　（d）

图 8-17　不同频率下的 x 轴上各点位移分布

（a）$f=26\,800\,\mathrm{Hz}$　（b）$f=43\,300\,\mathrm{Hz}$　（c）$f=69\,700\,\mathrm{Hz}$　（d）$f=91\,900\,\mathrm{Hz}$

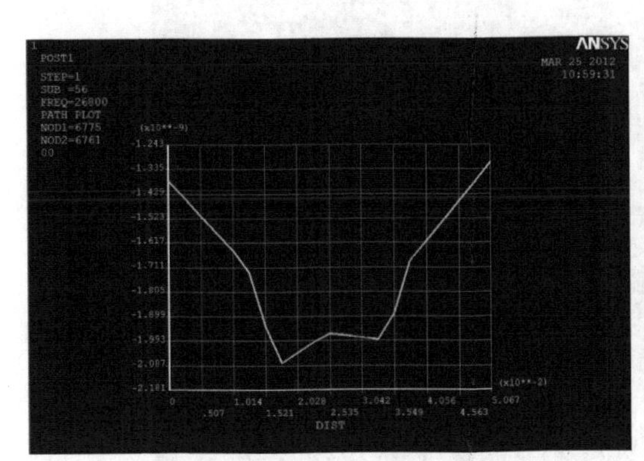

（a）

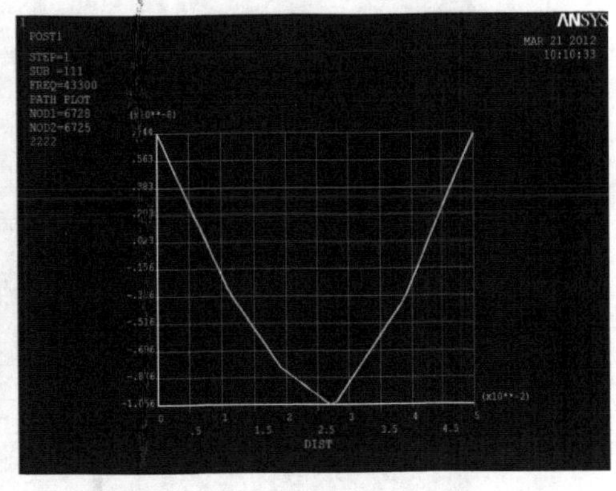

（b）

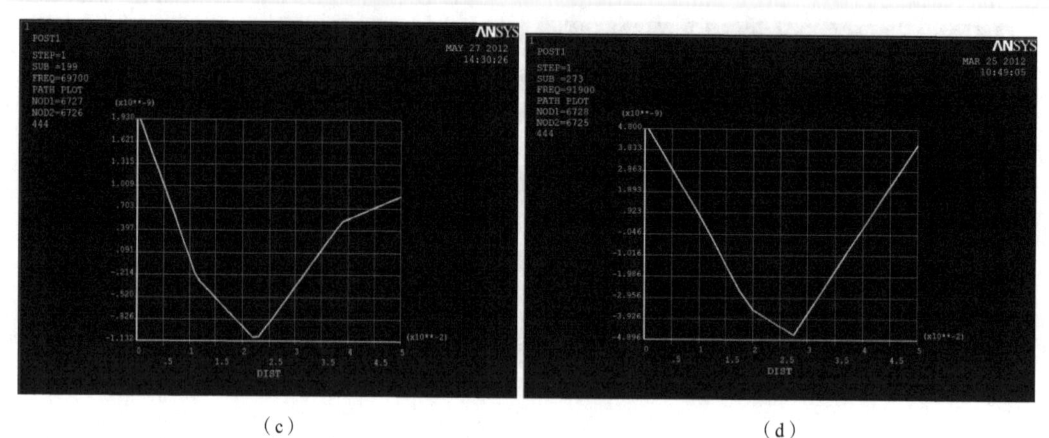

（c）　　　　（d）

图 8-17　不同频率下的 y 轴上各点位移分布

（a）$f=26\,800\,\text{Hz}$　（b）$f=43\,300\,\text{Hz}$　（c）$f=69\,700\,\text{Hz}$　（d）$f=91\,900\,\text{Hz}$

三、矩形厚板辐射体双驱动复频超声换能器弯曲振动的有限元分析

在此对如图 8-10 所示的 DMFUTS 进行研究，采用有限元软件 ANSYS 对该换能器在频率范围 10~100 kHz 内进行分析，得到导纳 - 频率特性如图 8-19 所示，振动模态如图 8-20 所示，位移分布如图 8-21 所示。

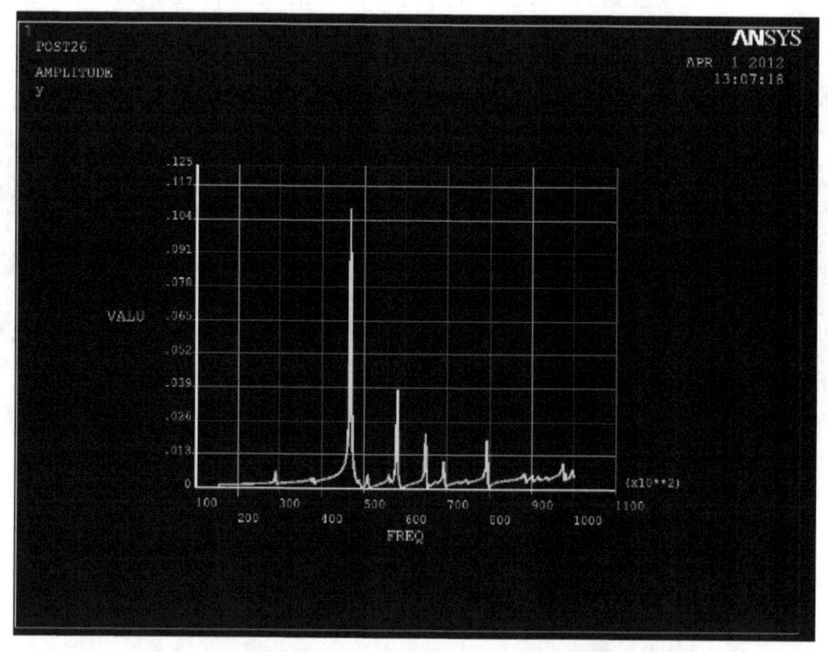

图 8-19　双驱动复频超声换能器导纳 - 频率理论计算曲线

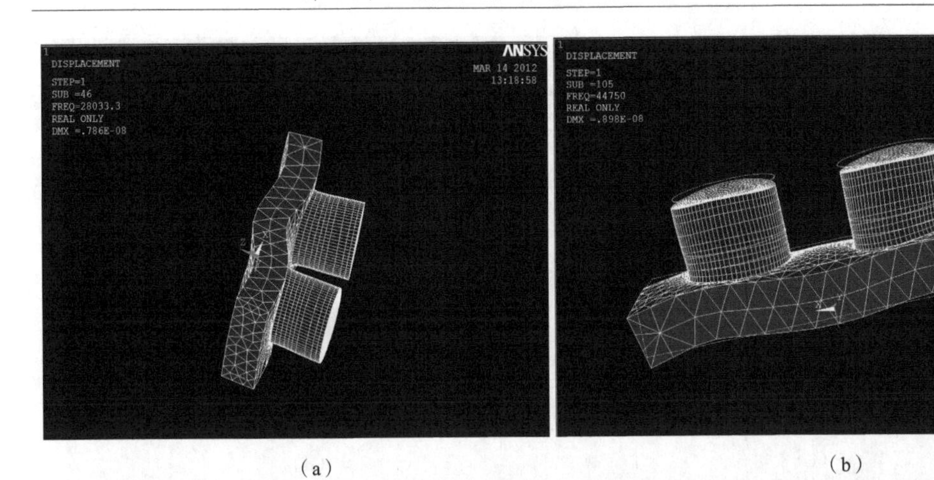

（a）　　　　　　　　　　　　　　　　（b）

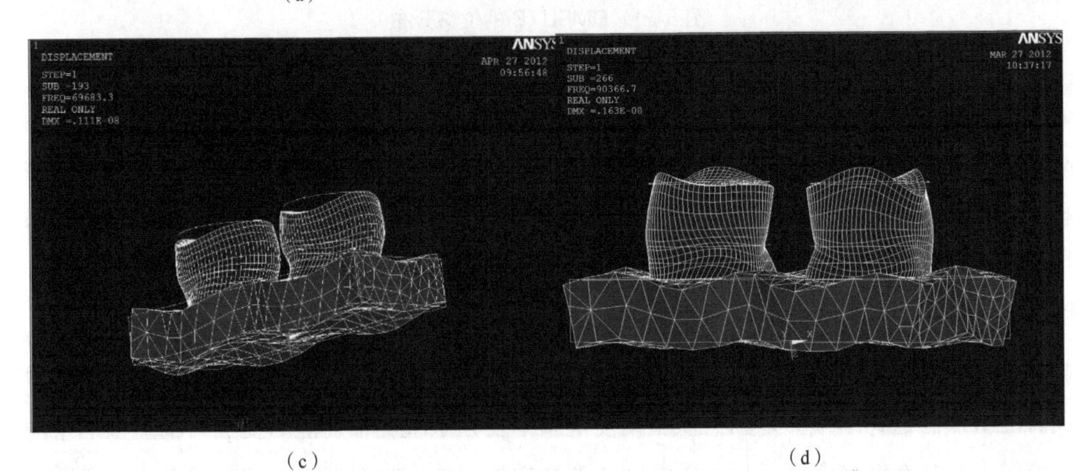

（c）　　　　　　　　　　　　　　　　（d）

图 8-20　DMFUTS 的振动模态

（a）$f=28\,033.3$Hz　（b）$f=44\,750$Hz　（c）$f=69\,683.3$Hz　（d）$f=90\,366.7$Hz

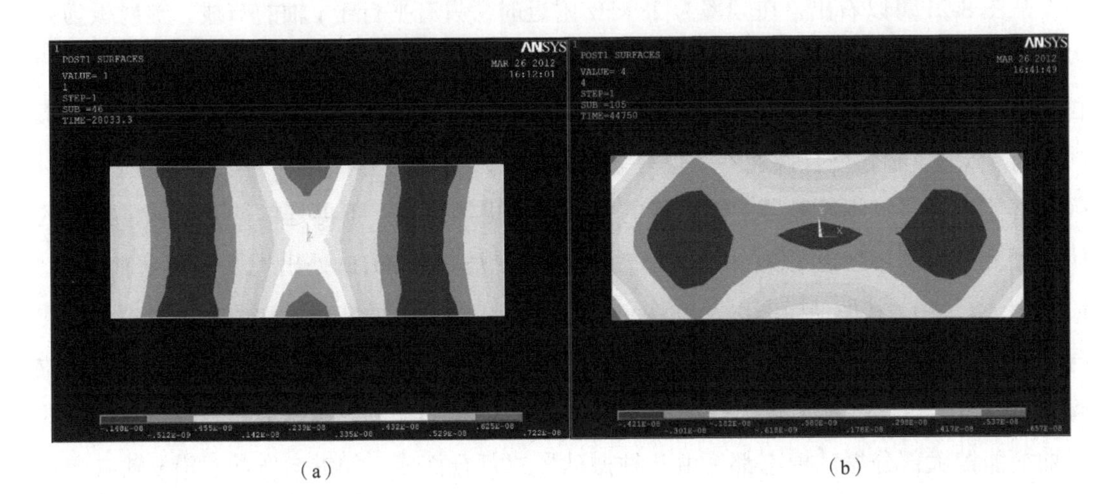

（a）　　　　　　　　　　　　　　　　（b）

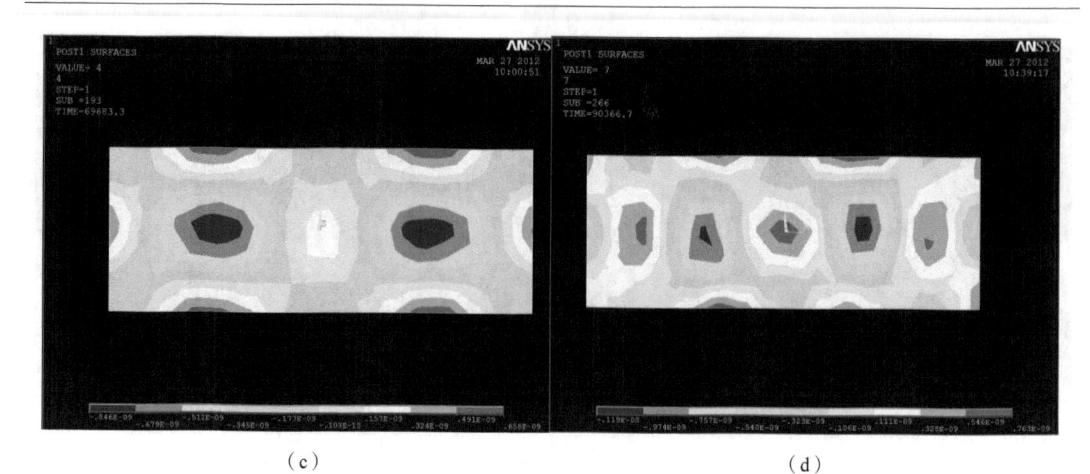

（c） （d）

图 8-21 DMFUTS 的位移分布

（a）$f=28\,033.3\,\text{Hz}$ （b）$f=44\,750\,\text{Hz}$ （c）$f=69\,683.3\,\text{Hz}$ （d）$f=90\,366.7\,\text{Hz}$

从模拟结果来看，单驱动复频换能器和双驱动复频换能器的导纳 - 频率特性、谐振峰的位置改变并不大，都在 40~60 kHz 频率范围内复合换能器的谐振频率较为集中。为了比较，给出双驱动复频换能器在阶数为（4，0），（2，2），（4，2）以及（6，2）的振动模态（图 8-20）以及在矩形辐射面的位移分布（图 8-21）。

从这些图上可以看出，在这些阶数时，对应的 SMFUTS 以及 DMFUTS 的共振频率，振动模式比较相近；但是辐射面的位移分布有一定的不同，尤其是频率相对较高的振动模式。之所以有这种结果，是因为双驱动使得整个复频系统的辐射能力变强，辐射板的中间振幅较大；且在粘贴激励元——压电陶瓷圆片的位置处，相对振动位移振幅较大；激励元粘贴于矩形辐射板上的位置也对位移分布产生一定的影响。

从图 8-21 可以看出，在频率为 28 kHz 附近时，只有平行于 y 轴的节线，辐射板为条纹振动模式；在频率为 45 kHz 附近时，矩形辐射板的中心位置以及粘贴压电陶瓷圆片的位置，位移振幅相对较大，在矩形辐射板的四个顶点处的位移振幅也变得较大，且节线不再平行于 x、y 轴，复合换能器不仅有纵向弯曲，还有横向弯曲振动；在频率为 70 kHz、90 kHz 附近时，复频换能器的辐射板的振动模式更加复杂，不再是单一的形式，振动的阶数增高。从图 8-19 可以看出，双驱动换能器在 $f=35\,400\,\text{Hz}$ 处出现了横向弯曲共振，阶数为（0，2），其振动模态以及位移分布如图 8-21 所示。而在单驱动情况下模拟得到的导纳 - 频率曲线在 35 kHz 左右并没有谐振频率出现，可能是因为双驱动激励元粘贴的位置，使得矩形辐射板在这个频率点产生了沿 y 轴方向弯曲振动。由矩形厚板辐射器组成的弯曲换能器大部分振动模态都是由几种振动形式复合而成，如纵向弯曲、沿 y 轴方向弯曲，甚至有剪切振动存在。

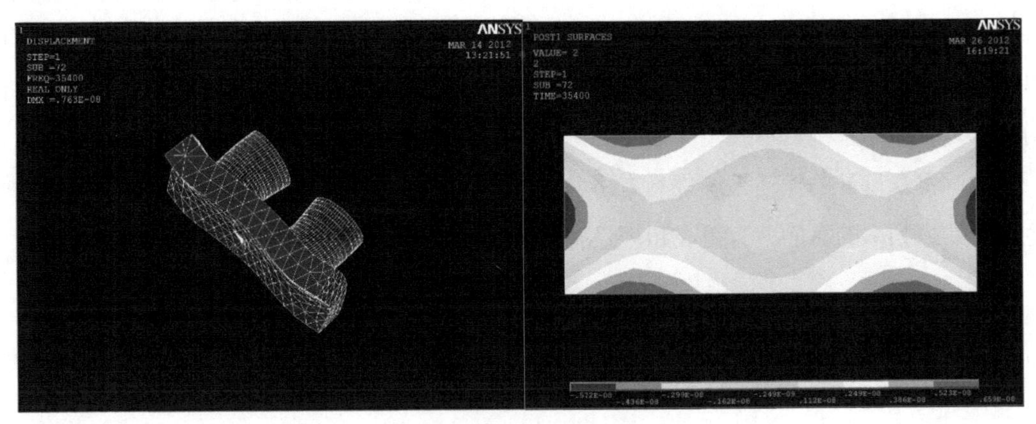

图 8-22　$f = 35\,400\,\mathrm{Hz}$ 的振动模态与位移分布

由以上分析可知，DMFUTS 的振动模式和 SMFUTS 较为相似，但是在相同的振动阶数时，位移分布有一定的不同。在相同阶数的振动模态下，DMFUTS 的辐射板不仅在粘贴压电陶瓷圆片位置的振幅较大，在辐射板的中间位置的振幅也较大，而 SMFUTS 在辐射板的中间位置的位移振幅较小；在整个辐射面上显然 DMFUTS 的辐射性能比较好。

第四节　本章小结

本章主要对以矩形厚板为辐射器的振动系统进行了振动分析，包括矩形厚板在不考虑弯曲和剪切振动时的频率方程，以及矩形厚板辐射振动系统振动特性的 ANSYS 数值模拟分析及试验测定，并得到以下主要结论。

（1）由于矩形厚板辐射器理论计算的复杂性，其频率方程目前还没有得到解析解。在不考虑弯曲和剪切振动时，采用表观弹性法得到了其频率方程，其各方向的共振频率由其几何尺寸决定。

（2）采用纵向共振频率以及半波长振子理论，设计矩形厚板辐射体夹心式复频超声换能器，使复频换能器振动的位移节面位于压电陶瓷晶堆的中间，即将半波长振子在纵向分成两个四分之一波长的振子，利用纵向振动四分之一波长振子理论，给出前后两部分的频率方程。采用有限元分析与试验测量验证了设计方法的可行性，同时得到此换能器具有较多的共振频率。

（3）研究了两种复合振动系统，其一由圆柱形后盖板、压电陶瓷晶堆以及矩形辐射板组成，其二由纵向换能器与矩形辐射板组成。在这两个系统中，利用激励元激发矩形辐射板，将纵向振动有效地转化成弯曲振动。因为矩形辐射板的耦合振动十分复杂，目前还未推导出系统的共振频率，采用有限元软件 ANSYS 对复合振动系统进行了振动模态、位移分布以及谐响应分析，并对第二种系统进行了试验测试。从软件模拟与试验测量的结果可以看出，两种复合振动系统均有多个谐振频率。在换能器谐振频率以及矩形板的固有频率附近，复合振动系统更易产生共振。

（4）本章设计的振动系统都具有多共振频率、宽频带特点，实现了同一尺寸的系统产生多个共振频率的目的，有望在超声设备的开发中获得的应用。

参 考 文 献

[1] 林书玉. 超声换能器的原理及设计[M]. 北京：科学出版社，2004：1-3，56-66，91-111.

[2] 应崇福. 超声学[M]. 北京：科学出版社，1993：456-482.

[3] 林仲茂. 功率超声发展近况和展望[J]. 声学技术，1994（4）：145-149.

[4] GALLEGO-JUAREZ J A. High-power ultrasonic processing：recent developments and prospective advances[J]. Physics procedia，2010，3（1）：35-47.

[5] GHAHRAMANI B，WANG Z Y. Precision ultrasonic machining process：a case study of stress analysis of ceramic（Al_2O_3）[J]. International journal of machine tools and manufacture，2001，41（8）：1189-1208.

[6] THOE T B，ASPINWALL D K，WISE M L H. Review on ultrasonic machining[J]. International journal of machine tools and manufacture，1998，38（4）：239-255.

[7] 王建春. 超声加工技术研究现状及展望[J]. 机械工程师，2012（4）：6-11.

[8] SINGH R，KHAMBA J S. Ultrasonic machining of titanium and its alloys：a review[J]. Journal of materials processing technology，2006，173（2）：125-135.

[9] GUZZO P L，SHINOHARA A H，RASLAN A A. A comparative study on ultrasonic machining of hard and brittle materials[J]. Journal of the Brazilian society of mechanical sciences and Engineering，2004，26（1）：56-61.

[10] YU T H，WANG Z B，MASON T J. A review of research into the uses of low level ultrasound in cancer therapy[J]. Ultrasonics sonochemistry，2004，11（2）：95-103.

[11] MOHAMED H M ALI，KHALID A AL-SAAD，CARMEN M ALI. Biophysical studies of the effect of high power ultrasound on the DNA solution[J]. Physica medica，2014，30（2）：221-227.

[12] BRENDAN J O'DALY，EDMUND M，GRAHAM P G，et al. High-power low-frequency ultrasound：a review of tissue dissection and ablation in medicine and surgery[J]. Journal of materials processing technology，2008，200（1-3）：38-58.

[13] 方舸，吴强，巫琦，等. 超声波在医学中的应用[J]. 医疗装备，2012（7）：13-16.

[14] MCNAY M B，FLEMING J E. Forty years of obstetric ultrasound 1957-1977：from

a-scope to three dimensions[J]. Ultrasound in medicine & biology, 1999, 25（1）: 3-56.

[15] CHOI B, LEE K, KIM K, et al. Extended field-of-view solography advantages in abdominal applications[J].Journal of medical ultrasound, 2003, 22（4）: 385-394.

[16] CELEBI A S, YALCIN H, YALCIN F. Current cardiac imaging techniques for detection of left ventricular mass[J]. Cardiovascular ultrasound, 2010（19）: 1-11.

[17] CORRY P, JABBOURY K, ARRMOUR E, et al. Human cancer treatment with ultrasound[J]. IEEE transaction on sonics and ultrasonics, 1984, 31（5）: 444-456.

[18] ADAMS J B, MOORE R G, ANDERSON J H, et al. High-intensity focused ultrasound ablation of rabbit kidney tumors[J]. Journal of endourology, 1996, 10（1）: 71-75.

[19] HE P Z, XIA R M, DUAN S M, et al. The affection on the tissue lesions of difference frequency in dual-frequency high-intensity focused ultrasound（HIFU）[J]. Ultrasonics sonochemistry, 2006, 13（4）: 339-344.

[20] HUNICKE R L. Industrial applications of high power ultrasound for chemical reactions[J]. Ultrasonics, 1990, 28（5）: 291-294.

[21] 程怀琴, 张伟. 超声波技术在化工中的应用[J]. 应用技术, 2012（129）: 123-124.

[22] BJØRNØ L. Ultrasound in the food industry[J]. Ultrasonics international, 1991（91）: 23-29.

[23] GALLEGO-JUAREZ J A, CORRAL G R, VITINI F M, et al. Macrosonic generator for the air- based industrial defoaming of liquids : USA, US7719924B2[P]. 2005-07-01.

[24] FUENTE-BLANCO S, SARABIA E, ACOSTA V M, et al. Food drying process by power ultrasound[J]. Ultrasonics, 2006, 44 : 523-527.

[25] RIERA E, GOLÁS Y, BLANCO A, et al. Mass transfer enhancement in supercritical fluids extraction by means of power ultrasound[J]. Ultrasonics sonochemistry, 2004（11）: 241-242.

[26] LANG Q Y, WAI C M. Supercritical fluid extraction in herbal and natural product studies – apractical review[J]. Talanta, 2001, 53（4）: 771-782.

[27] BALABAN M O, CHEN C S. Supercritical fluid extraction : applications for the food industry[J]. Encyclopedia of food science technology, 1992（4）: 2444-2449.

[28] GALLEGO-JUÁREZ J A, RODRÍGUEZ-CORRAL G, RIERA-FRANCO DE SARABIA E, et al. A macrosonic system for industrial processing[J]. Ultrasonics, 2000, 38（1-8）: 331-336.

[29] GALLEGO-JUÁREZ J A, ELVIRA-SEGURA L, RODRÍGUEZ-CORRAL G. A power

ultrasonic technology fordeliquoring[J]. Ultrasonics，2003，41（4）：255-259.

[30] 宋占文，周东良. 超声波清洗技术在制造业中的应用[J]. 清洗世界，2006，22（8）：14-17.

[31] GALLEGO-JUÁREZ J A，GOMEZ I G，RODRIGUEZ CORRAL G，et al. Procedure and ultrasonic device for the elimination of occluded bubbles in paint and varnish coating applied at high speed：Spanish，200600619[P]. 2006.

[32] 周福洪. 水声换能器及基阵[M]. 北京：国防工业出版社，1984：11-46.

[33] 栾桂东，张金铎，王仁乾. 压电换能器和换能器阵[M]. 北京：北京大学出版社，1990：99-129.

[34] KIKUCHI Y. Ultrasonic Transducers[M]. Tokyo：Corona Publishing Company，LED.，1969：5-46.

[35] MCCOLLUM M D，HAMONIC B F，WILSON O B. Transducers for Sonics and Ultrasonics[M]. USA：Technomic Publishing Company，Inc.，1993，33-62.

[36] 林书玉. 夹心式功率超声压电陶瓷换能器的工程设计[J]. 声学技术，2006，25（2）：160-164.

[37] 林书玉. 功率超声振动系统的研究进展[J]. 应用声学，2009，28（1）：10-19.

[38] FREI K. Apparatus for generation and radiating ultrasonic energy：USA，4537511[P]. 1985.

[39] WALTER. Ultrasonic Transducer：USA，5200666[P]. 1993.

[40] Crest Ultrasonics. http：//www.crest-ultrasonics.com/push-pull-piezo-transducer/. 2013-12-10.

[41] Crest Ultrasonics（Shanghai）. http：//www.crestcn.com/product.php？p=13. 2013-12-10.

[42] 周光平，梁召峰，李正中，等. 超声管形聚焦式声化学反应器[J]. 科学通报，2007，52（6）：626-628.

[43] 梁召峰，周光平. 一类用于清洗的新型超声波振子[J]. 清洗世界，2006，22（8）：25-28.

[44] LIN S Y. Study on the multifrequency Langevin ultrasonic transducer[J]. Ultrasonics，1995，33（6）：445-448.

[45] XIAN X J，LIN S Y. Study on the compound multifrequency ultrasonic transducer in flexure vibration[J]. Ultrasonics，2008，48（3）：202-208.

[46] 林书玉. 夹心式压电超声复频换能器的研究[J]. 压电与声光，1995，17（5）：19-23.

[47] STEVENSON A C, ARAYA-KLEINSTEUBER B, SETHI R S, et al. Planar coil excitation of multifrequency shear wave transducers[J]. Biosensors and bioelectronics, 2005, 20（7）: 1298-1304.

[48] GALLEGO-JUÁREZ J A, RODRIGUEZ-CORRAL G, GAETE-GARRETON L. An ultrasonic transducer for high power applications in gases[J]. Ultrasonics, 1978, 16（6）: 267-271.

[49] MONTERO DE ESPINOSA F, GALLEGO-JUÁREZ J A. A directional single-element underwater acoustic projector[J]. Ultrasonics, 1986, 24（2）: 100-104.

[50] SARABIA E R, GALLEGO-JUÁREZ J A, RODRIGUEZ-CORRAL G, et al. Application of high-power ultrasound to enhance fluid/solid particle separation processes[J]. Ultrasonics, 2000, 38（1-8）: 642-646.

[51] GALLEGO-JUÁREZ J A, RODRIGUEZ-CORRAL G, SARABIA E R, et al. Recent developments in vibrating-plate macrosonic transducers[J]. Ultrasonics, 2002, 40（1-8）: 889-893.

[52] LIN S Y. Torsional vibration of coaxially segmented, tangentially polarized piezoelectric ceramic tubes[J]. Journal of the acoustical society of America, 1996, 99（6）: 3476-3480.

[53] TSUJINO J, SUZUKI R, TAKEUCHI M. Load characteristics of ultrasonic rotary motor using a longitudinal-torsional vibration converter with diagonal slits[J]. Ultrasonics, 1996, 34（2-5）: 265-269.

[54] GRAFF K F. Macrosonics in industry: ultrasonic maching[J]. Ultrasonics, 1975, 13（3）: 103-109.

[55] LIN S Y. Study on the sandwiched piezoelectric ultrasonic torsional transducer[J]. Ultrasonics, 1994, 32（6）: 461-465.

[56] UEHA S, NAGASHIMA H, MASUDA M. Longitudinal-torsional composite transducer and its applications[J]. Japanese journal of applied physics, 1987, 26（S2）: 188-190.

[57] SHAMOTO E, MORIWAKI T. Ultrasonic precision diamond cutting of hardened steel by applying ultrasonic elliptical vibration cutting[J]. Annuals of CIPR, 1999, 48（1）: 441-444.

[58] 马春翔，胡德金. 超声波椭圆振动切削技术[J]. 机械工程学报，2003，39（12）：67-70.

[59] TSUJINO J, UEOKA T, OTODA K, et al. One-dimensional longitudinal-torsional vibration converter with multiple diagonally slitted parts[J]. Ultrasonics, 2000, 38（1-8）:

72-76.

[60] LIN S Y. The radial composite piezoelectric ceramic transducer[J]. Sensors and actuators A：physical，2008，141（1）：136-143.

[61] LIU S Q，LIN S Y. The analysis of the electro-mechanical model of the cylindrical radial composite piezoelectric ceramic transducer[J]. Sensors and actuators A：physical，2009，155（1）：176-180.

[62] 刘世清，姚晔，林书玉. 径扭复合模式盘形雅典超声换能器[J]. 机械工程学报，2009，45（6）：176-180.

[63] LIN S Y. Study on the Langevin piezoelectric ceramic ultrasonic transducer of longitudinal-flexural composite vibrational mode[J]. Ultrasonics，2006，44（1）：109-114.

[64] TSUJINO J，UEOKA T，KASHINO T，et al. Transverse and torsional complex vibration systems for ultrasonic seam welding of metal plates[J]. Ultrasonics，2000，38（1-8）：67-71.

[65] TSUJINO J，UEOKA T，SANO T. Welding characteristics of 27 kHz and 40 kHz complex vibration ultrasonic metal welding systems[C]//Proceedings of the IEEE 1999 International Ultrasonics Symposium，2000：773-778.

[66] TSUJINO J，UEOKA T. Welding characteristics of ultrasonic seam welding system using a complex vibration circular disk welding tip[J]. Japanese journal of applied physics，2000，39（5）：2990-2994.

[67] TSUJINO J，UEOKA T. Welding characteristics of various metalplates using ultrasonic seam and spot welding systems using a complex vibration welding tip[C]//Proceedings of the IEEE 2001 International Ultrasonics Symposium，2002：665-668.

[68] TSUJINO J，UEOKA T. Characteristics of large capacity ultrasonic complex vibration sources with stepped complex transverse vibration rods[J]. Ultrasonics，2004，42（1-8）：93-97.

[69] TSUJINO J，IHARA S，HARADA Y，et al. Characteristics of coated copper wire specimens using high frequency ultrasonic complex vibration welding equipments[J]. Ultrasonics，2004，42（1-9）：121-124.

[70] 张云电. 夹心式压电换能器及其应用[M]. 北京：科学出版社，2006：1-10.

[71] 尚志远. 检测声学原理及应用[M]. 西安：西北大学出版社，1996：11-18.

[72] 何芳钧. 压电陶瓷滤波器[M]. 北京：科学出版社，1980：124-129.

[73] 程存弟. 超声技术：功率超声及其应用[M]. 西安：陕西师范大学出版社，1992：

10-90.

[74] 赵福令，冯冬梅，郭东明，等. 超声变幅杆的四端网络法设计[J]. 声学学报，2002，27（6）：554-558.

[75] 朱武，张佳民. 基于四端网络法的超声变幅杆设计[J]. 上海电力学院学报，2004，20（4）：21-23.

[76] 许龙. 模式转换型功率超声振动系统的设计及优化[D]. 西安：陕西师范大学，2011.

[77] GAO J R，CAO C D，WEI B. Containerless processing of materials by acoustics levitation[J]. Advance in space research，1999，24（10）：1293-1297.

[78] UEHA S，HASHIMOTO Y，KOIKE Y. Non-contact transportation using near-field acoustic levitation[J]. Ultrasonics，2000，38（1-8）：26-32.

[79] COHEN J S，YANG T C S. Progress in food dehydration[J]. Trends in food science & technology，1995，6（1）：20-25.

[80] HICKLING R，MARIN S P. The use of ultrasonics for gauging and proximity sensing in air[J]. Journal of the acoustical society of America，1986，79（4）：1151-1160.

[81] GALLEGO-JUAREZ J A，RODRIGUEZ-CORRAL G，SARABIA E R，et al. Recent developments in vibrating-plate macrosonic transducers[J]. Ultrasonics，2002，40（1-8）：889-893.

[82] 袁艳玲，马玉平，王得胜. 弯曲振动圆盘振动参数设计方法[J]. 机械工程师，2004（10）：46-48.

[83] LIN S Y. Study on the high power air-coupled ultrasonic compound transducer[J]. Ultrasonics，2006，44：545-548.

[84] WATANABE Y，MORI E. A study on a new flexural-mode transducer-solid horn system and its application to ultrasonic plastics welding[J]. Ultrasonics，1996，34（2-5）：235-238.

[85] 贺西平. 弯曲振动阶梯圆盘辐射阻抗的计算方法[J]. 物理学报，2010，59（5）：3290-3293.

[86] 廖一，崔海慧，曾迎生，等. 基于弯曲振动超声换能器的远距离测量[J]. 微计算机信息，2008（24）：217-210.

[87] PAGANELLI R P，ROMANI A，GOLFARELLI A，et al. Modeling and characterization of piezoelectric transducers by means of scattering parameters Part I：theory[J]. Sensors and actuators A：physical，2010，160（1-2）：9-18.

[88] LIN S Y. Radiation impedance and equivalent circuit for piezoelectric ultrasonic composite transducers of vibrational mode-conversion[J]. IEEE transactions on ultrasonics，ferroelec-

trics, and frequency control, 2012, 59（1）: 139-149.

[89] 王其申. 把分布参数系统等效成集中参数系统的两种方法[J]. 安庆师范学院学报（自然科学版）, 2001, 7（4）: 1-4.

[90] 张小丽, 林书玉, 付志强, 等. 弯曲振动薄圆盘的共振频率和等效电路参数研究[J]. 物理学报, 2013, 62（3）: 186-191.

[91] 徐芝纶. 弹性力学（下册）[M]. 2 版. 北京: 人民教育出版社, 1982 : 263-269.

[92] 魏彦玉, 王文祥, 李宏福. 两类含变态贝塞尔函数积的积分公式[J]. 电子科技大学学报, 1999, 28（1）: 66-69.

[93] 熊祝华, 刘子廷. 弹性力学变分原理[M]. 长沙: 湖南大学出版社, 1988, 319-329.

[94] LIANG Z F, ZHOU G P, ZHANG Y H, et al. Vibration analysis and sound field characteristics of a tubular ultrasonic radiator[J]. Ultrasonics, 2006, 45（1-4）: 146-151.

[95] CHANDRA J, RAM K. Flexural vibrations of finite cylindrical shells of various wall thicknesses-II[J]. Acta acustica united with acustica, 1980, 46（3）: 283-288.

[96] LIN S Y, XU L, HU W X. A new type of power composite ultrasonic transducer[J]. Journal of sound and vibration, 2011, 330（7）: 1419-1431.

[97] GE G F, XU L, WANG L G, et al. Study on downstream and transverse coupling vortex-induced vibration of slender cylinder[J]. Science in China（Series G : mechanics & astronomy）, 2011, 39（5）: 752-759.

[98] WANG H, WILLIAMS K. Vibrational modes of thick cylinders of finite length[J]. Journal of sound and vibration, 1996, 191（5）: 955-971.

[99] GLADWELL G, TAHBIDAR U. Finite element analysis of the axisymmetric vibrations of cylinders[J]. Journal of sound and vibration, 1972, 22（2）: 143-157.

[100] THAMBIRATNAM D P, THEVENDRAN V. Axisymmetric free vibration analysis of cylindrical shell structures using bef analogy[J]. Computers & structures, 1992, 43（1）: 145-150.

[101] GLADWELL G M L, VIJAY D K. Natural frequencies of free finite-length circular cylinders[J]. Journal of sound and vibration, 1975, 42（3）: 387-397.

[102] HUTCHINSON J R, EL-AZHARI S A. Vibration of free hollow circular cylinders[J]. Journal of applied mechanics, 1986, 53（3）: 641-646.

[103] SINGAL R K, WILLIAMS K. A theoretical and experiment study of vibrations of thick circular cylindrical shell and rings[J]. Journal of vibration and acoustics, 1988, 110（4）: 533-537.

[104] CHANDRA J, RAM K. Flexural vibrations of finite cylindrical shells of various wall thicknesses-II[J]. Acta acustica united with acustica, 1980, 46(3): 283-288.

[105] SHERMENEV A. Nonlinear acoustic waves in tubes[J]. Acta acustica united with acustica, 2003, 89(3): 426-429.

[106] GHOSH A. Axisymmetric vibration of a long cylinder[J]. Journal of sound and vibration, 1995, 186(5): 711-721.

[107] ZHOU X, SUN J. Radial-longitudinal coupled vibration of finite thin-walled elastic cylindrical tubes[J]. Acta acustica with acustica, 1996, 21(3): 224-230.

[108] LIN S Y. Coupled vibration of isotropic metal hollow cylinders with large geometrical dimensions[J]. Journal of sound and vibration, 2007, 305 (1-2): 308-316.

[109] NIEVES F, GASCON F. Estimation of the elastic constants of a cylinder with a length equal to its diameter[J]. Journal of the acoustical society of America, 1998, 104 (1): 176-179.

[110] EBENEZER D D, RAVICHANDRAN K, PADANABHAN C. Forced vibrations of solid elastic cylinders[J]. Journal of sound and vibration, 2005, 282 (3-5): 991-1007.

[111] NIEVES F J, BAYON A, GASCON F. Optimization of the Ritz method to calculate axisymmetric natural vibration frequencies of cylinders[J]. Journal of sound and vibration, 2008, 311 (1-2): 588-596.

[112] LEISSA A W. Accurate vibration frequencies of circular cylinders from three dimensional analysis[J]. Journal of the acoustical society of America, 1995, 98(4): 2136-2141.

[113] 林仲茂. 超声变幅杆的原理和设计[M]. 北京：科学出版社，1987：190.

[114] ZHANG X L, LIN S Y, FU Z Q, et al. Coupled vibration analysis for a composite cylindrical piezoelectric ultrasonic transducer[J]. Acta acustica united with acustica, 2013 (99): 201-207.

[115] ZHANG X L, LIN S Y, WANG Y, et al. Three-dimensional theory of longitudinal-radial coupled vibration for annular elastic cylinder[J]. Acta acustica united with acustica, 2014 (100): 254-258.

[116] LIN S Y. Coupled vibration of istropic metal hollow cylinders with large geometrical dimensions[J]. Journal of sound and vibration, 2007, 305 (1-2): 308-316.

[117] LIN S Y, XU L. Study on the radial vibration and acoustic field of an isotropic circular ring radiator[J]. Ultrasonics, 2012, 52 (1): 103-110.

[118] MORI E, ITOH K, IMAMURA A. Analysis of a short column vibrator by apparent elas-

ticity method and its applications[J]. Ultrasonics international conference proceedings, 1977, 262.

[119] MICHAEL E. Wave propagation in a hollow cylinder due to prescribed velocity at the boundary[J]. International journal of solids and structures, 2004, 41（18-19）: 5051-5069.

[120] SI-CHAIB M O, DJELOUAH H, BOCQUE M. Applications of ultrasonic reflection mode conversion transducers in NDE[J]. NDT & E international, 2000, 33（2）: 91-99.

[121] GALLEGO-JUÁREZ J A, RODRIGUEZ G, SAN EMETERIO J L, et al. An acoustic transducer system for long-distance ranging applications in air[J]. Sensors and actuators A : physical, 1993, 37-38 : 397-402.

[122] ZHOU G P. The performance and design of ultrasonic vibration system for flexural mode[J]. Ultrasonics, 2000, 38（10）: 979-984.

[123] LIN S Y. Study on the radiation acoustic field of rectangular radiators in flexural vibration[J]. Journal of Sound Vibration, 2002, 254（3）: 469-479.

[124] GALLEGO-JUÁREZ J A, RODRIGUEZ G, ACOSTA V, et al. Power ultrasonic transducers with extensive radiators for industrial processing[J]. Ultrasonics sonochemistry, 2010, 17（6）: 953-964.

[125] HEINONEN E, JUUTI J, LEPPAVUORI S. Characterization and modeling of 3D piezoelectric ceramic structures with ATILA software[J]. Journal of the European ceramic society, 2005, 25（12）: 2467-2470.

[126] GLADWELL G M L, TAHBILDAR U C. Finite element analysis of axisymmetric vibrations of cylinders[J]. Journal of sound and vibration, 1972, 22（2）: 143-157.

[127] WEVERS M, LAFAUT J P, BAERT L, et al. Low-frequency ultrasonic piezoceramic sandwich transducer[J]. Sensors and actuators A, 2005, 122（2）: 284-289.

[128] LIN S Y. Analysis on the resonance frequency of a radial composite piezoelectric ceramic ultrasonic transducer with step metal ring[J]. Acta acustica united with acustica, 2007, 93（5）: 730-737.

[129] LIN S Y, TIAN H, HU J, et al. High power ultrasonic radiator in liquid[J]. Acta acustica united with acustica, 2011, 97（4）: 544-552.

[130] LIN S Y, XU L, HU W X. A new type of high power composite ultrasonic transducer[J]. Journal of sound and vibration, 2011, 330（7）: 1419-1431.